职业技能等级认定培训教程

电工中级取证培训教程

（微课视频版）

主　编　廖景威　李冠斌
副主编　林生佐　梁　栋
参　编　刘　丹　陈火发　詹永瑞
　　　　黄荣玖　黄丽卿
主　审　王小涓　谢志坚

机械工业出版社

本书有针对性地介绍电工中级工必须掌握的理论知识与实际操作技能。全书共 6 章，内容主要包括电工与电子基础、变压器与电动机、继电器控制与机床电路装调维修、可编程控制器（其中还包括三菱 FX-PLC 和西门子 S7-PLC 的基本结构及编程知识）、自动控制以及相关知识。每一节还设置了前置作业，引导读者对重点内容展开思考。书中选编了较多的工矿企业实践中实用的解题实例和技能操作调试过程，并配有微课视频。书末附录部分选编了电工技能等级认定四级理论知识和技能考核样卷，并设置扫码练习试题库及其参考答案。

本书是电工中级工取证人员的必备用书，也可作为中高职院校、技工学校和技师学院师生，以及工矿企业相关工作人员的职业技能培训用书。

图书在版编目（CIP）数据

电工中级取证培训教程：微课视频版/廖景威，李冠斌主编. —北京：机械工业出版社，2023.12
ISBN 978-7-111-75138-0

Ⅰ.①电… Ⅱ.①廖… ②李… Ⅲ.①电工技术–职业技能–鉴定–教材
Ⅳ.①TM

中国国家版本馆 CIP 数据核字（2024）第 032307 号

机械工业出版社（北京市百万庄大街22号　邮政编码100037）
策划编辑：陈玉芝　　　　　　　责任编辑：陈玉芝　关晓飞
责任校对：张爱妮　王　延　　　封面设计：马若濛
责任印制：邓　博
北京盛通数码印刷有限公司印刷
2024年6月第1版第1次印刷
184mm×260mm・14.5印张・321千字
标准书号：ISBN 978-7-111-75138-0
定价：59.80 元

电话服务　　　　　　　　　　　网络服务
客服电话：010-88361066　　　机　工　官　网：www.cmpbook.com
　　　　　010-88379833　　　机　工　官　博：weibo.com/cmp1952
　　　　　010-68326294　　　金　书　网：www.golden-book.com
封底无防伪标均为盗版　　　机工教育服务网：www.cmpedu.com

前 言 / PREFACE

新形势下，国家制定了《中华人民共和国职业教育法》，建立了技术技能人才评价制度，职业技能等级认定依据国家职业技能标准或行业企业评价规范组织开展，在统一的评价标准体系框架基础上，突出掌握新知识、新技术、新方法并运用理论知识指导生产实践，加大力度培养具有高新技术知识的技能型人才。广东省人力资源和社会保障厅于 2022 年 1 月印发了《广东省职业技能培训"十四五"规划》，坚持职业院校学制教育和职业培训并举；加强职业院校培训能力建设；加强教材、师资队伍等职业技能培训基础建设，创新方式方法，积极推行"互联网+"职业技能培训。本书是结合国家对职业技能人才的培养要求，依据最新的《国家职业技能标准 电工》《电工职业技能国家试题库》以及《电工操作技能考试手册》要求编写而成的。全书具有以下特点：

1. 涵盖了国家职业技能标准和行业标准电工中级工理论知识和技能要求认定评价要求，注重理论联系实际，集理论知识与操作技能实训于一体，突出教材的实用性，力求满足职业院校学生与工矿企业在岗操作人员学习与取证需求。

2. 本书在编写内容上，抓住重点，瞄准关键点，对电工中级工必须掌握的基础理论知识采用图表归纳法进行概括阐述，简单明了、易懂易记。同时也注重教材的实用性和实践性，列举了大量的电工中级工技能实训试题任务的解题实例，技能实训操作过程还采用了微课视频形式，增强技能培训的直观性，使读者能有的放矢地进行系统学习和训练，做到实用、够用、必用，满足广大技能人员学习、取证需求。

本书由广东省属和广州市属多所职业院校从事职业技能教学培训、鉴定、认定工作，具有丰富教学经验和实践能力的优秀专家、高级讲师、讲师等共同参与编写完成，如广州市机电技师学院的廖景威、刘丹、李冠斌、黄丽卿、梁栋，广东省环保学院的林生佐，广州市交通技师学院的詹永瑞、黄荣玖，广州市黄埔船厂技工学校的陈火发。

在编写审理过程中，广东省职业技能等级认定电工专家组组长王小涓、广州市机电技师学院谢志坚教授对全书进行了认真审阅，并提出了许多宝贵意见，在此深表感谢！另外，广州市机电技师学院技能鉴定培训处盘亮星主任和教务处曹福勇副主任、广州市白云工商技师学院王惠敏、曹士然，广州市轻工技师学院曾庆乐、吴小聪、林秋娴，原广州市工贸技师学院高级讲师黄文蜀，原广钢技工学校高级讲师梁月霞也给予了很多的指导与支持，在此表示衷心的感谢！

　　由于时间仓促，本书涉及内容较多，新技术、新装备发展迅速，加之作者水平有限，书中缺点和错误在所难免，希望广大读者对本书多提宝贵意见和建议，以便修订时补充更正。

编　者

目 录 / CONTENTS

第1章

电工与电子基础

1.1 直流电路

1. 电阻、电容串、并联电路中各物理量之间的关系是怎样的?
2. 直流电路有什么基本定理和定律?

1.1.1 电路的几个基本物理量

电路就是电流流经的闭合路径,由电源、开关、负载及连接导线四部分组成。它的作用是实现能量的传输和交换,以及信号的传递和处理。不能用电阻串、并联化简的电路叫作复杂电路。电路的几个基本物理量见表 1-1。

表 1-1　电路的几个基本物理量

物理量	概念	公式	单位	方向
电流	单位时间内通过导体横截面的电荷量	$I = \dfrac{q}{t}$	A（安）	正电荷移动的方向为电流正方向
电流密度	截面上单位面积通过的电流	$J = \dfrac{I}{S}$	A/mm^2（安每平方毫米）	
电位	电场力将单位正电荷从某点移到参考点所做的功	$\varphi = \dfrac{A}{q}$	V（伏）	从某点指向参考点,参考点的电位为 0
电压	电场力将单位正电荷从 a 点移到 b 点所做的功	$U_{ab} = \dfrac{A_{ab}}{q}$	V（伏）	从高电位指向低电位;电源端电压的方向是从电源正极指向负极
电动势	电源力将单位正电荷从电源负极移到正极所做的功	$E = \dfrac{A_{ba}}{q}$	V（伏）	从电源负极指向正极
电功	电流所做的功	$A = UIt = I^2Rt = \dfrac{U^2}{R}t$	J（焦）	
电功率	单位时间内电流所做的功	$P = \dfrac{A}{t} = UI = I^2R = \dfrac{U^2}{R}$	W（瓦）	

1.1.2 电阻串并联与电容串并联的比较

电阻串并联与电容串并联很相似，但由于各自的特性不同也有很多不同点。电阻串并联与电容串并联的比较见表1-2。

表 1-2　电阻串并联与电容串并联的比较

项目	电阻	电容
定义	$R=\rho\dfrac{L}{S}$	$C=\dfrac{Q}{U}\qquad C=\dfrac{\varepsilon_0\varepsilon_r S}{d}$
串联	① 流过各串联电阻的电流都相等 $I_1=I_2=I_3=\cdots=I_n$ ② 总电压等于各串联电阻上的电压之和 $U=U_1+U_2+\cdots+U_n$ ③ 等效电阻等于各串联电阻之和 $R=R_1+R_2+\cdots+R_n$ ④ 总功率等于各串联电阻消耗功率之和 $P=P_1+P_2+P_3+\cdots=I^2R_1+I^2R_2+I^2R_3+\cdots$ ⑤ 两电阻串联的分压公式为 $\begin{cases}U_1=\dfrac{R_1}{R_1+R_2}U & (R_1\text{ 上分配的电压})\\[2mm] U_2=\dfrac{R_2}{R_1+R_2}U & (R_2\text{ 上分配的电压})\end{cases}$	① 各串联电容上所带电量相等，并等于等效电容所带电量 $Q=Q_1=Q_2=\cdots=Q_n$ ② 总电压等于各串联电容上电压的代数和 $U=U_1+U_2+\cdots+U_n$ ③ 等效电容的倒数等于各串联电容的倒数之和 $\dfrac{1}{C}=\dfrac{1}{C_1}+\dfrac{1}{C_2}+\cdots+\dfrac{1}{C_n}$ ④ 两串联电容的总电容为 $C=\dfrac{C_1 C_2}{C_1+C_2}$ ⑤ 两个串联电容的分压公式为 $\begin{cases}U_1=\dfrac{C_2}{C_1+C_2}U\\[2mm] U_2=\dfrac{C_1}{C_1+C_2}U\end{cases}$
并联	① 并联电路中各电阻两端的电压相等 $U=U_1=U_2=\cdots=U_n$ ② 并联电路的总电流等于各支路电流之和 $I=I_1+I_2+\cdots+I_n$ ③ 并联电路等效电阻的倒数等于各并联支路电阻的倒数之和 $\dfrac{1}{R}=\dfrac{1}{R_1}+\dfrac{1}{R_2}+\cdots+\dfrac{1}{R_n}$ ④ 总功率等于各并联电阻所消耗功率之和 $P=P_1+P_2+P_3+\cdots=\dfrac{U^2}{R_1}+\dfrac{U^2}{R_2}+\dfrac{U^2}{R_3}+\cdots$ ⑤ 两电阻并联后的等效电阻为 $R=R_1//R_2=\dfrac{R_1 R_2}{R_1+R_2}$ ⑥ 两并联支路的分流公式为 $\begin{cases}I_1=\dfrac{R_2}{R_1+R_2}I\\[2mm] I_2=\dfrac{R_1}{R_1+R_2}I\end{cases}$	① 并联电路中电容两端的电压相等 $U=U_1=U_2=\cdots=U_n$ ② 并联电路的总电量等于各电容的电量之和 $Q=Q_1+Q_2+\cdots+Q_n$ ③ 并联电路的等效电容等于各电容之和 $C=C_1+C_2+\cdots+C_n$

1.1.3 直流电路的基本定理和定律

直流电路的基本定理和定律见表1-3。

表1-3　直流电路的基本定理和定律

定理、定律的概念	定理、定律的应用
焦耳定律　电流通过导体时，导体就发热，这种现象称为电流的热效应 发热量：$Q=I^2Rt$　J（焦）	焦耳热：$Q=UIt=I^2Rt=\dfrac{U^2}{R}t=Pt$ 热功率：$P_热=I^2R$
欧姆定律　① 无源支路欧姆定律：$I=\dfrac{U}{R}$ ② 全电路欧姆定律：$I=\dfrac{E}{R+r_0}$ $U=E-U_0=E-Ir_0$　V（伏） $E=IR+Ir_0=U+U_0$　V（伏）	电路的三种状态如下： 通路：$I=\dfrac{E}{R+r_0}$；$U=E-U_0=E-Ir_0$ 短路：$I=\dfrac{E}{r_0}$；$U=0$ 断路：$I=0$；$U=E$
基尔霍夫定律　基尔霍夫第一定律（节点电流定律）： 对任一节点来说，流入（或流出）该节点电流的代数和等于零，即 $\sum I=0$ 或 $\sum I_入=\sum I_出$	基尔霍夫第二定律（回路电压定律）： 任何闭合回路中，沿一定方向绕行一周，各段电压降的代数和恒等于零，即 $\sum U=0$ 或 $\sum E=\sum IR$
叠加原理　在线性电路中，任一支路的电流（或电压）是电路中各个独立电源单独作用时在该支路产生的电流（或电压）的代数和（见右图），即 $I_1=I_1'-I_1''$，$I_2=I_2''-I_2'$，$I_3=I_3'+I_3''$	
戴维南定理　任何一个含源二端线性网络都可以用一个等效电源来代替，这个等效电源的电动势 E 等于该网络的开路电压 U_0，内阻 r 等于无源二端网络（所有独立电源不作用）从网络两端口看进去的等效电阻 R_i（见右图）	

1.1.4 复杂电路的解题方法

常用的复杂电路求解方法有支路电流法（见表1-4）和戴维南定理法（见表1-5）。

表1-4　支路电流法求各支路电流的步骤

支路电流法	支路电流法的解题方法及步骤（设 m 条支路有 n 个节点）： ① 先假设各支路电流参考方向和回路绕行方向 ② 根据基尔霍夫节点电流定律列出 $n-1$ 个独立电流方程 ③ 根据基尔霍夫回路电压定律列出 $m-(n-1)$ 个独立回路电压方程 ④ 解方程组，求各支路电流。如果求得的支路电流为正值，说明支路电流的实际方向与参考方向相同；若为负值，则说明支路电流的实际方向与参考方向相反

表 1-5 戴维南定理法求某支路电流的步骤

戴维南定理法	① 把电路分为待求支路和含源二端网络两部分
	② 求出含源二端网络的开路电压 U_0，即为等效电源的电动势 E
	③ 将网络内各独立电源置零（即将电压源短路，电流源开路），仅保留电源内阻，求出网络两端的输入电阻 R_i，即为等效电源的内阻 r
	④ 画出有源二端网络，接入待求支路，则待求支路的电流为 $I = \dfrac{E}{r+R} = \dfrac{U_0}{R_i+R}$

1.2 磁场、磁路与电磁感应

📝 **前置作业**

1. 电流的磁场、电磁力、电磁感应方向有什么判别方法？

2. 电路与磁路有何异同？

3. 磁路的基本物理量和定律有哪些？

4. 什么叫电磁感应？电磁感应的基本定律有哪些？

1.2.1 电磁与磁路的基本物理量和定律

1. 电流的磁场、电磁力、电磁感应方向的判别方法

电流的磁场、电磁力、电磁感应方向的判别容易混淆。其判别方法见表 1-6。

表 1-6 左、右手判别方法

电流的磁场	电磁力	电磁感应
安培定则	左手定则	右手定则、楞次定律
通电导体周围存在磁场	载流导体在磁场中受力	通电导体切割磁力线运动，线圈磁通发生变化

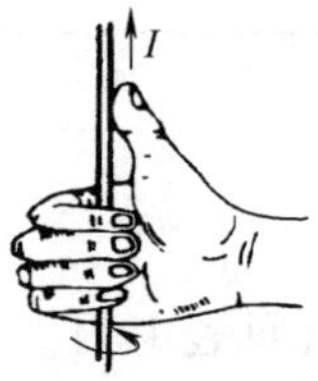

安培定则

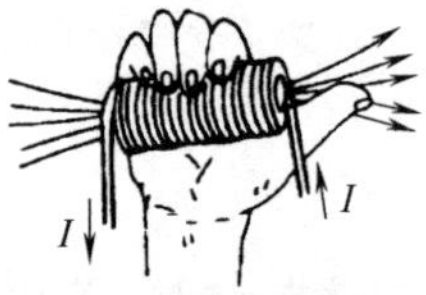

螺线管磁场

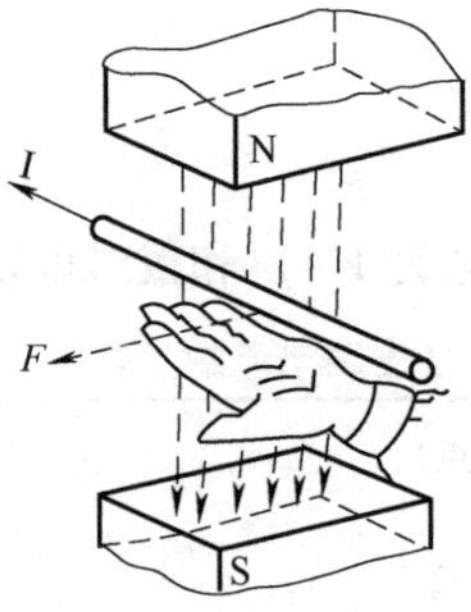

左手定则

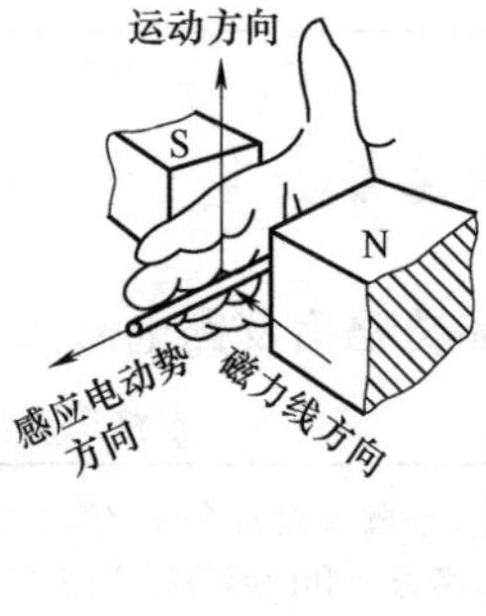

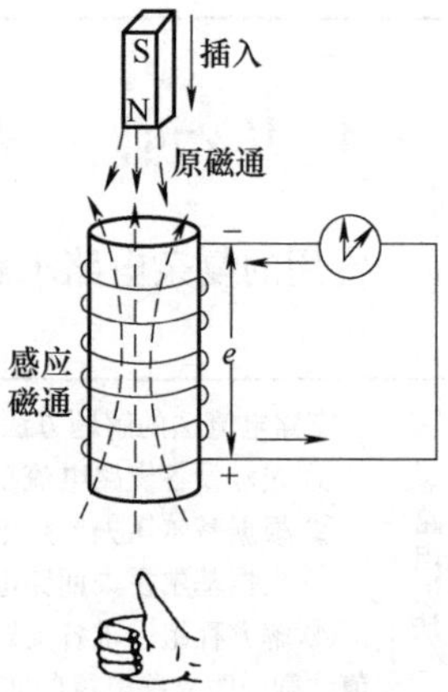

2. 磁路的基本物理量和定律

磁路也有基本物理量和定律，见表 1-7。

表 1-7　磁路的基本物理量和定律

物理量及定律	定义式	意义	单位换算
磁通 Φ	$\Phi = BS$　Wb（韦）	磁场中垂直通过某一截面积的磁力线数	1Mx(麦克斯韦)$= 10^{-8}$Wb（韦）
磁感应强度 B	$B = \dfrac{\Phi}{S} = \mu\dfrac{NI}{L} = \mu_0\mu_r\dfrac{NI}{L}$　T（特）	表示磁场中某点磁场的强弱和方向，是磁场的基本物理量	1T(特)$= 10^4\text{Gs}$（高斯）
磁导率 μ	μ_0：真空中的磁导率 $\mu_0 = 10^{-7}$H/m（亨/米） μ_r：相对磁导率 $\mu_r = \dfrac{\mu}{\mu_0}$	磁导率是表示物质对磁场影响程度的一个物理量，它反映物质的导磁能力。非铁磁物质的 μ 是一个常数，而铁磁物质的 μ 不是一个常数	
磁场强度 H	$H = \dfrac{B}{\mu} = \dfrac{B}{\mu_r\mu_0} = \dfrac{NI}{L}$ A/m（安/米）	与激发磁场的电流直接有关，而在均匀的介质中与介质无关	1Oe(奥斯特)$= 79.5775$A/m（安/米）
磁通势 F_m	$F_m = NI$ A（安·匝）	表明磁路中产生磁通的条件与能力	
磁阻 R_m	$R_m = \dfrac{L}{\mu S}$ 1/H（1/亨）	磁路的磁阻与磁路的长度成正比，与磁路的横截面积成反比，还与材料有关 它反映了磁路对磁通的阻力	
磁路欧姆定律	$\Phi = \dfrac{NI}{R_{m1} + R_{m2} + R_{m\zeta}}$	磁路中的磁通与磁通势成正比，与整个磁路的磁阻成反比	
磁路基尔霍夫定律	$\sum(HL) = \sum(NI)$ $\sum$ 磁压降 $= \sum$ 磁通势	沿磁路中任意闭合路径的各段磁压降的代数和等于环绕此闭合路径的所有磁通势的代数和	

3. 电路与磁路的异同

磁路与电路很相似，具体的异同点见表1-8。

表1-8　电路与磁路的异同

电路		磁路	
电动势 E	V（伏）	磁通势 F_m	$F_m = NIA$（安·匝）
电流 I	A（安）	磁通 Φ	Wb（韦）
电阻率 ρ	$\Omega \cdot m$（欧·米）	磁导率 μ	H/m（亨/米）
电阻 R	$R = \rho \dfrac{L}{S}\,\Omega$（欧）	磁阻 R_m	$R_m = \dfrac{L}{\mu S}\, 1/H$（1/亨）
电路欧姆定律	$I = \dfrac{E}{R+r}$	磁路欧姆定律（图见表1-7）	$\Phi = \dfrac{NI}{R_{m1}+R_{m2}+R_{m气}}$

4. 磁化与磁性材料的基本概念

磁化与磁性材料的基本概念见表1-9。

表1-9　磁化与磁性材料的基本概念

名称	概念	名称	概念
磁化	在外磁场作用下原来没有磁性的物质具有了磁性	软磁材料	易磁化也易去磁，如硅钢、铸钢，用作铁心
磁滞	反复磁化过程中磁感应强度总是滞后磁场强度的变化	硬磁材料	不易磁化也不易去磁，如钴钢，用作永久磁铁
同名端	由于线圈的绕向一致而感应电动势极性也一致的端点	矩磁材料	较小的外磁场就能将其磁化并达饱和值且保持不变，用作记忆元件
反磁物质	$\mu_r < 1$，如氢、铜等	涡流	铁心上的线圈中通以交流电，其交变磁通穿过铁心，在铁心内部产生感应电流，形成漩涡状，称为涡流。涡流使铁心发热。为减少涡流，可采用涂有绝缘漆的硅钢片叠装而成的铁心。利用涡流制作高频感应熔炼炉
顺磁物质	μ_r 稍大于 1，如空气、铝等		
铁磁物质	$\mu_r \gg 1$，如铁、镍、钴等		

1.2.2　电磁感应

电磁感应相关概念的意义及相关公式见表1-10。

表1-10　电磁感应相关概念的意义及相关公式

名称	意义	相关公式
直导体的感应电动势	直导体切割磁力线产生感应电动势	$e = Blv\sin\alpha$
法拉第电磁感应定律	线圈中感应电动势的大小与磁通的变化率成正比	$e = -N\dfrac{\Delta\Phi}{\Delta t}$ "–"表示 e 的方向总阻碍 $\Phi_原$ 的变化

（续）

名称	意义	相关公式
楞次定律	感应电流的磁场 $\Phi'_{感}$，永远阻碍原有磁场 $\Phi_{原}$ 的变化	若 $\Phi_{原}$ 增加，则 $\Phi'_{感}$ 与 $\Phi_{原}$ 方向相反；若 $\Phi_{原}$ 减少，则 $\Phi'_{感}$ 与 $\Phi_{原}$ 方向相同
自感电动势	因线圈自身电流的变化而在线圈中产生的感应电动势	$e_L = -L\dfrac{\Delta i}{\Delta t}$ e_L 总是企图阻碍电流的变化
互感电动势	因线圈电流的变化而导致在另一线圈中产生的感应电动势	$e_{M1} = -M\dfrac{\Delta i_2}{\Delta t}$；$e_{M2} = -M\dfrac{\Delta i_1}{\Delta t}$

1.3 交流电路

前置作业

1. 单一参数正弦交流电路中电压、电流的相位关系及数量关系是怎样的？
2. 单相串联交流电路中电压、电流的相位关系及数量关系是怎样的？
3. 三相交流电路中各量的相位关系及数量关系是怎样的？

1.3.1 单相正弦交流电路基本知识

1. 单一参数正弦交流电路

三种纯电路中各物理量的关系见表 1-11。

表 1-11 三种纯电路中各物理量的关系

项目		纯电阻电路	纯电感电路	纯电容电路
解析法	电压、电流瞬时值表达式	$i=\sqrt{2}I\sin\omega t$ $u=\sqrt{2}U\sin\omega t$	$i=\sqrt{2}I\sin\omega t$ $u=\sqrt{2}U\sin(\omega t+90°)$	$i=\sqrt{2}I\sin\omega t$ $u=\sqrt{2}U\sin(\omega t-90°)$
阻抗	正弦交流电路中负载对电流的阻碍作用	电阻 R	感抗：$X_L=\omega L$ 复感抗：$\dot{X}_L=\text{j}\omega L$	容抗：$X_C=\dfrac{1}{\omega C}$ 复容抗：$\dot{X}_C=\text{j}\dfrac{1}{\omega C}$
关系	正弦交流电路中电压、电流的有效值符合欧姆定律	$I=\dfrac{U}{R}$	$I=\dfrac{U}{X_L}$	$I=\dfrac{U}{X_C}$

（续）

项目		纯电阻电路	纯电感电路	纯电容电路
矢量法	电压与电流的相位关系	电压与电流同相	电压超前电流90°	电压滞后电流90°
符号法	$\dot{U}=U\mathrm{e}^{\mathrm{j}\varphi}=U\angle\varphi=$ $U\cos\varphi+\mathrm{j}U\sin\varphi=a+\mathrm{j}b$	$\dot{I}=I\mathrm{e}^{\mathrm{j}0°}=I\angle0°$ $\dot{U}=U\mathrm{e}^{\mathrm{j}0°}=U\angle0°$	$\dot{I}=I\mathrm{e}^{\mathrm{j}0°}=I\angle0°$ $\dot{U}=U\mathrm{e}^{\mathrm{j}90°}=U\angle90°$	$\dot{I}=I\mathrm{e}^{\mathrm{j}0°}=I\angle0°$ $\dot{U}=U\mathrm{e}^{-\mathrm{j}90°}=U\angle-90°$
功率	有功功率：负载消耗的功率 无功功率：衡量电感或电容元件与电源能量转换的规模	$P=UI=I^2R=U^2/R$ 电阻消耗的功率（有功功率）	$Q_\mathrm{L}=UI=I^2X_\mathrm{L}=U^2/X_\mathrm{L}$ 电感能量转换的功率（无功功率）	$Q_\mathrm{C}=UI=I^2X_\mathrm{C}=U^2/X_\mathrm{C}$ 电容能量转换的功率（无功功率）
三要素	衡量交流电变化快慢的三个物理量及其相互关系	周期 $T=\dfrac{1}{f}$；频率 $f=\dfrac{1}{T}$；角频率 $\omega=2\pi f=\dfrac{2\pi}{T}$		
	交流电最大值与有效值的关系	最大值$=\sqrt{2}$有效值，即 $U_\mathrm{m}=\sqrt{2}U$；有效值$=\dfrac{\text{最大值}}{\sqrt{2}}=\dfrac{U_\mathrm{m}}{\sqrt{2}}$		

2. 单相串联交流电路

单相串联交流电路中各物理量的关系见表1-12。

表1-12 单相串联交流电路中各物理量的关系

物理量	RL	RC	RLC
物理量			
电压△			
总电压	$\dot{U}=\dot{U}_\mathrm{R}+\dot{U}_\mathrm{L}$ $U=\sqrt{U_\mathrm{R}^2+U_\mathrm{L}^2}$	$\dot{U}=\dot{U}_\mathrm{R}+\dot{U}_\mathrm{C}$ $U=\sqrt{U_\mathrm{R}^2+U_\mathrm{C}^2}$	$\dot{U}=\dot{U}_\mathrm{R}+\dot{U}_\mathrm{L}+\dot{U}_\mathrm{C}$ $U=\sqrt{U_\mathrm{R}^2+(U_\mathrm{L}-U_\mathrm{C})^2}$

（续）

物理量	**RL**	**RC**	**RLC**
物理量			
阻抗△/ 功率△			
总阻抗	$Z=\sqrt{R^2+X_L^2}$ 复阻抗：$\hat{Z}=R+jX_L$	$Z=\sqrt{R^2+X_C^2}$ 复阻抗：$\hat{Z}=R-jX_C$	$Z_{总}=\sqrt{R^2+(X_L-X_C)^2}$ 总复阻抗：$\hat{Z}=R+jX_L-jX_C$
功率	$P=S\cos\varphi=UI\cos\varphi$ $Q=S\sin\varphi=UI\sin\varphi$ $S=UI=\sqrt{P^2+Q_L^2}$	$P=S\cos\varphi=UI\cos\varphi$ $Q=S\sin\varphi=UI\sin\varphi$ $S=UI=\sqrt{P^2+Q_C^2}$	$P=S\cos\varphi=UI\cos\varphi$ $Q=S\sin\varphi=UI\sin\varphi$ $S=UI=\sqrt{P^2+(Q_L-Q_C)^2}$
初相位	$\varphi=\arctan\dfrac{X}{R}=\arctan\dfrac{U_L}{U_R}=\arctan\dfrac{Q}{P}$		
功率因数	$\cos\varphi=\dfrac{P}{S}=\dfrac{R}{Z}=\dfrac{U_R}{U}$	提高功率因数 $\cos\varphi$ 可提高电源设备容量的利用率及输电效率，降低 线路损耗，节约材料	
电压、电流 的相位关系 及电路性质	电压 U 超前电流 I 一个 φ 角， 电路呈感性	电压 U 滞后电流 I 一个 φ 角， 电路呈容性	当 $X_L>X_C(U_L>U_C)$ 时，电路呈 感性 当 $X_L<X_C(U_L<U_C)$ 时，电路呈 容性 当 $X_L=X_C(U_L=U_C)$ 时，电路呈 纯阻性，称为串联谐振，谐振频 率为 $$f_0=\dfrac{1}{2\pi\sqrt{LC}}$$ 此时电路阻抗最小
单位	有功功率 P 的单位为 W（瓦）；无功功率 Q 的单位为 var（乏）；视在功率 S 的单位为 V·A（伏·安）		

1.3.2　三相交流电路

三相交流电路中各物理量的关系见表 1-13。

表 1-13　三相交流电路中各物理量的关系

项目	星形联结	三角形联结
	（电路图）	（电路图）
三相交流电源线、相关系	$U_{线Y}=\sqrt{3}\,U_{相Y}$ 线电压超前相电压 30°	$U_{线\triangle}=U_{相\triangle}$ 线电压与相电压同相
对称三相负载电压、电流线、相关系	$I_{线Y}=I_{相Y}$ 线电流与相电流同相 $U_{线Y}=\sqrt{3}\,U_{相Y}$ 线电压超前相电压 30° $\dot{I}_{N}=\dot{I}_{U}+\dot{I}_{V}+\dot{I}_{W}$	$U_{线\triangle}=U_{相\triangle}$ $I_{线\triangle}=\sqrt{3}\,I_{相\triangle}$ 线电流滞后相电流 30° $\dot{E}=\dot{E}_{U}+\dot{E}_{V}+\dot{E}_{W}$
三相交流电路的电动势	$e_{U}=E_{m}\sin\omega t$ $e_{V}=E_{m}\sin(\omega t-120°)$ $e_{W}=E_{m}\sin(\omega t+120°)$	
对称三相交流电路的功率	$P=\sqrt{3}\,U_{线}\,I_{线}\cos\varphi_{相}$；$P=3U_{相}\,I_{相}\cos\varphi_{相}$ $Q=\sqrt{3}\,U_{线}\,I_{线}\sin\varphi_{相}$；$Q=3U_{相}\,I_{相}\sin\varphi_{相}$ $S=\sqrt{3}\,U_{线}\,I_{线}=3U_{相}\,I_{相}=\sqrt{P^2+Q^2}$	
对称三相有效值及△、Y关系	$I_{相}=\dfrac{U_{相}}{Z_{相}}$；$\varphi=\arctan\dfrac{X}{R}$；$\dfrac{I_{相\triangle}}{I_{相Y}}\approx\sqrt{3}$；$\dfrac{I_{线\triangle}}{I_{线Y}}=3$	

1.4　电子技术基础知识

📝 **前置作业**

1. 常用的电子元器件有哪些？各有什么功能？

2. 常用三种组态放大电路的静态和动态各有什么特点？

3. 什么叫作零点漂移？如何抑制零点漂移？

4. 集成电路、振荡电路的各种形式各有什么特点和关系？

1.4.1　半导体、二极管、晶体管基本知识

半导体、二极管、晶体管基本知识见表 1-14。

表 1-14　半导体、二极管、晶体管基本知识

导体、半导体、绝缘体	电阻率很小且易于传导电流的物体称为导体，常见的导体有金属、石墨等。正常情况下不易传导电流的物体称为绝缘体，常见的绝缘体有橡胶、云母、塑料等。导电能力介于导体和绝缘体之间的物体称为半导体，常用的半导体是硅（Si）和锗（Ge），其广泛应用的原因是导电能力随着掺入杂质、温度、光照等条件的变化会发生很大的变化。人们利用它的热敏特性制成热敏元件；利用它的光敏特性制成光敏元件，如光敏电阻、光电二极管、光电探测器等；利用它的掺杂特性制成二极管、晶体管、场效应晶体管、集成电路等
二极管	采用掺杂工艺，使硅或锗晶体的一边形成 P 型半导体区，另一边形成 N 型半导体区，在它们的交界面就形成一个特殊薄层，该薄层称为 PN 结。将 PN 结用外壳封装起来，并加上电极引线就构成了二极管（见图 1）。二极管具有单向导电特性，当 P 区电位高于 N 区电位时，二极管正向导通，简称正偏；相反，当 P 区电位低于 N 区电位时，二极管反向截止，简称反偏。故从 P 区引出的电极为阳极或正极，从 N 区引出的电极为阴极或负极 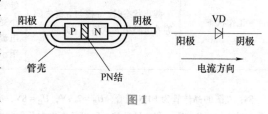 图 1
晶体管	在一块极薄的硅或锗基片上经过特殊的工艺制作出两个 PN 结，称为晶体管。按照两个 PN 结的组合方式不同，晶体管分为 NPN 型（结构见图 2，常为硅管，导电电压约 0.7V）和 PNP 型（结构见图 3，常为锗管，导电电压约 0.3V）两大类。对应的三个半导体区分别称为发射区、基区和集电区；从三个区引出的三个电极分别为发射极、基极和集电极，分别用符号 E、B、C 或 e、b、c 表示。发射区与基区之间的 PN 结称为发射结，集电区与基区之间的 PN 结称为集电结 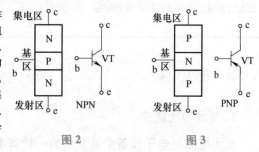 图 2　　　　图 3 晶体管电流放大作用的条件是：发射结加正向电压（正偏），集电结加反向电压（反偏） 晶体管电流放大的实质是：用较小的基极电流控制较大的集电极电流

1.4.2　晶体管三个电极的电流之间的关系

晶体管三个电极的电流之间的关系符合基尔霍夫第一定律，见表 1-15。

表 1-15　晶体管三个电极的电流之间的关系

项目	截止状态	放大状态	饱和状态
NPN 型管示意图			

（续）

项目	截止状态	放大状态	饱和状态
工作条件	发射结反偏（或零偏），集电结反偏	发射结正偏，集电结反偏	发射结正偏，集电结正偏（或零偏）
NPN 型管的电流关系	$U_B \leq U_E$	$U_C > U_B > U_E$	$U_C \leq U_B$
PNP 型管的电流关系	$U_B \geq U_E$	$U_C < U_B < U_E$	$U_C \geq U_B$
工作状态	截止状态时，c 极与 e 极之间等效电阻很大，相当于开路	放大状态时，c 极与 e 极之间等效电阻线性可变，电阻的大小受基极电流大小控制。基极电流大，c 极与 e 极间的等效电阻小，反之则大	饱和状态时，c 极与 e 极之间等效电阻很小，相当于短路

例：左图的晶体管为 NPN 型管，$U_B = 2.7V$，$U_C = 8V$，$U_E = 2V$，因 $U_B > U_E$，发射结正偏，$U_C > U_B$，集电结反偏，所以其工作在放大状态。右图的晶体管为 NPN 型管，$U_B = 3.7V$，$U_C = 3.3V$，$U_E = 3V$，因 $U_B > U_E$，发射结正偏，$U_C < U_B$，集电结正偏，所以其工作在饱和状态

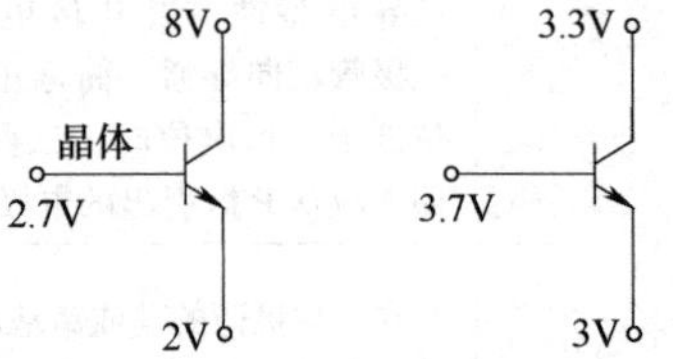

1.4.3 放大电路

1. 基本放大电路

放大电路是电子设备中最常用的一种基本单元电路，它利用晶体管的电流控制作用，把信号源传来的微弱电信号（指变化的电压或电流信号）不失真地放大到所需要的数值，即在输入信号作用下，把直流电源提供的电能转换为较大能量的电信号。

放大电路种类繁多，按晶体管的连接方式分，常用的有以下三种组态，即共发射极放大电路、共集电极放大电路和共基极放大电路，它们的静、动态特性见表 1-16。

表 1-16 三种组态放大电路的静、动态特性

名称	共发射极放大电路（分压式偏置电路）	共集电极放大电路（射极输出器）	共基极放大电路
电路图	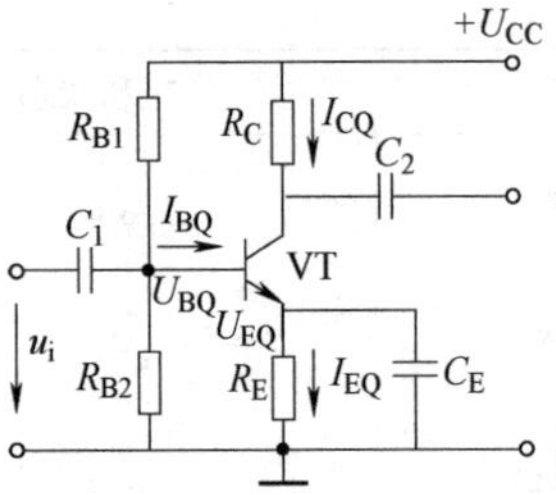	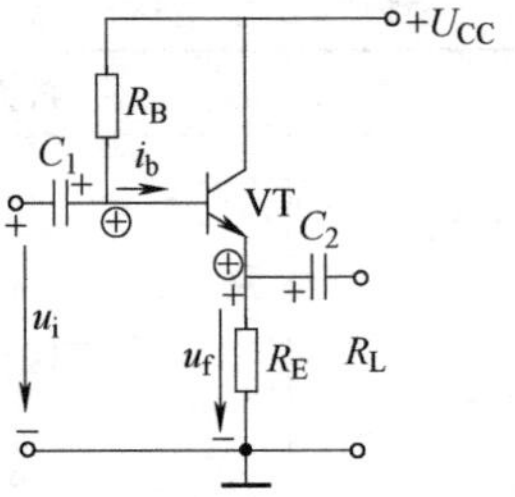	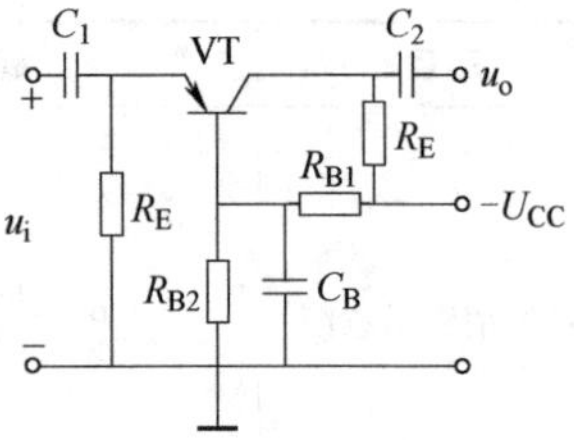

（续）

名称	共发射极放大电路 （分压式偏置电路）	共集电极放大电路 （射极输出器）	共基极放大电路
静态估算	$U_{BQ} \approx \dfrac{R_{B2}}{R_{B1}+R_{B2}}U_{CC}$ $I_{CQ} \approx I_{EQ} = \dfrac{U_{BQ}-U_{BEQ}}{R_E}$ $I_{BQ} \approx \dfrac{I_{CQ}}{\beta}$ $U_{CEQ}=U_{CC}-I_{CQ}(R_C-R_E)$	$U_{BQ} \approx \dfrac{R_{B2}}{R_{B1}+R_{B2}}U_{CC}$ $I_{CQ} \approx I_{EQ} = \dfrac{U_{BQ}-U_{BEQ}}{R_E}$ $I_{BQ} \approx \dfrac{I_{CQ}}{\beta}$ $U_{CEQ}=U_{CC}-I_{CQ}R_E$	同共发射极放大电路

动态估算	$r_{be} \approx 300+(1+\beta)\dfrac{26mV}{I_{EQ}(mA)}$
	
	$R_i = R_{B1}//R_{B2}//r_{be}$，约 $1k\Omega$
	
	$R_o = R_C//r_{ce} \approx R_C$，几千欧
	
	$R'_L = R_L//R_C$，几十至几百欧
	
	$A_u = -\beta\dfrac{R'_L}{r_{be}}$
		$r_{be} \approx 300+(1+\beta)\dfrac{26mV}{I_{EQ}(mA)}$
		
		$R_i = R_{B1}//R_{B2}//[r_{be}+(1+\beta)R'_L]$，几十万欧
		
		$R_o = \dfrac{R_{B1}//R_{B2}//R_S+r_{be}}{1+\beta}//R_E$，几万欧
		
		$R'_L = R_L//R_E$
		
		$\dot{A}_U = \beta\dfrac{R'_L}{r_{be}+\beta R'_L} \approx 1$，略小于 1
			$r_{be} \approx 300+(1+\beta)\dfrac{26mV}{I_{EQ}(mA)}$
			
			$R_i = \dfrac{r_{be}}{1+\beta}$，几十万欧
			
			$R_o \approx R_C$，几十万欧
			
			$R'_L = R_L//R_C$，几十至几百欧
			
			$A_u = \beta\dfrac{R'_L}{r_{be}}$

特性与适用场合	输出电压与输入电压反相，电压放大倍数较大，输入电阻、输出电阻适中 适用于多级放大电路的中间级	电压同相放大，电压放大倍数小于并接近于 1。输入电阻大，输入信号衰减小，适用于多级放大电路的输入级。输出电阻小，带负载能力强，适用于多级放大电路的输出级	属于同相放大，电压放大倍数与共发射极电路基本相同，输入电阻较小，适用于宽频带放大器

2. 多级放大电路

在实际应用中，要把一个微弱的电信号放大几千倍或几万倍甚至更大，仅靠单级放大器是不够的。通常，需要把若干个单级放大器连接起来组成多级放大器，将信号进行逐级放大。

多级放大器分为输入级、中间级及输出级三部分，其总的电压放大倍数 A_U 等于各级电压放大倍数之积，即 $A_U = A_{U1}A_{U2}A_{U3}\cdots A_{Un}$；其输入电阻等于第一级放大器的输入电阻，即 $R_i = R_{i1}$，输出电阻等于最后一级的输出电阻，即 $R_o = R_{on}$。多级放大电路之间的耦合方式有阻容耦合、变压器耦合、直接耦合和光电耦合等，它们各自的特点和应用场合见表 1-17。

表 1-17　多级放大器及其常用四种耦合方式的特点及应用场合

名称	应用电路	特点	应用
阻容耦合	前级放大器 ── C ── 后级放大器	① 用容量足够大的耦合电容进行连接，传递交流信号 ② 前、后级放大器之间的直流电路被隔离，静态工作点彼此独立、互不影响	低频特性不是很好，不能用于直流放大器中，也不易集成化，一般应用在低频电压放大电路中
变压器耦合	前级放大器 ── T ── 后级放大器	① 通过变压器进行连接，将前级输出的交流信号通过变压器耦合到后级 ② 电路中的耦合变压器还有阻抗变换作用，有利于提高放大器的输出功率 ③ 能够隔离前、后级的直流联系，所以各级电路的静态工作点彼此独立、互不影响	由于变压器体积大、低频特性差、无法集成化，因此一般应用于高频调谐放大器或功率放大器中
直接耦合	前级放大器 ── 后级放大器	① 无耦合元器件，信号通过导线直接传递，可放大缓慢的直流信号 ② 前、后级的静态工作点互相影响，给电路的设计和调试增加了难度	便于电路的集成化，因此广泛应用于集成电路中
光电耦合	前级放大器 ── 光电耦合器 ── 后级放大器	① 以光电耦合器为媒介来实现电信号的耦合和传输 ② 既可传输交流信号，又可传输直流信号，而且抗干扰能力强，易于集成化	广泛应用在集成电路中

1.4.4　零点漂移及其抑制（见表 1-18）

表 1-18　零点漂移及其抑制

零点漂移及其产生原因	直接耦合放大电路在输入为零时，输出电压偏离起始值不为零，这种现象叫作零点漂移（简称零漂）。放大器级数越多，零点漂移越严重。第一级的零点漂移影响最大 　产生零点漂移的原因很多，如温度的变化、电源的波动、元器件参数的变化等，其中主要原因是晶体管的参数随温度变化而变化。若放大电路级间采用直接耦合方式，这种变化将逐级传递和放大，最后导致输出级产生了较大的漂移电压，有时甚至会使整个电路无法工作。这是直接耦合放大电路存在的最严重的问题
零点漂移的抑制	在直流放大器中，为了抑制零点漂移，可采用用热敏元件进行温度补偿、电流负反馈等措施。最有效且最常用的方法是利用有对称结构的差动放大电路来抑制共模信号、放大差模信号，达到克服零点漂移的目的

（续）

差动放大电路抑制 零点漂移的原理	差动放大电路采用两只特性相同的晶体管组成完全对称的电路。由于温度的变化、电源的波动等引起的信号对对称的两个晶体管电路造成的影响是相同的，这个信号称为共模信号，使得 $U_{C1} = U_{C2}$，从而 $U_o = U_{C1} - U_{C2} = 0$。差动放大电路对共模信号的电压放大倍数称为共模放大倍数 A_C。显然，$A_C = 0$ 但是，对于有用的输入信号 U_i，其加在两个晶体管输入端的信号是大小相等、极性相反的，即 $U_{i1} = -U_{i2} = \dfrac{U_i}{2}$，这个信号称 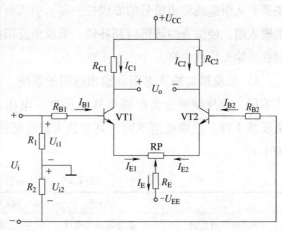

为差模信号。显然，$U_o = \Delta U_{o1} - \Delta U_{o2} = \Delta U_{o1} - (-\Delta U_{o1}) = 2\Delta U_{o1}$。可见，差动放大电路可以有效地放大差模信号，此放大倍数称为差模放大倍数 A_d

共模抑制比为差模放大倍数与共模放大倍数之比，即 $CMRR = \dfrac{A_d}{A_C}$，它用来恒量差动放大电路的差模放大能力和共模抑制能力。各种差动放大电路依靠对称性抑制零点漂移，但是不可能做到完全对称，共模放大倍数并不为零。性能较好的集成运算放大电路，其共模抑制比可达到 10^7 以上

1.4.5　负反馈放大电路

1. 反馈的概念

反馈就是放大器输出信号（电压或电流）的一部分或全部送回到放大器的输入端，并与输入信号（电压或电流）相合成的过程。反馈放大器框图如图 1-1 所示。

2. 反馈的类型

按反馈的极性的不同，反馈可分为两类：

1）正反馈：反馈信号与输入信号极性相同，使净输入信号增强。正反馈能使输出信号增大。

2）负反馈：反馈信号与输入信号极性相反，使净输入信号减弱。负反馈使输出信号减小，但使放大电路的性能变好。

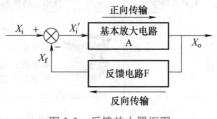

图 1-1　反馈放大器框图

3. 交流负反馈对放大电路性能的影响

1）降低了电路的放大倍数。

2）提高了电路放大倍数的稳定性。引入负反馈后，减少了温度变化、负载变化等对放大电路放大倍数的影响，提高了电路放大倍数的稳定性。

3）减小了非线性失真。由于晶体管的非线性，放大电路的输出端与输入端并不是线性关系，从而造成输出信号的非线性失真。引入负反馈后，从失真的输出信号取出一部分送回到输入端，使失真的波形得到补偿。采取负反馈措施只是减小了波形的非线性失真，并不能彻底消除非线性失真。

4）负反馈对输入电阻和输出电阻的影响。根据基本放大器与反馈电路之间的连接方式不同，负反馈可分为电压串联负反馈、电压并联负反馈、电流串联负反馈和电流并联负反馈4种。反馈类型不同，其对放大器性能的影响也不相同。负反馈的类型及其特点见表1-19。

表1-19 负反馈的类型及其特点

类型	功能	输入电阻	输出电阻	信号源内阻
电压串联负反馈	能稳定输出电压	增大	减小	较小时效果好
电压并联负反馈	能稳定输出电压	减小	减小	较大时效果好
电流串联负反馈	能稳定输出电流	增大	增大	较小时效果好
电流并联负反馈	能稳定输出电流	减小	增大	较大时效果好

5）展宽了放大电路的通频带，且减小了频率失真。

6）提高了电路的抗干扰能力。

7）降低了电路的噪声。

1.4.6 常用的电子元器件

电子电路中所用到的电子元器件有很多，现把常用的电子元器件总结归纳入表1-20～表1-22，以便以后系统回顾复习。

表1-20 常用的电子元器件（一）

名称和符号	外形、特性和功能	检测方法
变压器 T	将一种交流电压、电流等级变换成同频率的另一种交流电压、电流等级，还可变换阻抗和相位	变压器、电阻、电位器、电感的检测：若用指针式万用表，先用 $R\times1k$ 欧姆档，测量前先调零
电阻 R	对电流起阻碍作用；分压、限流	观察法：①色环标注法（详见 1.4.7 节）；②文字符号标注法，如 2K7 表示 2.7kΩ，2R0 表示 2Ω
电位器 RP	对电流起阻碍作用；分压、限流、调节电位	①万用表两表笔搭在两端片上，数值即为标称阻值；②两表笔搭在端片与中心抽头上，读数应为标称阻值或0；③缓慢旋转旋钮至另一端，万用表读数会从标称阻值连续不断下降或从0连续不断上升，直到下降为零或上升到标称阻值

（续）

名称和符号	外形、特性和功能	检测方法
电感 L 	 通直流，阻交流；储存磁能、滤波、调谐、补偿等	文字符号标注法：4R7M 表示 4.7μH，偏差为±20%；JR33 表示 0.33μH，偏差为±5%
电容 C 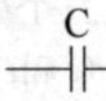	 通交流，阻直流；储存电能、滤波、旁路、耦合、去耦、移相	先用 $R×100$ 欧姆档，接通后阻值有缓慢变大的过程。电解电容正极引脚接电路中的高电位 文字符号标注法：2μ2 表示 2.2μF，F224 表示 $22×10^4$ pF
 二极管 A VD K	 发光二极管  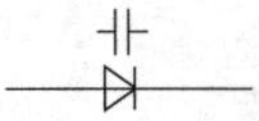 变容二极管  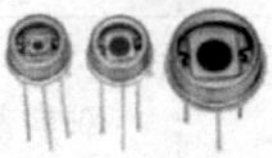  光电二极管 单向导电性：二极管正偏时导通，反偏时截止 功能：整流、限幅、续流、开关	① 用万用表 $R×1k$ 欧姆档测，正、反电阻一小一大，阻值小的黑笔为阳极，二极管完好 ② 正、反电阻均很大则为断路 ③ 正、反电阻均很小则为击穿
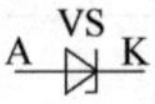 稳压二极管 A VS K	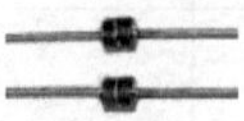 工作于反向击穿区，反向电压基本保持不变；稳压、限压	检测方法同上
 晶体管 VT NPN c PNP c b b e e	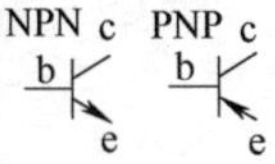 开关、调节、隔离、放大；功率为 $0.5～1W$ 的为中功率管；$1W$ 以上的为大功率管	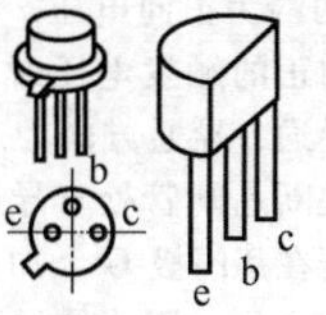 观察法：如左图所示，对于中小功率管，塑料面朝向自己，引脚朝下，则从左到右依次为 e、b、c

表 1-21 常用的电子元器件（二）

名称和符号	特性和功能	引脚排布	结构和应用实例
双向二极管 VD T_1 T_2 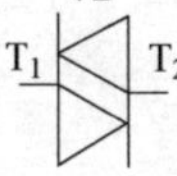	双向二极管除用来触发双向晶闸管外，还常用在调压、过电压保护、定时、移相等电路中 一般情况呈高阻态，外加电压大于转折电压时导通	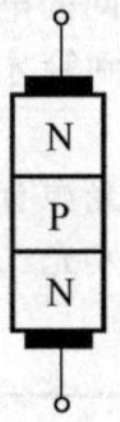 N P N	双向二极管的限压作用：当输入信号的幅度在转折电压以下时，其不可以通过；当其大于转折电压时，二极管开始导通，以免损坏电路中的其他元器件和引起放大电路失真

（续）

名称和符号	特性和功能	引脚排布	结构和应用实例
晶闸管 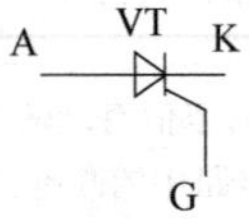	信号控制开关 晶闸管加正向电压，门极加触发信号，器件持续导通；当在阳极、阴极加上相反的电压时，无论怎样加触发信号，晶闸管仍处于截止状态 具有可控单向导电性	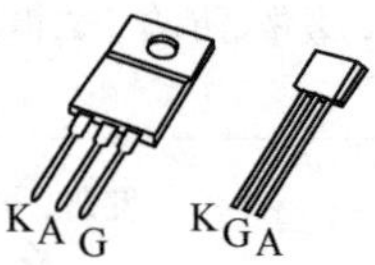 K A G　K G A	普通晶闸管（SCR）是由 P、N、P、N 四层半导体材料构成的三端半导体器件，三个引出端分别为阳极 A、阴极 K 和门极 G 普通晶闸管的阳极与阴极之间具有单向导电性，其内部可以等效为由一只 PNP 型晶闸管和一只 NPN 型晶闸管组成的组合管 广泛应用于可控整流、交流调压、无触点电子开关、逆变及变频等电子电路中
双向晶闸管 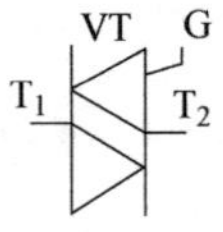	信号控制开关 门极有信号，正向电压或反向电压均可使器件持续导通	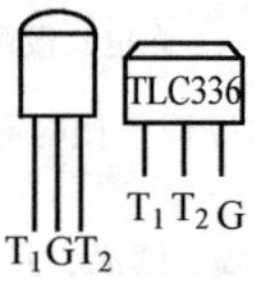 T₁ G T₂　T₁ T₂ G　TLC336	双向晶闸管（Triac）是由 N、P、N、P、N 五层半导体材料构成的，相当于两只普通晶闸管反相并联。它也有三个电极，分别是主电极 T₁、主电极 T₂ 和门极 G
门极关断晶闸管 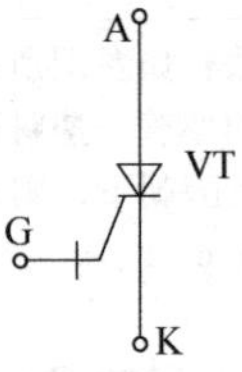	门极关断晶闸管也具有单向导电特性，即当其阳极 A、阴极 K 两端为正向电压，在门极 G 上加正的触发电压时，晶闸管将导通，导通方向为 A→K。门极关断晶闸管处于导通状态时，若在其门极 G 上加一个适当的负电压，则能使导通的晶闸管关断	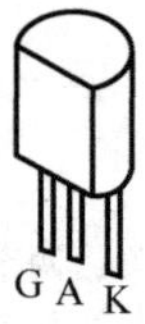 G A K	门极关断晶闸管是由 P、N、P、N 四层半导体材料构成的，其三个电极分别为阳极 A、阴极 K 和门极 G
光控晶闸管 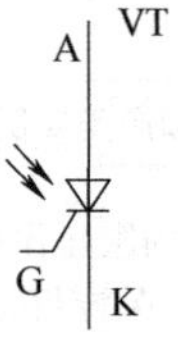	当在光控晶闸管的阳极 A 加上正向电压、阴极 K 上加负电压时，再用足够强的光照射一下门极 G，晶闸管即可导通。晶闸管受光触发导通后，即使光源消失也能维持导通，除加在阳极 A 和阴极 K 之间的电压消失或极性改变，晶闸管才能关断 光控晶闸管的触发光源有激光器、激光二极管和发光二极管等	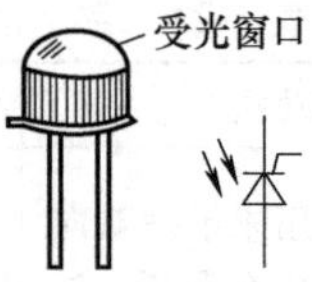 受光窗口	由 P、N、P、N 四层半导体材料构成，可等效为由两只晶体管和一只电容、一只光电二极管组成的电路

表 1-22 常用的电子元器件（三）

名称和符号	特性和功能	引脚排布	应用实例
单结晶体管	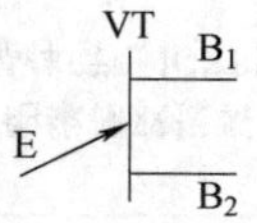 具有负电阻特性 可产生振荡 当 $U_E > U_P$（峰点）时，导通；当 $U_E < U_V$（谷点）时，截止	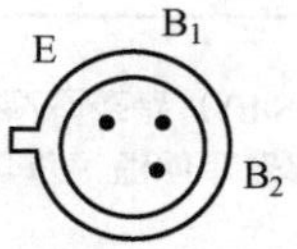 单结晶体管又称为双基极二极管	当发射极电压等于峰点电压 U_P 时，单结晶体管导通。导通之后，当发射极电压小于谷点电压 U_V 时，单结晶体管就恢复截止
三端稳压管	 反向击穿前呈高阻态，击穿后稳压特性好 调节电压、稳定输出，用于电路中护电路和过电压保护电路 三端可调式集成稳压器的特点：使用方便，只需外接两个电阻就可在一定范围内确定输出电压 各项性能指标都优于三端固定式集成稳压器 具有全过载保护功能，包括限流、过热和安全区域的保护，即便调节节端悬空，所有的保护电路仍然有效	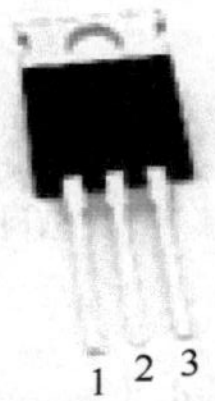 引脚判别（以 78×× 系列为例）： 面对文字丝印面，左起引脚 1 为输入端，引脚 2 为公共端，引脚 3 为输出端	78×× 系列三端固定式正压集成稳压器 78××：5~24V，1A 78L××：5~24V，0.1A 78M××：5~24V，0.5A 78S××：5~24V，2A 79×× 系列三端固定式负压集成稳压器 79××系列 −5~−24V，1A 79L××系列 −5~−24V，0.1A 三端可调式集成稳压器 正压可调稳压器 LM117：1.2~37V，1.5A LM217：1.2~37V，1.5A LM317：1.2~37V，1.5A 负压可调稳压器 LM137：−1.2~−37V，1.5A LM237：−1.2~−37V，1.5A LM337：−1.2~−37V，1.5A

（续）

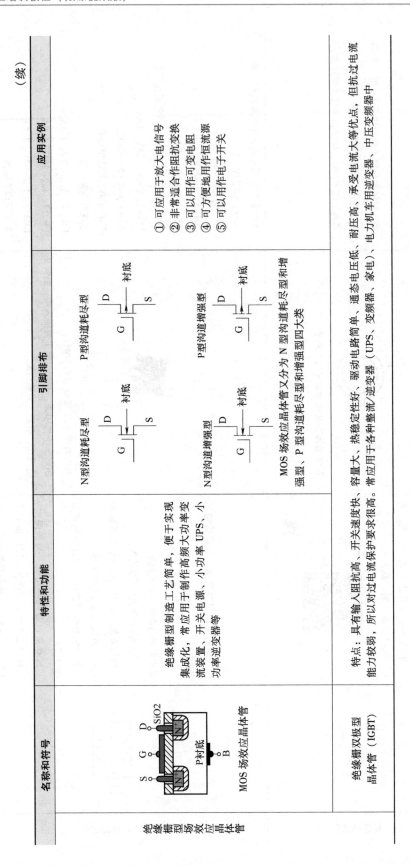

名称和符号	特性和功能	引脚排布	应用实例
绝缘栅型场效应晶体管 — MOS 场效应晶体管	绝缘栅型制造工艺简单，便于实现集成化，常应用于制作高频大功率变流装置、开关电源、小功率 UPS、功率逆变器等	MOS 场效应晶体管又分为 N 型沟道耗尽型和增强型、P 型沟道耗尽型和增强型四大类	① 可应用于放大电信号 ② 非常适合作阻抗变换 ③ 可以用作可变电阻 ④ 可方便地用作恒流源 ⑤ 可以用作电子开关
绝缘栅双极型晶体管（IGBT）	特点：具有输入阻抗高、开关速度快、容量大、热稳定性好、驱动电路简单、通态电压低、耐压高、承受电流大等优点，但抗过电流能力较弱，所以对过电流保护要求很高。常应用于各种整流逆变器（UPS、变频器、家电）、电力机车用逆变器、中压变频器中		

1.4.7　电子元器件标识识读

电子元器件表面印有很多标识。通过标识可了解其数值、误差等。

1. 数量级（见表 1-23）

表 1-23　数量级

符号	p	n	μ	m	（基本单位）	k	M	G	T
倍率	10^{-12}	10^{-9}	10^{-6}	10^{-3}	10^{0}	10^{3}	10^{6}	10^{9}	10^{12}
名称	皮	纳	微	毫	—	千	兆	吉	太

2. 常见标注法（见表 1-24）

表 1-24　常见标注法

名称	特点	示例	
		电阻	电容
直接标注法	直接完整标注出元器件的参数	$4.7\mathrm{k}\Omega \pm 10\%$ 表示 $4.7(1\pm10\%)$ $\mathrm{k}\Omega$	$250\mathrm{V}10\mu\mathrm{F}$ 表示 $250\mathrm{V}$、$10\mu\mathrm{F}$
文字符号法	将量纲标注在小数点的位置，并省略单位	2K7 表示 $2.7\mathrm{k}\Omega$，2R0 表示 2Ω	2μ2 表示 $2.2\mu\mathrm{F}$
数字识读法	第一、二位表示元器件值的有效数字，第三位表示有效数字后应乘的倍率	331 表示第一、二位 $33\times$第三位 $10^{1}=330$，单位为 Ω	473 表示第一、二位 $47\times$第三位 $10^{3}=47000$，单位为 pF，即 47nF

3. 电阻色环标注法

1）普通电阻用四条色环表示阻值与误差，见表 1-25。

表 1-25　色环标注法

颜色	第一色环（表示数值）	第二色环（表示数值）	第三色环（表示倍率）	第四色环（表示允许误差）
棕	1	1	10^{1}	
红	2	2	10^{2}	
橙	3	3	10^{3}	
黄	4	4	10^{4}	
绿	5	5	10^{5}	
蓝	6	6	10^{6}	
紫	7	7	10^{7}	

（续）

颜色	第一色环（表示数值）	第二色环（表示数值）	第三色环（表示倍率）	第四色环（表示允许误差）
灰	8	8	10^8	
白	9	9	10^9	
黑	0	0	1	
金				±5%
银				±10%
无色				±20%

2）四环电阻的读数。图 1-2 所示四条色环的读数为 27000（1±5%）Ω。

四环电阻中色环颜色所代表的数字或意义：一般情况下，最后一环为金色或银色；如果不是金色或银色，则最后一环的宽度是其他环的两倍。

3）精密电阻用五条色环表示阻值与误差。色环颜色代表的数字或意义见表 1-26。图 1-3 所示五环电阻的读数为 17.5（1±1%）Ω。

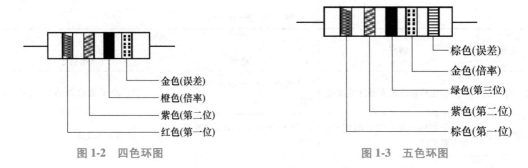

金色(误差)
橙色(倍率)
紫色(第二位)
红色(第一位)

棕色(误差)
金色(倍率)
绿色(第三位)
紫色(第二位)
棕色(第一位)

图 1-2　四色环图　　　　　　　　　　　图 1-3　五色环图

表 1-26　色环颜色代表的数字或意义

颜色	第一色环	第二色环	第三色环	第四色环（倍率）	第五色环（允许误差）
棕	1	1	1	10^1	±1%
红	2	2	2	10^2	±2%
橙	3	3	3	10^3	
黄	4	4	4	10^4	
绿	5	5	5	10^5	±0.5%
蓝	6	6	6	10^6	±0.25%
紫	7	7	7	10^7	±0.1%
灰	8	8	8	10^8	
白	9	9	9	10^9	
黑	0	0	0	1	
金				10^{-1}	
银				10^{-2}	

1.4.8　电子元器件的焊接方法和工艺要求

1. 焊接工具

常用的焊接工具是电烙铁，其种类很多，从结构上分有内热式和外热式两种。焊接较小的电子元器件时，常选用 25~30W 的内热式电烙铁；焊接体积较大的元器件时，应选用功率较大的外热式电烙铁。电烙铁有三种握法：反握法、正握法和握笔法。其中，握笔法操作灵活、方便，被广泛使用。

2. 五步施焊法

电烙铁焊接通常采用五步施焊法，如图 1-4 所示。

3. 安装成形方式和工艺要求

安装成形方式分为卧式和立式两种，如图 1-5 所示。

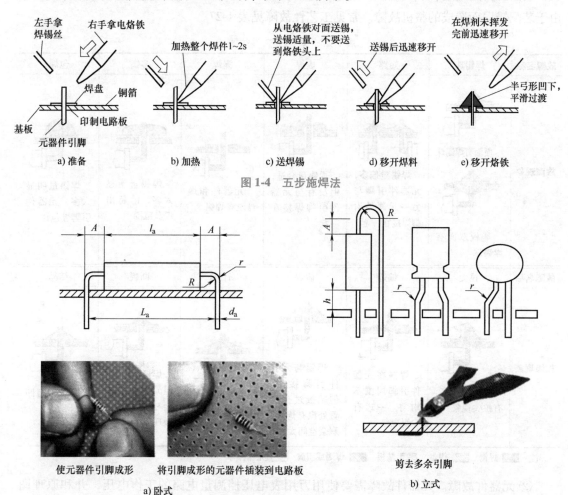

图 1-4　五步施焊法

图 1-5　电子元器件的安装成形方式和工艺要求

注：$A > 2mm$。

元器件成形工艺要求：引脚打弯处距元器件根部的距离为 A（大于或等于 2mm），弯曲半径大于元器件直径的 2 倍，元器件根部和插孔的距离 h 大于元器件直径，h 也大于 2mm。焊接完毕，剪去多余引脚。

4. 电子电路故障的处理方法

（1）故障处理的基本原则

① 应先进行分析后动手检查，不能盲目乱拆、乱换。

② 先简后繁。先用简易的方法检修，若不行，再用复杂的方法进行检修。

③ 先断电检查后通电检修。先进行断电检查，然后进行通电检修。

（2）故障处理的一般方法　电路部分故障包括工艺性故障和元器件故障，二者的处理方法不同。

① 工艺性故障。工艺性故障是指漏焊、虚焊、装配错误等，可用直观检查法检查。直观检查法主要是通过看、听、摸、闻、敲等措施判断出故障部位。这种方法特别适用于检查由于装配错误而造成的整机故障。常见工艺性故障见表 1-27。

表 1-27　常见工艺性故障

故障名称	焊锡珠	短路	虚焊	漏焊	多锡	包焊
故障现象	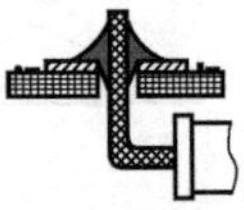 板面有焊锡珠 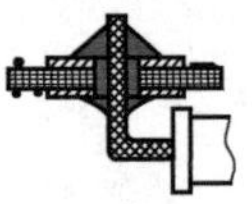 基板双面有焊锡珠	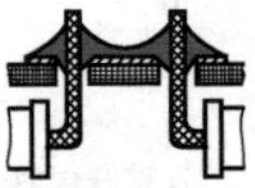 焊锡量偏多，元器件引脚与另一元器件引脚焊接在一起	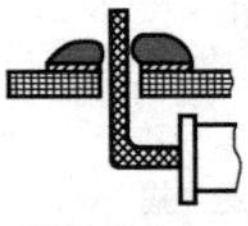 焊锡量合适，但没有与元器件引脚焊接在一起	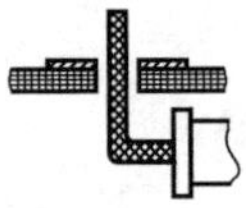 元器件和焊盘没有焊锡	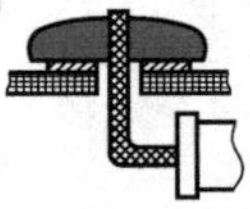 焊锡量明显太多，已超出焊盘范围	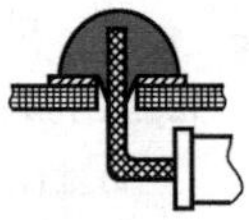 焊锡量明显太多，元器件引脚被包住
故障名称	拉尖	偏焊	假焊	针孔	断裂	结晶
故障现象	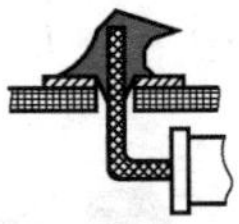 焊锡量偏多，有拉尖现象	 焊锡在元器件引脚周围不均匀，一边有少锡现象	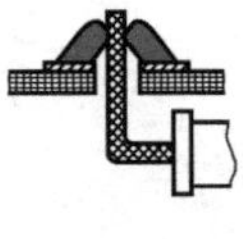 焊锡与元器件引脚接触，但基板过孔位置处没有焊锡，剩余空间太大	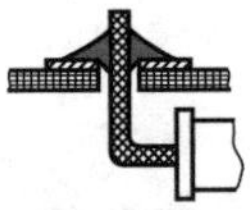 焊点中有细孔	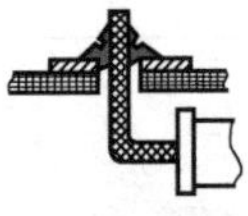 焊锡量合适，但元器件引脚会松动，有断裂现象	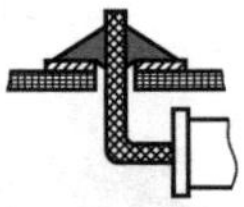 焊点表面凹凸不平

注：■ 焊锡　▨ 焊盘　▦ 基板　▨ 焊端或引脚　□ 元器件体

② 元器件故障。元器件故障需要使用万用表电压档测量电路的工作电压，并和原理图上的正常值比较，经过检查可找出电路的故障元器件。用万用表电阻档检查电路中的短路、断路故障也很有效。

（3）故障处理的注意事项

① 在进行故障处理时，要注意安全用电，防止产生事故，焊接时不要带电操作。

② 严禁用手触摸电源进线部分的元器件和零部件，以免造成事故。

③ 测量管子、集成电路各引脚电压时，注意防止极间短路。

1.4.9 集成运算放大器

1. 集成运算放大器简介

集成运算放大器（简称集成运放）是一种高放大倍数的多级直接耦合放大器。性能理想的集成运放应该具有电压增益高、输入电阻大、输出电阻小、工作点漂移小等特点。集成运放的组成、设计特点和图形符号见表1-28，其实物图及引脚排列如图1-6所示。

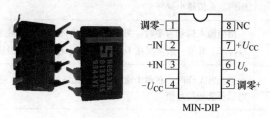

图 1-6　集成运放的实物图及引脚排列

表 1-28　集成运放的组成、设计特点和图形符号

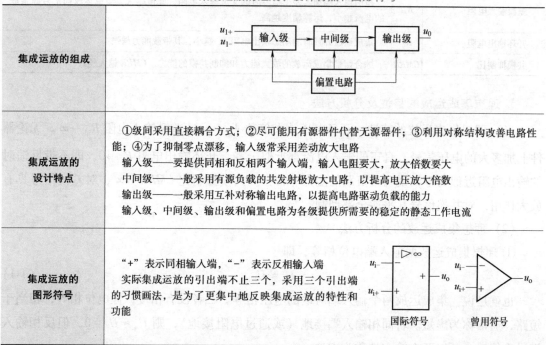

集成运放的组成	见上图
集成运放的设计特点	①级间采用直接耦合方式；②尽可能用有源器件代替无源器件；③利用对称结构改善电路性能；④为了抑制零点漂移，输入级常采用差动放大电路 输入级——要提供同相和反相两个输入端，输入电阻要大，放大倍数要大 中间级——一般采用有源负载的共发射极放大电路，以提高电压放大倍数 输出级——一般采用互补对称输出电路，以提高电路驱动负载的能力 输入级、中间级、输出级和偏置电路为各级提供所需要的稳定的静态工作电流
集成运放的图形符号	"+"表示同相输入端，"−"表示反相输入端 实际集成运放的引出端不止三个，采用三个引出端的习惯画法，是为了更集中地反映集成运放的特性和功能

2. 集成运放的主要参数

集成运放的特性参数是评价集成运放性能优劣的依据。集成运放的主要参数见表1-29。

表 1-29　集成运放的主要参数

参数	符号	说明
开环差模电压放大倍数	A_{uo}	开环差模电压放大倍数简称开环增益，有 $A_{uo} = \dfrac{U_o}{U_{i1} - U_{i2}}$ 它体现了集成运放的电压放大能力，其值一般在 $10^4 \sim 10^7$ 之间 A_{uo} 越大，器件的性能越稳定，其运算精度也就越高
开环共模电压放大倍数	A_{oc}	指集成运放本身的共模增益，它反映集成运放抗温漂、抗共模干扰的能力。优质集成运放的 A_{oc} 应接近于零
输入失调电压	U_{io}	输入电压为零时，为使输出电压为零，在输入端附加一个补偿电压，该电压叫作输入失调电压。高质量产品的 U_{io} 一般在 1mV 以下
输入失调电流	I_{io}	指在输入信号为零时，两输入端静态基极电流之差。其值一般在 $0.01 \sim 0.1$mA 范围内，此值越小越好
输入偏置电流	I_{iB}	指当输入信号为零时，两输入端所需的静态基极电流的平均值，即 $I_{iB} = (I_{iB1} + I_{iB2})/2$。其值一般情况在 1mA 以下。$I_{iB}$ 越小，零点漂移越小
最大差模输入电压	U_{idm}	指正常工作时，在两个输入端之间允许加载的最大差模电压值。使用时差模输入电压不能超过此值
最大共模输入电压	U_{icm}	指两输入端之间所能承受的最大共模电压。如果共模输入电压超过此值，集成运放的共模抑制性能将明显下降，甚至造成器件的损坏
差模输入电阻	R_{id}	指两输入端加入差模信号时的交流输入电阻。此值越大，集成运放向信号源索取的电流越小，运算精度越高
开环输出电阻	R_o	集成运放开环时的动态输出电阻 R_o 越小，其带载能力越强
共模抑制比	$CMRR$	综合衡量集成运放的放大能力和抑制共模的能力。$CMRR$ 越大越好

3. 理想集成运放的特性及分析方法

（1）理想集成运放的特性　开环电压放大倍数 $A_{od} \to \infty$。差模输入电阻 $R_{id} \to \infty$。无论器件上加多大的电压信号，真正的输入电流都近似于零。开环输出电阻 $R_o \to 0$，即不带反馈时的输出电阻近似为零，说明带负载的能力非常强。共模抑制比 $CMRR \to \infty$，对差模信号具有放大作用，对共模信号几乎能全部抑制。

（2）理想集成运放的分析方法

① 理想集成运放两输入端电位相等，即

$$U_+ \approx U_- \tag{1-1}$$

也就是说，集成运放两个输入端对地的电压相等。二者没有相接，但电位相等，相当于短路，通常称为虚短。若同相输入端接地（或通过电阻接地），则 $U_+ \approx U_- = 0$，但反相输入端没有接地，所以两个输入端称为虚地。

② 理想集成运放两输入电流等于零，即

$$I_+ = I_- \tag{1-2}$$

集成运放与电路相连接,但是输入电流又近似为零,相当于断开一样,通常称为虚断。

4. 集成运算放大电路的线性应用

在线性应用时,集成运放工作在深度负反馈状态,其输出与净输入量呈线性关系。集成运算放大电路的线性应用见表1-30。

表1-30 集成运算放大电路的线性应用

电路类型及形式		运算关系	说明
反相比例运算电路		$u_o = -\dfrac{R_f}{R_1}u_i$ 当 $R_f = R_1$ 时 $u_o = -u_i$(反相器) $A_{uf} = \dfrac{u_o}{u_i} = -\dfrac{R_f}{R_1}$	① 构成电压并联负反馈 ② 反相输入端虚地 ③ 实现了反相比例运算 当 $R_f = R_i$ 时,$u_o = -u_i$(反相器) 平行电阻 $R_2 = R_1 // R_f$
同相比例运算电路		$u_o = \left(1 + \dfrac{R_f}{R_1}\right)u_i$ 当 $R_f = 0$,$R_1 = \infty$ 时 $u_o = u_i$(电压跟随器) $A_{uf} = \dfrac{u_o}{u_i} = 1 + \dfrac{R_f}{R_1}$	① 构成电压串联负反馈 ② 实现了同相比例运算 ③ $A_{uf} > 1$ 当 $R_f = 0$ 时,$u_o = u_i$(电压跟随器) 平行电阻 $R_2 = R_1 // R_f$
反相加法运算电路		$u_o = -\left(\dfrac{R_f}{R_1}u_{i1} + \dfrac{R_f}{R_1}u_{i2}\right)$ 当 $R_1 = R_2 = R_f$ 时 $u_o = -(u_{i1} + u_{i2})$	① 反相加法运算电路的特点与反相比例运算电路的特点相同 ② 实现了加法运算 平行电阻 $R' = R_1 // R_2 // R_f$
减法运算电路		$u_o = \left(1 + \dfrac{R_f}{R_1}\right)\left(\dfrac{R_3}{R_2 + R_3}\right)u_{i2} - \dfrac{R_f}{R_1}u_{i1}$ 当 $R_1 = R_2$,$R_3 = R_f$ 时 $u_o = \dfrac{R_f}{R_1}(u_{i2} - u_{i1})$ 当 $R_1 = R_2 = R_3 = R_f$ 时 $u_o = u_{i2} - u_{i1}$	① R_1 对 u_{i1} 构成电压并联负反馈,对 u_{i2} 构成电压串联负反馈 ② 它由同相比例放大电路和反相比例放大电路组合而成 ③ 实现了减法运算 平行电阻 $R_1 // R_f = R_2 // R_3$
积分电路		$\dfrac{u_1}{R_1} = C\dfrac{du_C}{dt} = -C\dfrac{du_o}{dt}$ $u_o = -\dfrac{1}{RC}\int_{t_0}^{t}u_1 dt$ $\tau = RC$	输出电压与输入电压呈积分关系。积分电路具有移相作用,它可实现积分运算及产生三角波。当 u_o 达到最大值后,将保持不变,此时输出波形成为梯形波

（续）

电路类型及形式	运算关系	说明
微分电路	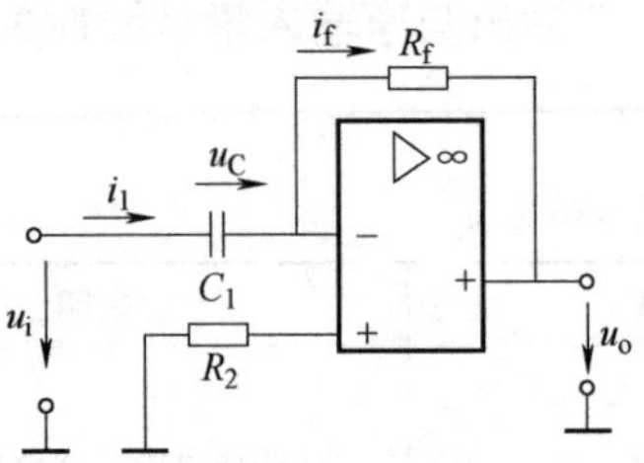 $u_o = -i_R R = -i_C R$ $= -RC \dfrac{du_C}{dt} = -RC \dfrac{du_1}{dt}$	输出电压与输入电压呈微分关系。微分电路将一个梯形波转换为一负一正两个矩形波，也可以把矩形脉冲信号变换成尖脉冲信号

5. 集成运算放大电路的负反馈

集成运放与适当的负反馈网络相组合，根据输出取样和输入比较方式的不同，通常可以构成四种负反馈组态，其形式、判别方法与应用见表1-31。

表1-31　集成运算放大电路中四种负反馈组态的比较

电路类型及形式	判别方法	应用
电压并联负反馈	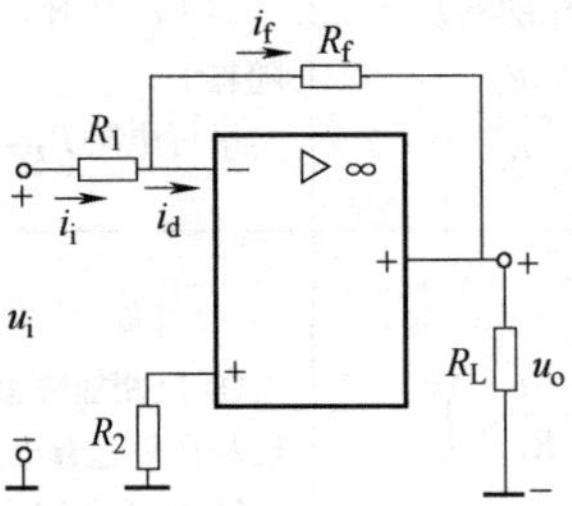 ① 从输出端看，输出线与反馈线接在同一点上 ② 从输入端看，输入线与反馈线接在同一点上 ③ $i_d = i_i - i_f$，i_f 削弱 i_i	电压负反馈电路的特点是使输出电压稳定，常用作电流/电压变换器或放大电路的中间级
电压串联负反馈	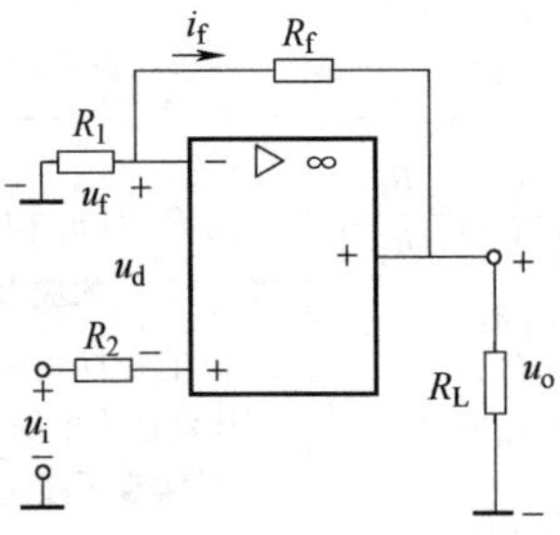 ① 从输出端看，输出线与反馈线接在同一点上 ② 从输入端看，输入线与反馈线接在不同点上 ③ $u_d = u_i - u_f$，u_f 削弱了 u_i	常用作输入级或中间放大级
电流并联负反馈	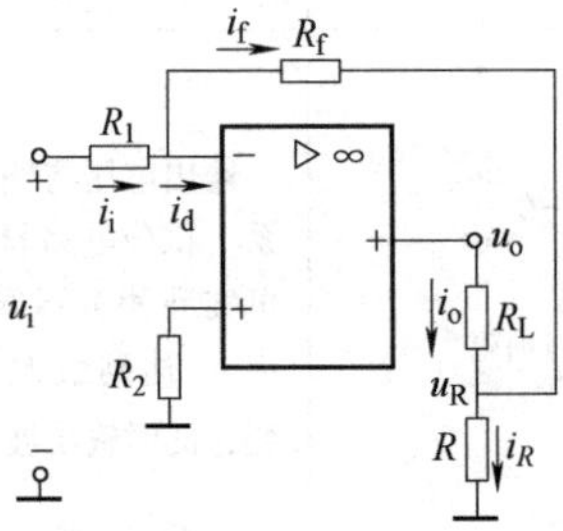 ① 从输出端看，输出线与反馈线接在不同点上 ② 从输入端看，输入线与反馈线接在同一点上 ③ $i_d = i_i - i_f$，i_f 削弱 i_i	电流负反馈的作用是使输出电流维持稳定。本电路常用于电流放大

（续）

电路类型及形式	判别方法	应用
电流串联负反馈	① 从输出端看，输出线与反馈线接在不同点上 ② 从输入端看，输入线与反馈线接在不同点上 ③ $u_d = u_i - u_f$，u_f 削弱 u_i	电流负反馈电路的特点是使输出电流稳定，常用作电压/电流变换器或放大电路的输入级

1.4.10　正弦波振荡电路

振荡电路不需要外加信号，在它的输出端仍有一定频率和振幅的信号输出。若产生的振荡信号为正弦波，就称为正弦波振荡器。正弦波振荡器由放大器、反馈网络和选频网络三大部分组成，其振荡频率 f 取决于选频网络的参数。

正弦波振荡器主要包括 LC 振荡器、RC 振荡器、石英晶体振荡器等。其中 LC 振荡器又分为变压器反馈式、电感三点式、电容三点式三种。LC、RC、石英晶体振荡器的性能特点见表 1-32。

表 1-32　LC、RC、石英晶体振荡器的性能特点

正弦波振荡器		电路图	振荡频率及起振条件	特点
LC 振荡器	变压器反馈式振荡器		振荡频率： $$f_0 = \frac{1}{2\pi\sqrt{LC}}$$ 起振条件： $$\beta \geqslant \frac{r_{be}R'C}{M}$$ M 是互感系数	输出的正弦波形不是很理想，且频率稳定度不高。适用频率范围为几千赫到几亿赫，相移 $\varphi = 0°$，等效阻抗 Z 幅值最大
	电感三点式振荡器		振荡频率： $$f_0 = \frac{1}{2\pi\sqrt{(L_1+L_2+2M)C}}$$ 起振条件： $$\beta \geqslant \frac{L_1+M}{L_2+M}\frac{r_{be}}{R_L}$$	输出波形中含有高次谐波，波形较差，且频率稳定度不高，常用于要求不高的设备中，频率范围为几千赫到几亿赫，谐振等效阻抗 Z 幅值最大且相移 $\varphi = 0°$

（续）

正弦波振荡器		电路图	振荡频率及起振条件	特点
LC 振荡器	电容三点式振荡器	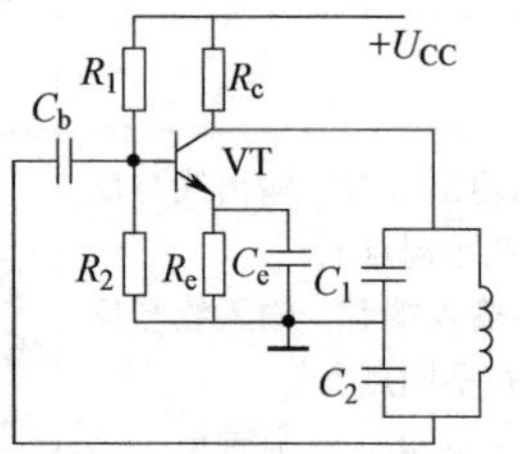	振荡频率：$$f_0 = \dfrac{1}{2\pi\sqrt{L\dfrac{C_1 C_2}{C_1 + C_2}}}$$ 起振条件：$$\beta \geqslant \dfrac{C_2}{C_1} \dfrac{r_{be}}{R_L}$$	对高次谐波阻抗较小，反馈电压谐波分量小，输出波形好。频率稳定度较高，达 100MHz，适用于产生固有频率的振荡电路。谐振等效阻抗 Z 幅值最大且相移 $\varphi = 0°$
RC 振荡器		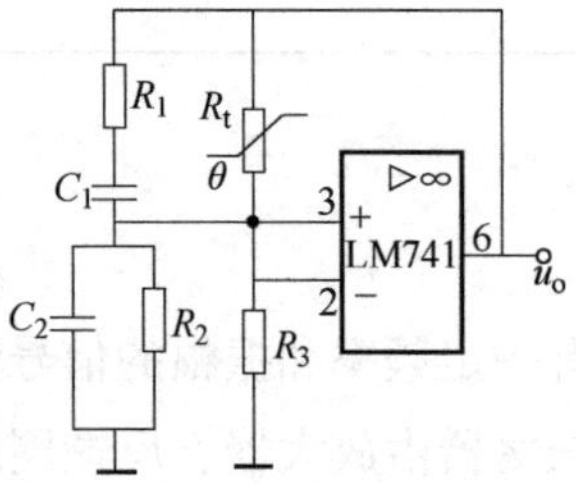	振荡频率：$$f_0 = \dfrac{1}{2\pi RC}$$ 适合 200kHz 以下的低频电路 起振条件：$u_f = u_i$ 且相位相同 其中，u_f 为反馈电压 反馈系数 $F = \dfrac{1}{3}$ 放大倍数 $A_u \geqslant 3$	要满足反馈系数 $F = \dfrac{1}{3}$，$A_u \geqslant 3$，则满足 $A_u F = 1$ 的较稳定幅值条件，以达到减小放大倍数、稳定放大器工作性能的目的
石英晶体振荡器		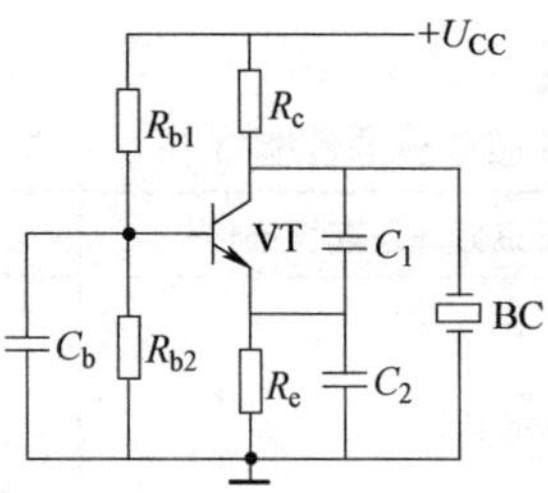	串联谐振频率：$$f_0 = f_s = \dfrac{1}{2\pi\sqrt{LC}}$$ 并联谐振频率：$$f_0 = f_P = \dfrac{1}{2\pi\sqrt{L\dfrac{C_1 C_2}{C_1 + C_2}}}$$ 其中，f_s 为串联谐振频率，f_P 为并联谐振频率 起振条件：外加电压频率等于石英晶体固有频率	石英晶体具有压电效应和压电谐振特性，可构成振荡频率非常稳定的正弦波振荡电路

实训一　电子技术应用模块（1）

任务 1-1　两级阻容耦合放大电路的安装、调试与检修

📋 技能鉴定考核要求

1. 正确识读给定电路图，列出设备工具准备单和电路元器件准备单。

2. 装接前先检查电子元器件的好坏，核对元器件的数量和规格，按工艺要求熟练安装。

3. 通电试运行，正确对仪表和仪器进行调试，测出输入、输出电压波形。

4. 考生抽签，在电路板上排除故障 3 处（线路 1 处，元器件 2 处），并标在原理图上，然后恢复电路功能。

5. 安全文明操作。

6. 考核时间为 120min。

两级阻容耦合放大电路如图 1-7 所示。

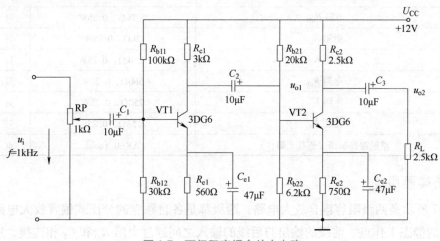

图 1-7 两级阻容耦合放大电路

一、操作前的准备

设备工具准备单见表 1-33。两级阻容耦合放大电路元器件准备单见表 1-34。

表 1-33 设备工具准备单

序号	名称	型号与规格	单位	数量
1	电烙铁、烙铁架、焊料、焊剂、尖嘴钳、斜口钳、镊子、剥线钳、印制电路板、单股镀锌铜线等	与线路元器件配套	套	1
2	直流稳压电源	0~36V	台	1
3	单相交流电源	220V、36V、5A	处	1
4	信号发生器	配套	台	1
5	示波器	配套	台	1
6	万用表	MF47	台	1
7	万能印制电路板	2mm×70mm×100mm（或 2mm×150mm×200mm）	块	1

表 1-34 两级阻容耦合放大电路元器件准备单

序号	名称编号	型号与规格	单位	数量
1	电解电容 C_1、C_2、C_3	10μF/16V	只	各 1
2	电解电容 C_{e1}、C_{e2}	47μF/16V	只	各 1
3	NPN 型晶体管 VT1、VT2	3DG6	只	各 1

（续）

序号	名称编号	型号与规格	单位	数量
4	电位器 RP	1kΩ	只	1
5	电阻 R_{b11}	100kΩ，0.25W	只	1
6	电阻 R_{b12}	30kΩ，0.25W	只	1
7	电阻 R_{b21}	20kΩ，0.25W	只	1
8	电阻 R_{b22}	6.2kΩ，0.25W	只	1
9	电阻 R_{c1}	3kΩ，0.25W	只	1
10	电阻 R_{c2}	2.5kΩ，0.25W	只	1
11	电阻 R_{e1}	560Ω，0.25W	只	1
12	电阻 R_{e2}	750Ω，0.25W	只	1
13	电阻 R_L	2.5kΩ，0.25W	只	1
14	单股镀锌铜线（连接元器件）	AV-0.1mm²	m	1

二、电路简要原理

图 1-7 所示是两级阻容耦合放大电路，两级都是各自独立的分压式偏置放大电路，更能稳定各级的静态工作点。前级的输出与后级的输入之间通过电阻 R_{c1} 和 C_2 相连接，所以叫阻容耦合放大电路。

三、元器件检测

1）检测元器件的好坏和极性。

2）电阻和电容的检测（参考表 1-20 中内容）。

四、操作步骤描述

操作步骤如下：测量各电子元器件→电子元器件引脚整形→刮去引脚氧化膜→烫锡→在万用印制电路板上进行元器件布局→焊接电阻→焊接晶体管→焊接电容→焊接连接线→不带负载电路的调试→带负载电路的调试→清理现场。

五、电路调试（见表 1-35）

表 1-35　电路调试

序号	项目	调试步骤和方法
1	不带负载电路的调试	① 根据电路图及图 1-8b 所示电路板，逐步逐段校对电路板中电子元器件的技术参数与电路图中的标称值是否一致；使用万用表欧姆档逐步逐段校对连接导线是否连接正确，检查焊点质量 ② 接通电源，用万用表交流电压档测量图 1-8b 所示电路板中 C_1 的输入点电压和 C_2、C_3 的输出点电压
2	带负载电路的调试	连接好负载 R_L，将示波器调试好，分别测量图 1-8b 所示电路板中 U_i、U_{o1}、U_{o2} 点的波形，观察波形，U_{o1} 应被放大了并与输入电压 U_i 反相，U_{o2} 的波形与 U_{o1} 相比再次被放大了，并与输入 U_i 同相，如图 1-8a 所示

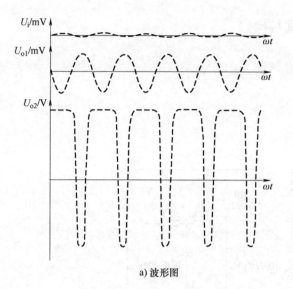

a) 波形图　　　　　　　　　　　　　　　　b) 电路板

图 1-8　两级阻容耦合放大电路的波形图和电路板

六、故障检修

除了学会电路板的安装、焊接与调试外，电子电路的检测与故障排除也是必须掌握的技能。电子电路故障有电路故障（见表 1-36）和元器件故障（见表 1-37）两种。

表 1-36　电路故障

序号	故障点	故障现象及处理方法	备注
1	电容 C_1、C_2 左侧电路不通	没有有效信号输入或连接点虚焊；修复	故障现象根据实际情况由工作人员在考前填写完整
2	晶体管 VT1、VT2 基极电路不通	没有输出，无法实现放大；查看连接点	
3	电容 C_3 右侧电路不通	在负载上检测不到波形；查看 C_3 的连接点	

表 1-37　元器件故障

序号	故障点	故障现象及处理方法	备注
1	电解电容 C_1、电阻 R_{b11} 和 R_{b12} 开路或短路	无法实现比例放大	故障现象根据实际情况由工作人员在考前填写完整
3	晶体管 VT1 或 VT2 烧坏	电路无输出	
5	电容 C_{e1} 或 C_{e2} 短路	输出波形失真	

七、清理现场

仪器仪表安全关机；收拾并擦净桌面，摆放好工具、仪器等；清扫地面。

任务1-2　单相调光电路的安装、调试与检修

📋 技能鉴定考核要求

同任务1-1。

单相调光电路如图1-9所示。

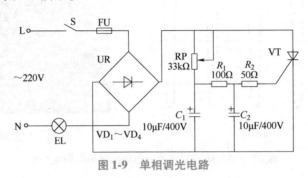

图1-9　单相调光电路

一、操作前的准备

设备工具准备单见表1-33。单相调光电路元器件准备单见表1-38。

表1-38　单相调光电路元器件准备单

序号	名称	型号与规格	单位	数量
1	整流桥	500V，3A	个	1
2	电位器RP	33kΩ，1/4W	个	1
3	电容器C_1、C_2	10μF/400V	个	各1
4	电阻器R_1	100Ω，1W	个	1
5	电阻器R_2	50Ω，1W	个	1
6	晶闸管VT	TYN1225	个	1
7	灯泡EL	220V，25W	个	1
8	熔断器FU	220V，0.5A	个	1
9	单极开关S	220V	个	1

二、电路简要原理

当闭合开关S时，交流电源经整流桥整流为脉动直流电，脉动直流电流向晶闸管VT的阳极，同时通过电位器RP向电容C_1、C_2充电，当电容充电达到晶闸管门极阈值电压时，晶闸管VT导通，回路接通，灯泡点亮。改变电位器RP的阻值，即可改变电容C_1、C_2的充电电流：电位器RP的阻值变大，充电电流减小，电容充电时间变长，晶闸管VT关断时间长，灯泡亮度下降；电位器RP的阻值变小，充电电流增大，电容充电时间变短，晶闸管VT导通时间长，灯泡亮度上升。

三、操作步骤描述

操作步骤如下：测量电阻和微调电位器→测量二极管→测量晶闸管→测量电容→引脚打

弯→采用五步施焊法焊接二极管整流桥→焊接电阻和微调电位器→焊接电容→焊接晶闸管→焊接连接线→焊接熔断器管座、开关、灯泡→不带负载电路的调试→带负载电路的调试→清扫现场。

四、电路调试（见表 1-39）

表 1-39　电路调试

序号	项目	调试步骤和方法
1	不带负载电路的调试	不带负载时，根据电路图及图 1-10b 所示的电路板，逐步逐段校对电路中电子元器件的技术参数与电路图中的标称值是否一致；逐步逐段校对连接导线是否连接正确，并检查焊点质量。接通电源，将万用表拨至直流电压档，测量整流桥输出两端的电压
2	带负载电路的调试	① 通电试运行。装上灯泡，接通电源，灯泡发亮。慢慢调节 RP 的电阻值，当增大 RP 的电阻值时，灯泡 EL 变暗，当减少 RP 的电阻值时，灯泡 EL 变亮，说明电路正常 ② 调节 RP 的电阻值，用示波器测出负载电压的波形，如图 1-10a 所示

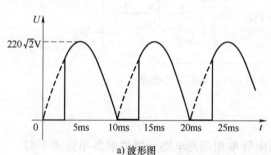

a) 波形图　　　　　　　　　　b) 电路板

图 1-10　单相调光电路的波形图和电路板

五、故障检修

分析故障点，填写故障现象及处理方法，见表 1-40 和表 1-41。

表 1-40　电路故障

序号	故障点	故障现象及处理方法	备注
1	整流桥某二极管开路	只有半波电流；更换二极管	故障现象根据实际情况由工作人员在考前填写完整
2	电解电容 C_1 和 C_2、电位器 RP 开路或短路	无法调光；修复	
3	晶闸管 VT 接反、开路或短路	灯泡不亮；修复	

表 1-41　元器件故障

序号	故障点	故障现象及处理方法	备注
1	整流桥输入或输出端不通	灯泡不亮，无法调光；修复	故障现象根据实际情况由工作人员在考前填写完整
2	电容 C_1 正极端不通	灯光亮度不稳定；修复焊点	
3	电位器下端不通	无法触发，灯泡不亮；修复焊点	
4	晶闸管门极不通	无法调光；修复焊点	

六、清理现场

仪器仪表安全关机；收拾并擦净桌面，摆放好工具、仪器等；清扫地面。

任务 1-3　双向晶闸管单相调光电路的安装、调试与检修

📋 **技能鉴定考核要求**

见任务 1-1。

双向晶闸管单相调光电路如图 1-11 所示。

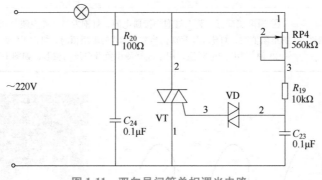

图 1-11　双向晶闸管单相调光电路

一、操作前的准备

设备工具准备单见表 1-33。双向晶闸管单相调光电路元器件准备单见表 1-42。

表 1-42　双向晶闸管单相调光电路元器件准备单

序号	编号名称	型号与规格	单位	数量	备注
1	电阻 R_{19}	10kΩ，0.25W	个	1	
2	电阻 R_{20}	100Ω，0.25W	个	1	棕、黑、棕
3	无性电容 C_{23}、C_{24}	0.1μF/16V	个	1	
4	电位器 RP4	560kΩ，1W	个	1	
5	双向晶闸管 VT	BTA16	个	1	
6	双向二极管 VD	DB3	个	1	
7	白炽灯	25W/220V	个	1	

二、电路简要原理

接通电源后，在交流电源正半周作用期间，电流经过白炽灯、RP4、R_{19} 对 C_{23} 充电。当 C_{23} 上充电电压未达到双向二极管 VD 的转折电压时，VD 截止，双向晶闸管不触发而不导通，白炽灯不亮；当 C_{23} 上电压达到 VD 的转折电压时，VD 导通，C_{23} 放电，触发双向晶闸管导通，白炽灯点亮。负半周电流流向相反，过程相同。调节 RP4 的电阻值，白炽灯点亮与熄灭时长也会改变，可达到调光目的。

三、操作步骤描述

请读者自行写出操作步骤：_____。

四、电路调试（见表 1-43）

表 1-43　电路调试

序号	项目	调试步骤和方法
1	不带负载电路的调试	不带负载时，根据电路图及图 1-12b 所示电路板，逐步逐段校对电路中电子元器件的技术参数与电路图中的标称值是否一致；逐步逐段校对连接导线是否连接正确，并检查焊点质量
2	带负载电路的调试	① 通电试运行。装上白炽灯，接通电源，白炽灯发亮。慢慢调节 RP4 的电阻值，当增大 RP4 的电阻值时，白炽灯变暗，当减少 RP4 的电阻值时，白炽灯变亮，说明电路正常 ② 调节 RP4 的电阻值，用示波器测出负载电压的波形，如图 1-12a 所示

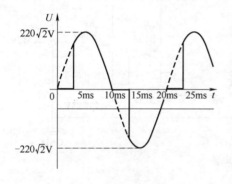

a) 波形图

b) 电路板

图 1-12　双向晶闸管单相调光电路的波形图和电路板

五、故障检修

分析故障点，填写故障现象及处理方法，见表 1-44 和表 1-45。

表 1-44　电路故障

序号	故障点	故障现象及处理方法	备注
1	负载白炽灯右侧电路不通	无法形成回路；检查灯座电压	故障现象根据实际情况由工作人员在考前填写完整
2	双向二极管右侧电路不通	无法触发调光；检查焊点或更换 VD	
3	双向晶闸管上端电路不通	无法触发调光；检查焊点或更换 VT	

表 1-45　元器件故障

序号	故障点	故障现象及处理方法	备注
1	白炽灯钨丝烧断	电路无功能；更换白炽灯	故障现象根据实际情况由工作人员在考前填写完整
2	电阻 R_{20}、电容 C_{23} 和 C_{24}、双向晶闸管开路或短路	无法实现电路功能；检查焊点或更换元器件	
3	电阻 R_{19} 开路	无法调光；检查焊点或更换电阻	

六、清理现场

仪器仪表安全关机；收拾并擦净桌面，摆放好工具、仪器等；清扫地面。

任务1-4 晶闸管调光电路的安装、调试与检修

▤ **技能鉴定考核要求**

同任务1-1。

晶闸管调光电路如图1-13所示。

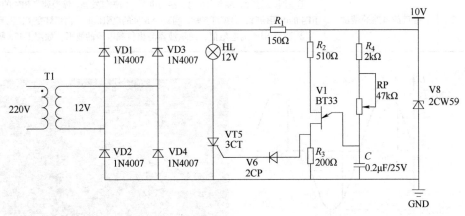

图1-13 晶闸管调光电路

一、操作前的准备

设备工具准备单见表1-33。晶闸管调光电路元器件准备单见表1-46。

表1-46 晶闸管调光电路元器件准备单

序号	名称	型号与规格	单位	数量
1	单相交流电源	~220V 和 36V，5A	处	1
2	二极管 VD1、VD2、VD3、VD4	1N4007	只	4
3	灯泡	12V，1W	只	1
4	晶闸管 VT5	3CT，400V，1A	只	1
5	二极管 V6	2CP	只	1
6	电阻 R_1、R_2、R_3、R_4	1/4W，150Ω，510Ω，200Ω，2kΩ	只	各1
7	单结晶闸管 V1	BT33	只	1
8	电位器 RP	1/4W，47kΩ	只	1
9	稳压二极管 V8	2CW59，10V	只	1
10	电容 C	25V，0.2μF	只	1
11	变压器	220V/12V，10V·A	个	1
12	多股细铜线	AVR-0.1 mm²	m	1

二、电路简要原理

图 1-13 中的 V1、R_2、R_3、R_4、RP、C 组成单结晶体管的张弛振荡器。接通电源后，电容器 C 经 R_4、RP 充电，使 V1 的电压 U_e 逐渐升高。当单结晶体管 V1 的 U_e 达到峰点电压时，V1 导通，在 R_3 上输出一个脉冲电压，触发晶闸管 VT5 的 G 极，使 VT5 导通，灯泡点亮。随着 C 的放电，电容上的电压逐渐降低，当 U_e 达到谷点电压时，V1 恢复阻断状态。此后，电容又重新充电，重复上述过程。其结果是，在电容上形成锯齿波电压，在 R_3 上形成脉冲电压。在交流电的每个半周期内，单结晶体管都输出一组脉冲。改变 RP 的电阻值，可改变电容充电的快慢，即改变锯齿波的振荡频率，从而改变晶闸管 VT5 的导通角大小，即改变了可控整流电路的直流平均输出电压，达到调节灯泡亮度的目的。

三、操作步骤描述

请读者自行写出操作步骤：_____。

四、电路调试（见表 1-47）

表 1-47　电路调试

序号	项目	调试步骤和方法
1	不带负载电路的调试	不带负载时，根据电路图及图 1-14，逐步逐段校对电路中电子元器件的技术参数与电路图中的标称值是否一致；逐步逐段校对连接导线是否连接正确，并检查焊点质量。接通电源，将万用表拨至直流电压档，测量整流桥输出两端的电压
2	带负载电路的调试	① 通电试运行。装上灯泡，接通电源，灯泡发亮。慢慢调节 RP 的电阻值，当增大 RP 的电阻值时，负载获得的电压减少，灯泡 HL 变暗；当减少 RP 的电阻值时，负载获得的电压增大，灯泡 HL 变亮。说明电路正常 ② 调节 RP 的电阻值，用示波器测出负载电压的波形，如图 1-15 所示

图 1-14　晶闸管调光电路的电路板

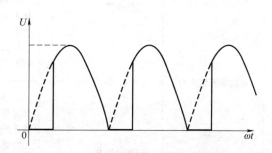

图 1-15　晶闸管调光电路的波形图

五、故障检修

分析故障点，填写故障现象及处理方法，见表 1-48。

表 1-48 故障检修表

序号	故障点	故障现象及处理方法	备注
1	整流桥中某个二极管开路	只有半波电流；检查修复或更换	故障现象根据实际情况由工作人员在考前填写完整
2	晶闸管、二极管 V6、单结晶体管开路或短路	无法调压；逐个检查修复或更换	
3	稳压二极管接反或开路	无法实现限压功能；修复或更换	
4	电位器开路	无法调压；修复或更换	

六、清理现场

仪器仪表安全关机；收拾并擦净桌面，摆放好工具、仪器等；清扫地面。

附1　电子电路的安装、调试与检修考核评分表（见表 1-49）

表 1-49 电子电路的安装、调试与检修考核评分表

序号	考核项目	考核要求	评分标准	配分	扣分	得分
1	电路板功能	通电稳定后没有发生元器件烧毁	电路发生冒烟、冒火或元器件爆裂，扣2分	2分		
2		通电灯泡能点亮	灯泡不亮，扣3分	3分		
3		输出电压为12V（误差±0.5V以内）	输出电压超出误差范围，扣3分	3分		
4		能正确绘制波形	1. 幅值错误，扣2分 2. 频率错误，扣2分 3. 波形不标准，扣2分	3分		
5	电路板安装质量	完整程度	1. 不接受（有部分元器件未装完、存在大量缺陷、有引脚损坏等严重隐患），扣2分 2. 基本符合行业标准（安装完毕，有多处在可接受范围内的偏差），扣1分 3. 完美（没有发现任何失误），扣0分	2分		
6		元器件安装	1. 不接受（有元器件错装或漏装、大部分元器件方向不一致、有引脚短路等严重隐患），扣2分 2. 基本符合行业标准（部分元器件方向不一致、部分元器件引脚高度不一致），扣1分 3. 完美（没有发现任何失误），扣0分	2分		

（续）

序号	考核项目	考核要求	评分标准	配分	扣分	得分
7	电路板安装质量	焊接质量	1. 不接受（存在漏焊、大部分元器件虚焊、有引脚短路等严重隐患），扣2分 2. 基本符合行业标准（部分元器件焊点不规范、电路板板面不美观），扣1分 3. 完美（没有发现任何失误），扣0分	2分		
8		元器件完好程度	1. 不接受（太多元器件焊接表面封装损坏、太多元器件更换），扣2分 2. 基本符合行业标准（有部分元器件损坏或更换），扣1分 3. 完美（没有发现任何失误），扣0分	2分		
9	电路板故障分析	能检修故障	1. 不能分析出故障原因或不知道处理方法，扣2分 2. 基本能分析出故障原因并知道处理方法，扣0分			
10	职业素养	安全文明生产	1. 违反安全操作规程，扣1分 2. 操作现场工器具、材料摆放不整齐，扣1分 3. 劳动保护用品佩戴不符合要求，扣1分 4. 损坏工具、仪表、扣1分	1分		
		合 计		20分		

否定项：若考生作弊、发生重大设备事故（短路、设备损坏、多个元器件损坏等）和人身事故（触电、受伤等），则应及时终止其考试，考生该试题成绩记为零分

说明：以上各项扣分最多不超过该项所配分值

评分人：	年 月 日	核分人：	年 月 日

1.5 整流与稳压电路

📝 **前置作业**

1. 何谓整流？二极管整流电路中输出量与输入量有什么关系？

2. 单相、三相可控整流电路的各主要参数有什么关系？

3. 滤波电路的作用是什么？它有几种形式？

4. 稳压电路的作用是什么？试简述稳压原理。

1.5.1 整流电路

1. 交流电变换成直流稳压电源的过程

在电子电路设备中，一般需要稳定的直流电源供电。交流电变换成直流稳压电源通常经过变压、整流、滤波和稳压几个过程，如图 1-16 所示。

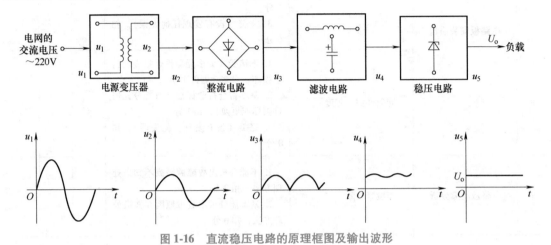

图 1-16 直流稳压电路的原理框图及输出波形

1）电源变压器的作用：将电网的交流电压变换为整流电路所要求的交流电压值。

2）整流电路的作用：将交流电压变换为脉动直流电压。

3）滤波电路的作用：将脉动的直流电变换为平滑的直流电。

4）稳压电路的作用：使直流电源的输出电压稳定，基本不受电网电压或负载变动的影响。

2. 整流电路的分类

整流电路按组成的器件分为不可控、半控和全控三类。不可控整流电路完全由不可控二极管组成；半控整流电路由可控器件和二极管混合组成；全控整流电路中，所有的整流器件（SCR、GTR、GTO 等）都是可控的。

3. 二极管整流电路

（1）单相二极管整流电路（见表 1-50）

表 1-50 单相二极管整流电路

项目	单相半波整流	单相桥式整流
原理图		

（续）

项目	单相半波整流	单相桥式整流
波形图	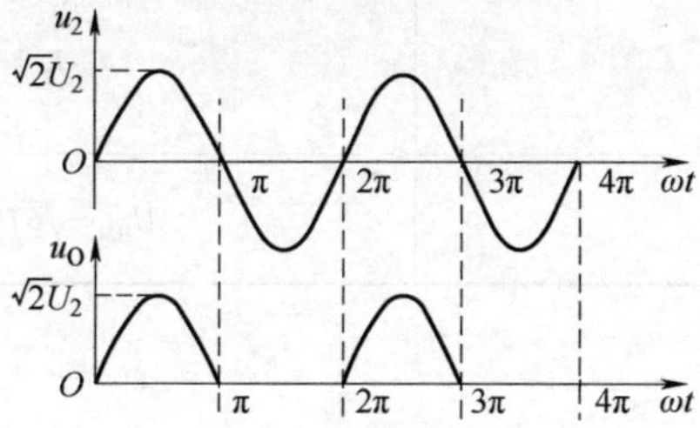	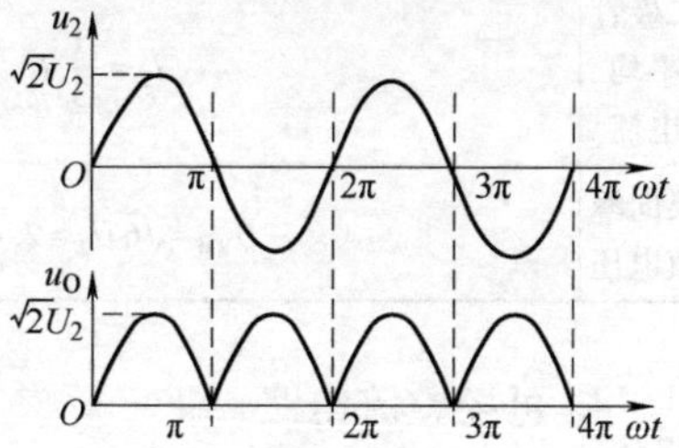
输出电压平均值	$U_L = 0.45U_2$	$U_L = 0.9U_2$
输出电流平均值	$I_L = 0.45\dfrac{U_2}{R_L}$	$I_L = 0.9\dfrac{U_2}{R_L}$
二极管平均电流	$I_F = I_L$	$I_F = \dfrac{1}{2}I_L$
二极管反向峰值电压	$U_{RM} = \sqrt{2}U_2$	$U_{RM} = \sqrt{2}U_2$

（2）三相二极管整流电路（见表 1-51）

表 1-51　三相二极管整流电路

项目	三相半波整流	三相桥式整流
原理图	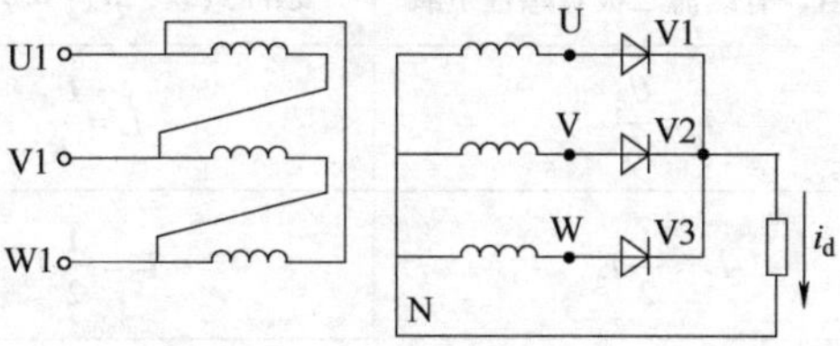	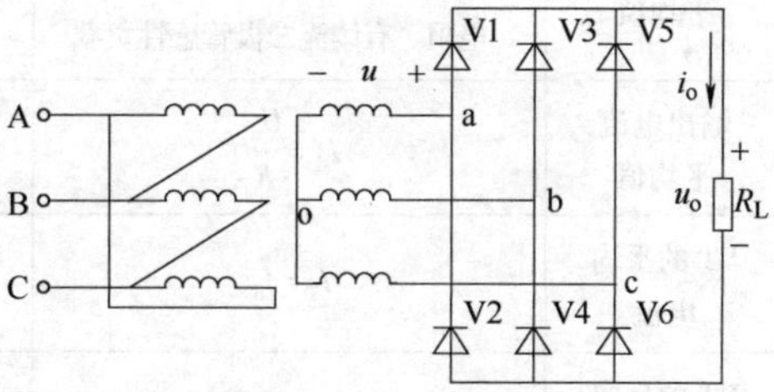
波形图	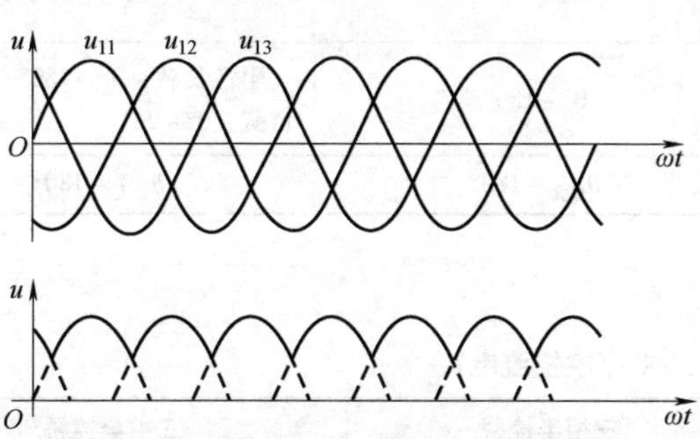	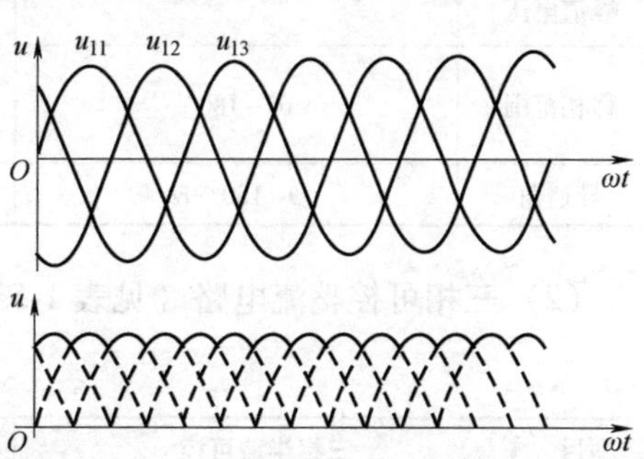
输出电压平均值	$U_L = 1.17U_2$	$U_L = 2.34U_2$
输出电流平均值	$I_L = 1.17\dfrac{U_2}{R_L}$	$I_L = 2.34\dfrac{U_2}{R_L}$

（续）

项目	三相半波整流	三相桥式整流
二极管平均电流	$I_F = \frac{1}{3} I_L$	$I_F = \frac{1}{3} I_L$
反向峰值电压	$U_{RM} = \sqrt{6} U_2 = 2.45 U_2$	$U_{RM} = \sqrt{6} U_2 = 2.45 U_2$

4. 可控整流电路

（1）单相可控整流电路（见表 1-52）

表 1-52　单相可控整流电路

项目	单相半波可控	单相半控桥	单相全控桥
原理图			
输出电压平均值	$U_d = 0.45 U_2 \frac{1+\cos\alpha}{2}$ 电阻、有续流二极管感性负载	$U_d = 0.9 U_2 \frac{1+\cos\alpha}{2}$ 电阻、有续流二极管感性负载	电阻负载：$U_d = 0.9 U_2 \frac{1+\cos\alpha}{2}$ 感性负载：$U_d = 0.9 U_2 \cos\alpha$
输出电流平均值	$I_d = \frac{U_d}{R}$	$I_d = \frac{U_d}{R}$	$I_d = \frac{U_d}{R}$
VT 的平均电流	$I_T = I_d$	$I_T = \frac{1}{2} I_d$	$I_T = \frac{1}{2} I_d$
VT 的反向峰值电压	$U_{RM} = \sqrt{2} U_2$	$U_{RM} = \sqrt{2} U_2$	$U_{RM} = \sqrt{2} U_2$
移相范围	$0° \sim 180°$	$0° \sim 180°$	阻性负载：$0° \sim 180°$；阻感性负载：$0° \sim 90°$
导通角	$\theta = 180° - \alpha$	$\theta_{最大} = 180°$	$\theta_{最大} = 180°$

（2）三相可控整流电路（见表 1-53）

表 1-53　三相可控整流电路

项目	三相半波可控	三相半控桥	三相全控桥
原理图			

（续）

项目	三相半波可控	三相半控桥	三相全控桥
输出电压	$0 \leqslant \alpha \leqslant 30°$，电流连续 $U_d = 1.17 U_2 \cos\alpha$ $30° \leqslant \alpha \leqslant 150°$，电流断续 $U_d = 0.675 U_2 \left[1 + \cos\left(\dfrac{\pi}{6} + \alpha \right) \right]$	$\alpha \leqslant 60°$，波形均连续 $U_d = 2.34 U_2 \dfrac{1 + \cos\alpha}{2}$ $\alpha > 60°$，波形断续 $(0 \leqslant \alpha \leqslant 180°)$ U_d 的计算公式同上	$\alpha \leqslant 60°$，波形均连续 $U_d = 2.34 U_2 \cos\alpha$ $60° < \alpha < 120°$，感性负载有负值 $U_d = 2.34 U_2 \left[1 + \cos\left(\dfrac{\pi}{3} + \alpha \right) \right]$
输出电流	$I_d = \dfrac{U_d}{R_d}$	$I_d = \dfrac{U_d}{R_d}$	$I_d = \dfrac{U_d}{R_d}$
VT 的平均电流	$I_T = \dfrac{1}{3} I_d$ $(0 \leqslant \alpha \leqslant 150°)$	$I_T = \dfrac{1}{3} I_d$	$I_T = \dfrac{1}{3} I_d$
反向峰值电压	$U_{RM} = \sqrt{6} U_2 = 2.45 U_2$	$U_{RM} = \sqrt{6} U_2 = 2.45 U_2$	$U_{FM} = U_{RM} = \sqrt{6} U_2 = 2.45 U_2$
移相范围 α	电阻负载：$\alpha = 0° \sim 150°$ 阻感负载：$\alpha = 0° \sim 90°$	$\alpha = 0° \sim 180°$ $\alpha \leqslant 60°$，波形连续 $\alpha > 60°$，波形断续	$\alpha = 0° \sim 120°$ $\alpha \leqslant 60°$，波形连续 $\alpha > 60°$，波形断续 $\alpha = 0° \sim 90°$，感性负载有负值
导通角	$\theta \leqslant 120°$	$\theta \leqslant 120°$	$\theta \leqslant 120°$

1.5.2　滤波电路

滤波电路可将脉动的直流电变换为平滑的直流电。几种常见滤波电路的比较见表 1-54。

表 1-54　几种常见滤波电路的比较

滤波形式	电容滤波	电感滤波	LC 型滤波	$LC\pi$ 形滤波	$RC\pi$ 形滤波
滤波效果	较好（小电流时）	较差（小电流时）	较好	好	较好
输出电压	高	低	低	高	较高
输出电流	较小	大	大	较小	小
外特性	差	好	较好（大电流时）	差	差

1.5.3　稳压电路

稳压电路的作用就是输出稳定的直流电压。常见的稳压电路有稳压二极管稳压电路、串联型稳压电路和集成稳压器。

1. 稳压二极管稳压电路

稳压二极管稳压电路如图 1-17 所示，稳压二极管反向并联在负载两端，使之工作在反

向击穿区。流过稳压二极
管的电流的变化基本不影
响输出电压。电阻 R 用于
限制电流，同时利用其两
端电压的升降使输出电压
稳定。

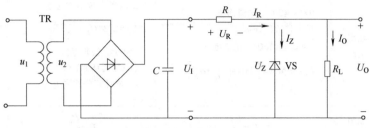

图 1-17　稳压二极管稳压电路

当输入交流电压出现
波动时，U_I 波动。若 U_I 增加，其稳压过程如下：

$$U_I \uparrow \rightarrow U_O \uparrow \rightarrow I_Z \uparrow \rightarrow I_R \uparrow \rightarrow U_R \uparrow \rightarrow U_O \downarrow$$

稳压电源在使用过程中，负载也会发生变化。负载增大时，负载电阻值 R_L 减少，其稳
压过程如下：

$$R_L \downarrow \rightarrow U_O \downarrow \rightarrow I_Z \downarrow \rightarrow I_O \uparrow \rightarrow U_O \uparrow$$

这种电路结构简单、调试方便，但是输出电压受稳压二极管限制不能任意调节，稳定性
能也较差，只能应用在要求不高的小电流稳压电路中。

2. 三端集成稳压器

（1）三端集成稳压器的类型　　所谓三端是指电压输入、电压输出和公共接地三端。
三端集成稳压器可分为以下两类：

1）三端固定式集成稳压器。三端固定式集成稳压器又可分为正极输出和负极输出两
种。常用的 CW78×× 系列是输出固定正电压的稳压器，CW79×× 系列是输出固定负电压的稳
压器。三端不能调换使用。型号中的"C"表示符合国家标准，"W"表示稳压器，"78"
表示输出固定正电压，"79"表示输出固定负电压，"××"用数字表示输出电压值。

2）三端可调式集成稳压器。三端可调式集成稳压器不仅输出可调，其稳定性能也优于
固定式，被称为第二代三端集成稳压器。常见的三端可调式集成稳压器产品的国产型号有
CW317、CW337 等，进口型号有 LM317、LM337 等。字母后面的最末两位数字若为 17，为
正电压输出；若为 37，则为负电压输出。CW317 和 LM317 是三端可调输出正电压的稳压
器，两种器件手册中所标的技术参数基本一样。CW317 是国产稳压器标号，LM317 是美国
国家半导体公司器件标号。LM317 的输出电压范围是 1.2 ~ 37V，负载电流最大为 1.5A，电
压稳定性好。常见的三端集成稳压器如图 1-18 所示。

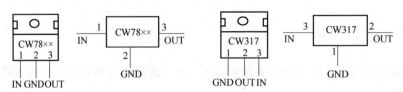

图 1-18　常见的三端集成稳压器

（2）三端集成稳压器的检测

1）观察法。以图 1-18 中采用 TO220 封装的 CW317 三端稳压器为例，将正面朝向自己，从左到右的 1~3 号引脚分别为调整端 GND、输出端 OUT 和输入端 IN。

2）测量法。万用表置于 $R×1k$ 欧姆档，用两个表笔去测量 CW317 三端稳压器的三个引脚的正、反向电阻值。若测得某两引脚之间的正、反向电阻值均很小或接近 0Ω，则可判断该集成稳压器内部已击穿损坏。其中，当红表笔放在 1 号引脚、黑表笔放在 2 号引脚时，表针应有较明显偏转，其余情况下电阻值均较大。特别提示：

① CW317 是三端集成稳压器，万用表只能大体测量一下它的好坏。

② 由于集成稳压器的品牌及型号众多，其电参数具有一定的离散性。

实训二　电子技术应用模块（2）

任务 1-5　LM317 三端可调稳压电路的焊接与调试

📋 技能鉴定考核要求

1. 正确识读给定电路图，列出设备工具准备单和电路元器件准备单。

2. 电路安装前，用仪器仪表检测元器件好坏，并核对其数量和规格。

3. 按照电路图及电子焊接工艺要求，将各元器件在电路板上进行布局、安装与焊接。

4. 正确使用工具、仪表和仪器进行装接调试，装接要可靠，装接技术要符合工艺要求。

5. 通电试运行，测出电路图中 A、B、C 点的电压波形，并绘制在试卷上。

6. 所有操作符合行业安全文明生产规范。

7. 考核时间为 60min。

LM317 三端可调稳压电路如图 1-19 所示。

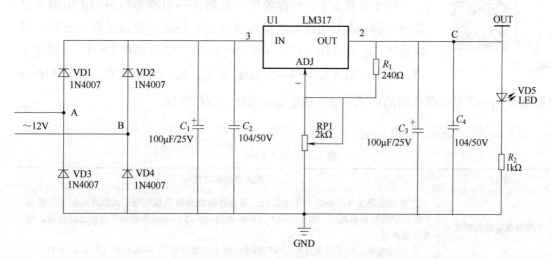

图 1-19　LM317 三端可调稳压电路原理图

一、操作前的准备

1）设备工具准备单见表1-33。

2）LM317三端可调稳压电路元器件准备单见表1-55。

表1-55 LM317三端可调稳压电路元器件准备单

序号	名称	型号与规格	单位	数量
1	整流二极管 VD1~VD4	1N4007	只	4
2	电阻 R_1	1/4W，240Ω	只	1
3	电阻 R_2	1/4W，1kΩ	只	1
4	电位器 RP1	1/4W，2kΩ	只	1
5	发光二极管 VD5	φ3mm	只	1
6	三端稳压器	LM317	只	1
7	电解电容 C_1、C_3	100μF/25V	只	各1
8	陶瓷电容 C_2、C_4	104/50V	只	各1

二、电路原理简述

图1-19中，220V交流市电经变压器降压后，经过二极管VD1~VD4组成的整流桥，形成m形脉动直流电。经过电解电容 C_1 滤波后，再经电容 C_2 滤除由市电引入的干扰电压，送入LM317三端稳压器第3脚（输入端），第2脚（输出端）输出稳定的直流电压。其中，第1脚（调整端）与第2脚最低的基准电压为1.25V。调节RP1可改变输出电压 U_o，根据计算公式 $U_o = 1.25(1 + R_{RP}/R_1)$，代入本电路的电阻参数，输出电压应在 1.25~11.67V 之间可调。其中，C_3 和 C_4 用于旁路基准电压的纹波电压，提高电源的纹波抑制性能；R_2 和VD5为工作指示电路。

三、操作步骤描述

操作步骤如下：检测各电子元器件→引脚整形→刮去引脚氧化膜→烫锡→在万用印制电路板或印制电路板上进行元器件布局→焊接整流二极管VD1~VD4→焊接电容 C_1、C_2→焊接LM317三端稳压器→焊接电阻 R_1、RP1→焊接电容 C_3、C_4→焊接发光二极管VD5→焊接电阻 R_2→不带负载电路的调试→带负载电路的调试→清扫现场。

四、电路调试（见表1-56）

表1-56 电路调试

项目	调试步骤和方法
不带负载电路的调试	① 根据电路图及图1-20所示电路板，逐步逐段校对电路板中电子元器件的技术参数与电路图中的标称值是否一致；使用万用表欧姆档逐步逐段校对连接导线是否连接正确，检查焊点质量 ② 接通电源，用万用表直流电压档测量电路中电解电容 C_1 两端电压（为 $1.2~1.4U_i$）

（续）

项目	调试步骤和方法
不带负载电路的调试	③ 将示波器调试好，测量电路图中的 A、B 两点间的波形，观察是否产生脉动电压，波形应类似于 m 形波 ④ 用示波器测量电解电容 C_1 两端的波形，观察是否有直流电压，波形应为略有纹波的直流电
带负载电路的调试	① 焊好 LM317 的 3 号引脚与电容 C_2 的连接，使用万用表的直流电压档，测量电路 C 点的电压，看是否有输出；同时调节电位器 RP1，观察输出电压 U_o 是否有变化（在 1.25～11.67V 之间） ② 调节电位器 RP1，观察 LED 灯的亮度是否有变化

五、波形测量

操作步骤如下：开机预热→初始化设置→匹配探头/通道→信号自检→探头补偿→连接测量点→测量波形→绘制波形图。

示波器的开机和调试方法同任务 1-1，测量波形的步骤和方法见表 1-57。

图 1-20　LM317 三端可调稳压电路的电路板

表 1-57　测量波形的步骤和方法

项目	操作步骤和方法
测量波形	① 根据电路图，在电路板上找出标注的 A、B、C 点的位置 ② 将探头的接地端（夹子）和探测端（钩子）分别夹在 A、B 点，可测出 A、B 点间的电压波形 ③ 将探头的接地端（夹子）夹在电路板 GND 处，探测端（钩子）钩在 C 点，可测量 C 点波形 ④ 电路板接上电源，观察出现的波形，适当调节水平/垂直扫描旋钮和水平/垂直位移旋钮，得到大小和位置合适的波形图 ⑤ 观察测量到的 A、B 点间和 C 点的波形，A、B 点间波形反映考核电路的输入电压波形，应为正弦波形；而 C 点波形则为考核电路的输出电压波形，应为电压值可调的直线
绘制波形	① 观察示波器的偏转因数（V/格）、时基因数（T/格），以及 A、B 点间和 C 点波形的电压峰-峰值和周期 ② 根据观察到的波形，按比例绘制在答卷提供的方格纸上

六、清扫现场

安全关机，收拾桌面上的线头、焊锡丝、工具、仪器等，清扫地面。

任务 1-6　W7812 三端稳压电路的焊接与调试

技能鉴定考核要求

1. 正确识读给定电路图，列出设备工具准备单和电路元器件准备单。

2. 装接前先检查电子元器件的好坏，核对元器件的数量和规格，按图纸的要求熟练安装。

3. 正确使用工具、仪表和仪器装接调试，装接质量要可靠，装接技术要符合工艺要求。

4. 安全文明操作。

5. 考核时间为 60min。

W7812 三端稳压电路如图 1-21 所示。

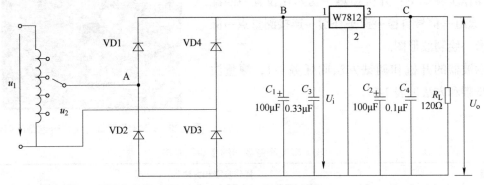

图 1-21　W7812 三端稳压电路

一、操作前的准备

1）设备工具准备单见表 1-33。

2）W7812 三端稳压电路元器件准备单见表 1-58。

表 1-58　W7812 三端稳压电路元器件准备单

序号	编号名称	型号参数	单位	数量	备注
1	可调变压器	9V、12V、14V	个	1	
2	单相电源	220V	处	1	
3	电阻 R_L	1/4W，120Ω	只	1	2A104J，100V
4	整流二极管 VD1~VD4	1N4007	只	4	
5	三端稳压器	W7812	只	1	
6	电容 C_3	0.33μF	只	1	
7	电容 C_1、C_2	25V，100μF	只	各1	
8	电容 C_4	0.1μF	只	1	
9	多股细铜线	AVR−0.1mm²	m	1	

二、简述电路原理

设置输入的交流电压 U_2，整流桥 VD1～VD4 将其整流为脉动直流电。滤波电容 C_1 在脉动直流电作用下交替充放电，将其整形为较平直稳定的直流电信号，C_3 用于抑制自激振荡。将此直流电信号接入 W7812 三端稳压器的输入端（第 1 脚），可在输出端（第 3 脚）得到较稳定的直流电压。输出电压值由输入电压的大小决定，输入电压在 14.5～35V 之间，输出电压稳定在 12V。输入电压小于 14.5V 时，典型压差为 2.5V，即 $U_o = U_i - 2.5V$（25℃）。电容 C_2、C_4 用于滤除输出电压的波纹电压。

三、操作步骤描述

操作步骤如下：检测各电子元器件→引脚整形→刮去引脚氧化膜→烫锡→在万用印制电路板或印制电路板上进行元器件布局→焊接整流二极管 VD1～VD4→焊接电容 C_1、C_3→焊接 W7812 三端稳压器→焊接电容 C_2、C_4→不带负载电路的调试→再焊接负载电阻 R_L→带负载电路的调试→清扫现场。

四、电路调试

接线完成的电路板如图 1-22 所示，请读者自行写出调试步骤和方法。测量图 1-21 中 A、B、C 点的电压波形，并绘制出来。

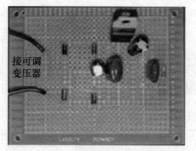

接可调
变压器

图 1-22　W7812 稳压集成电路的电路板

五、故障检修（见表 1-59）

表 1-59　故障检修

序号	故障点	故障现象及处理方法	备注
1	整流桥某二极管开路	只有半波电压；更换整流桥二极管	故障现象根据实际情况由工作人员在考前填写完整
2	电解电容 C_3 开路	脉动直流电没有滤波；检查焊点	
3	电容 C_2 开路	输出电压有波动；检查是否虚焊	
4	稳压器第 2 脚没有接地	没有输出电压；重新补焊	

六、清理现场

仪器仪表安全关机；收拾并擦净桌面，摆放好工具、仪器等；清扫地面。

☆ 练一练

任务 1-7　CW317 三端可调稳压电路的焊接与调试

技能鉴定考核要求

同任务 1-5。

CW317 三端可调稳压电路如图 1-23 所示。

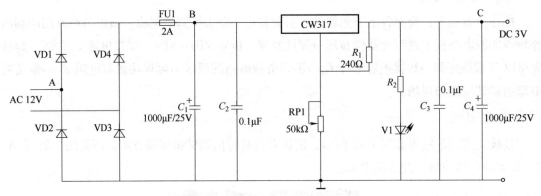

图 1-23　CW317 三端可调稳压电路

一、设备工具准备单（同任务 1-1）

二、电路元器件准备单（见表 1-60）

表 1-60　电路元器件准备单

序号	名称	型号与规格	单位	数量
1	变压器	220V/12V，10V·A	个	1
2	VD1~VD4	2CP	只	4
3	电阻 R_1	1/4W，240Ω	只	1
4	电阻 R_2	1/4W，2kΩ	只	1
5	电位器 RP1	1/4W，50kΩ	只	1
6	发光二极管 V1	3V	只	1
7	三端稳压器	CW317	只	1
8	电容 C_1、C_4	25V，1000μF	只	各1
9	电容 C_2、C_3	0.1μF	只	各1
10	熔断器 FU1	2A	个	1
11	多股细铜线（连接元器件）	AVR-0.1mm^2	m	1

请读者对照任务 1-5，自行进行任务 1-7 的焊接与调试。按照电路图及电子焊接工艺要求，将各元器件在电路板上进行布局、安装与焊接。通电后测出图 1-23 中 A、B、C 点的电压波形，并绘制出来。

第2章

变压器与电动机

2.1 变压器

📝 **前置作业**

1. 变压器的结构和工作原理是怎样的？
2. 变压器的主要技术参数有哪些？
3. 如何判断小型变压器常见故障？如何修复？

本节主要介绍变压器的结构、分类、工作原理、主要技术参数，以及小型变压器的故障处理等。

2.1.1 变压器的结构及工作原理（见表2-1）

表2-1 变压器的结构及工作原理

用途及原理图	变压器是一种利用电磁感应原理工作的静止的电气设备，它能将一种电压等级的交流电转变为同频率的另一种电压等级的交流电。变压器的用途：改变交变电压、改变交变电流、变换阻抗、变换相位和电气隔离等 三相变压器　　单相变压器
工作原理	当单相双绕组变压器的一次绕组接上交流电压 U_1 时，在一次绕组中就会有交流电流 I_1 通过，并在铁心中产生交变的磁通 Φ。在一、二次绕组中产生感应电动势 E_1、E_2。如果二次绕组与负载形成闭合回路，便有二次电流 I_2 流过负载，二次绕组端电压 U_2 就是变压器的输出电压，变压器一次侧、二次侧的电压与匝数成正比，电流与匝数成反比，其比值称为变比，有 $K_U = \dfrac{U_1}{U_2} = \dfrac{N_1}{N_2} = \dfrac{I_2}{I_1}$
分类	变压器按相数分：单相、三相。按用途分：电力、仪用、试验用、特种。按绕组形式分：双绕组、三绕组、自耦。按铁心形式分：心式、壳式、非晶合金式。按冷却方式分：干式、油浸式
主要组成	铁心是变压器的磁路部分，常分为心式和壳式两类，材质为软磁材料，常采用硅钢片叠制而成。装配变压器铁心通常采用两侧交替对插。绕组是变压器的电路部分，一般用绝缘纸隔漆包铜线绕制而成。根据高、低压绕组排列方式的不同，绕组分为同心式和交叠式两种

（续）

状态	空载运行：将变压器的一次绕组接交流电源，二次绕组开路的运行方式
	负载运行：一次绕组接电源，二次绕组与负载接通时的工作情况。变压器一次电流的大小是由二次侧输出的功率决定的，即一次电流随着二次侧的负载功率增大而增大
	过载运行：变压器的一次绕组接交流电源，二次绕组的电流大于额定值的运行方式。其效率低于额定负载时的效率，为 50% ~ 70%
特殊变压器举例	① 自耦变压器的特点：自耦变压器的一、二次绕组之间不但有磁的联系，而且还有电气的连接 ② 电焊变压器空载时，要有足够的引弧电压（65~75V）；负载时，应具有陡降的外特性；额定负载时，电压约为 30V；允许负载端短时间短路，短路电流不太大；焊接电流随时可调

2.1.2 变压器的主要技术参数

变压器的主要技术参数有额定电压、额定电流、额定容量、温升、阻抗电压、空载损耗、负载损耗和联结组标号等，具体见表 2-2。

表 2-2 变压器的主要技术参数

变压器型号	型号表示变压器的结构特点、额定容量和高压侧电压等级。如型号 SJL-560/10，其中 "S" 表示三相，"J" 表示油浸自冷，"L" 表示绕组是用铝线绕制的，"560" 表示额定容量为 560kV·A，"10" 表示高压侧电压为 10kV
额定电压	变压器一次侧额定电压是指电网施加到变压器一次绕组上的额定电压值，二次侧额定电压是指变压器一次侧外加额定电压时的二次侧空载电压值。三相变压器的额定电压均指线电压，单位为 V（伏）或 kV（千伏）
额定电流	变压器的额定电流是根据变压器的允许发热条件而规定的满载电流值。对于三相变压器，额定电流指线电流，单位为 A（安）
额定容量	额定容量是指变压器在所规定的额定状态下的输出能力（视在功率）的指定值。对于单相变压器，$S_N = U_{N2} I_{N2}$；对于三相变压器，$S_N = \sqrt{3} U_{N2} I_{N2}$。单位为 V·A（伏·安）或 kV·A（千伏·安）
温升	温升是指变压器在额定状态运行时，内部绕组的温度与外部冷却介质的温度之差
空载损耗	空载损耗是指把额定交流电压施于变压器一次绕组上，二次绕组开路时的损耗（近似铁损耗 P_{Fe}）
短路损耗	短路损耗是指低压侧短路，把额定交流电压施加于变压器的高压侧上时的损耗（近似铜损耗 P_{Cu}）
负载损耗	负载损耗是指在额定频率及参考温度下，稳态短路时产生的相当于额定容量下的损耗
联结组标号	联结组标号是指用来表示变压器各相绕组的连接方式与电压之间相位关系的一组字母和序数。如：联结组别为 YyO，其中 "Y" 表示高压绕组为 Y 联结，"yO" 表示低压绕组也为 Y 联结且高、低压绕组的时差为 0（同相）
阻抗电压	阻抗电压又称短路电压，是指二次绕组短路，一次绕组流通额定电流所施加的电压
效率 η	变压器的效率是输出功率与输入功率之比，即 $\eta = P_2 / P_1$

2.1.3　小型变压器常见故障的判断及修复（见表2-3）

表2-3　小型变压器常见故障的判断及修复

故障现象	故障分析	处理办法
运行中响声	铁心未插紧或插错位，电源电压过高，负荷过重，有短路现象	插紧或夹紧铁心，纠正错位硅钢片，检查处理电源电压，减轻负载，排除短路故障
大修后试验时局部放电	大修后的变压器进行耐压试验时，发生局部放电，可能因绕组引线对油箱壁位置不当	重新处理绕组引线位置，加强绝缘
温升过高或冒烟	负载过重，输出端有短路现象，铁心叠厚不够，硅钢片间涡流过大、层间绝缘老化，线圈有局部短路现象	减轻负载，排除短路故障，更换高质量的硅钢片，重新处理硅钢片绝缘，浸漆、烘干增强绝缘，处理短路点或更换新线圈
铁心或底板带电	一次或二次侧对地绝缘损坏或绝缘老化；引出线碰触铁心或底板	绝缘处理或更换，重绕绕组；排除碰触点，作好绝缘处理

2.2　常用电动机

📝 **前置作业**

1. 交流电动机的结构、工作原理是什么？起动、调速、制动方法有哪些？

2. 直流电动机的结构、工作原理是什么？有哪些分类？

3. 三相同步电动机、电磁调速异步电动机、交磁电机放大机的结构、工作原理分别是什么？

　　本节主要介绍常用的电动机，包括三相交流异步电动机、直流电动机、三相同步电动机，另外还将介绍电磁调速异步电动机和交磁电机放大机。

2.2.1　三相交流异步电动机（见表2-4）

表2-4　三相交流异步电动机

三相笼型异步电动机的组成部件

（续）

电动机结构	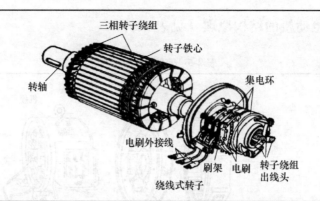 三相转子绕组　转子铁心 转轴　集电环 电刷外接线 刷架　电刷　转子绕组出线头 绕线式转子
电动机工作原理	当电动机三相对称定子绕组接通三相对称交流电流时，定子电流便产生一个旋转磁场，原来静止的转子导体切割定子旋转磁场而产生感应电动势，并在转子导体中形成感应电流。载流转子导体在磁场中受到电磁力作用，对转轴形成一个电磁转矩，其方向与旋转磁场方向一致，带动转子异步地沿着旋转磁场方向旋转，输入定子绕组的电能转变成转子旋转的机械能。旋转磁场的方向取决于通入交流电的相序，因此任意对调输入电动机的两根电源线的相序，便可使旋转磁场反转，电动机也反转。三相异步电动机具有结构简单、价格低廉、坚固耐用、使用维护方便等优点，但调速性能较差
几个公式	①同步转速 $n_1 = \dfrac{60f_1}{p}$；②转差率 $s = \dfrac{n_1 - n}{n_1}$；③额定电磁转矩 $T_N = 9.55\dfrac{P_N}{n_N}$；④过载系数 $\lambda = \dfrac{T_m}{T_N}$；⑤最大转矩 $T_m \approx \dfrac{CU_1^2}{f_1\,(2X_{02})}$（当 $s = s_m$ 时） 其中：n—转子转速；f_1—电源频率；p—磁极对数；n_N—额定转速；T_m—最大转矩；P_N—额定输出功率；U_1—电源电压；X_{02}—每相转子未转时的漏电抗
电动机起动	笼型电动机的起动：①直接起动（功率在 7.5kW 以下的三相异步电动机可用）；②自耦变压器减压起动；③丫-△减压起动；④延边三角形减压起动；⑤定子串电阻（或电抗）减压起动（定子绕组起动电压低了，电流也减小了，起动转矩减小）；⑥软起动（由变频器无级变速起动） 　绕线转子电动机的起动：①转子绕组串电阻起动，属于变转差率调速，方法简单，随着转速的升高，要逐渐减小电阻，常与电流继电器配合进行。②转子绕组串接频敏变阻器起动。频敏变阻器等效阻抗随转子电流频率减少而减小，达到变阻的目的。其结构简单、使用方便、寿命长，能平滑恒转矩起动，但功率因数低，起动转矩不是很大
调速	从公式 $n = \dfrac{60f_1}{p}(1-s)$ 可知，调速方法有：①变极对数 p 调速；②变频 f_1 调速；③改变转差率 s 调速，改变转差率 s 调速包括变压调速和适用于绕线转子电动机的改变转子回路电阻调速
电动机制动	机械制动：电磁制动器制动 电气制动： ① 反接制动：改变正在转动电动机的电源相序，使转子受反向转矩作用，当转速接近零时要立即切断电源，否则电动机会反转。常借助速度继电器进行。为避免电流冲击，定子回路中串入限流电阻 ② 能耗制动：电动机切断电源后，随即在定子绕组中通入直流电，形成固定磁场，转子惯性转动切割磁力线，产生感应电流，形成制动转矩而停转。此方法制动准确而平稳，无冲击 ③ 再生制动（又称回馈制动）：因重物作用使起重电动机转子转速 n 大于同步转速 n_1，转子切割旋转磁场的方向发生改变，转子电流反向，形成反方向的制动电磁转矩，电动机处于发电运行状态，电能回馈到电网。这是最经济的制动方法。电动机因制动，转子转速 n 又小于同步转速 n_1 时，电动机又变回运行状态。如此反复，使重物缓降

2.2.2 直流电动机的结构原理（见表 2-5）

表 2-5 直流电动机的结构原理

直流电动机结构示意图	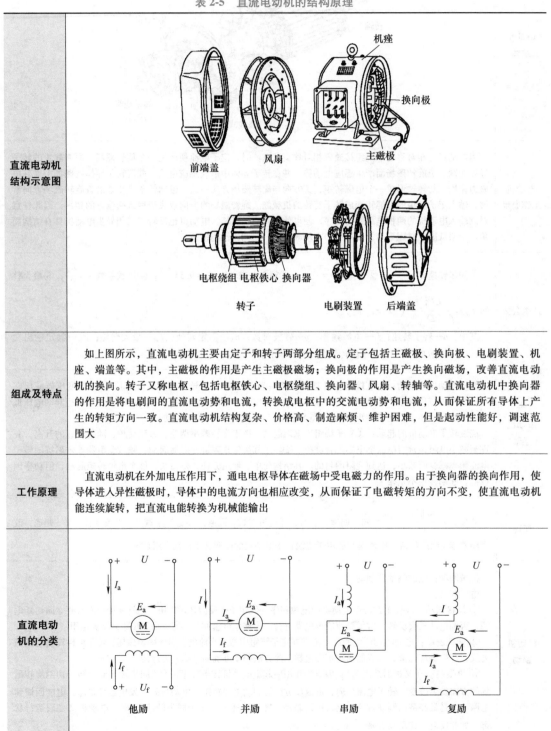
组成及特点	如上图所示，直流电动机主要由定子和转子两部分组成。定子包括主磁极、换向极、电刷装置、机座、端盖等。其中，主磁极的作用是产生主磁极磁场；换向极的作用是产生换向磁场，改善直流电动机的换向。转子又称电枢，包括电枢铁心、电枢绕组、换向器、风扇、转轴等。直流电动机中换向器的作用是将电刷间的直流电动势和电流，转换成电枢中的交流电动势和电流，从而保证所有导体上产生的转矩方向一致。直流电动机结构复杂、价格高、制造麻烦、维护困难，但是起动性能好，调速范围大
工作原理	直流电动机在外加电压作用下，通电电枢导体在磁场中受电磁力的作用。由于换向器的换向作用，使导体进入异性磁极时，导体中的电流方向也相应改变，从而保证了电磁转矩的方向不变，使直流电动机能连续旋转，把直流电能转换为机械能输出
直流电动机的分类	他励　　　　　并励　　　　　串励　　　　　复励

（续）

直流电动机起动、调速、反转	（1）直流电动机起动：直流电动机的起动电流很大，可达额定电流的 10~20 倍。起动电流过大，将引起强烈的换向火花，烧损换向器；产生过大的冲击转矩，损坏传动机构；引起电网电压波动，影响供电的稳定性。因此必须设法限制起动电流。常用的起动方法有两种： ① 减压起动，即采用晶闸管可控整流电源。但应注意，并励电动机减压起动时不能降低励磁电压 ② 电枢回路串电阻起动，即串入起动电阻，把起动电流限制在 1.5~2.5 倍额定电流范围内。这种起动方法设备简单、价格便宜，但在起动电阻上有能耗，适用于小功率或功率稍大但不需经常起动的直流电动机 （2）直流电动机调速：有三种方法，即调压调速、电枢回路串电阻调速和弱磁调速 （3）直流电动机反转：有两种方法，即改变励磁电流的方向和改变电枢电流的方向 ① 改变励磁电流的方向：反转时应将串励绕组和换向极绕组同时反接（适用于串励电动机） ② 改变电枢电流的方向：反转时应将电枢绕组和换向极绕组同时反接（适用于他励或并励电动机）
制动	直流电动机的制动方法分为机械制动（电磁制动器制动）和电气制动两大类 电气制动又分为再生制动、能耗制动和反接制动三种

2.2.3　直流电动机故障的分析与处理方法（见表 2-6）

表 2-6　直流电动机故障的分析与处理方法

故障	可能原因	处理方法
不能起动	（1）无电源或电源电压过低 （2）接线错误 （3）过载 （4）电刷接触不良 （5）励磁回路断路	（1）检查线路是否完好，起动器连接是否准确，熔丝是否熔断 （2）重新接线 （3）减小负载 （4）检查刷握弹簧是否松弛或改善接触面 （5）检查变阻器及磁场绕组是否有断路点，或更换绕组
电刷下火花过大	（1）电刷与换向器接触不良 （2）刷握松动或装置不正 （3）电刷与刷握配合太紧 （4）电刷压力大小不当或不均 （5）换向器表面不光洁、不圆或有污垢 （6）换向片间云母凸出 （7）电刷位置不在中性线上 （8）电刷磨损过度，或所用牌号及尺寸不符 （9）过载 （10）换向器偏摆 （11）换向极绕组短路 （12）电枢绕组与换向器脱焊 （13）电刷分布不等分	（1）研磨电刷接触面，并在轻载下运转 30~60min （2）紧固或纠正刷握装置 （3）略微磨小电刷尺寸 （4）用弹簧秤校正电刷压力，使其为 12~17kPa （5）清洁或研磨换向器表面，加工后换向器的径向圆跳动量不超过 0.03~0.05mm （6）换向器刻槽、倒角、再研磨 （7）调整刷杆座至原记号位置或按感应法校得中性线位置 （8）更换新电刷 （9）恢复正常负载 （10）应用百分表测量，偏摆过大时应重新精车 （11）检查换向极绕组，修理绝缘损坏处 （12）用毫伏表检查换向片间电压是否呈周期性出现，如某两片之间电压特别大，说明该处有脱焊现象，需进行重焊 （13）校正电刷使等分
滚动轴承发热	（1）润滑脂变质或混有杂质 （2）轴承室内润滑脂加得过多或过少 （3）轴承磨损过大 （4）直流电动机滚动轴承发热	（1）更换润滑脂 （2）应适量加入润滑脂，一般为轴承室容积的 1/3~1/2 （3）更换轴承 （4）轴承与轴承室配合过松，需为轴承室镶套

（续）

故障	可能原因	处理方法
电动机转速不正常	（1）电动机转速过高，且有剧烈火花 （2）电刷不在正常位置 （3）电枢及励磁绕组短路 （4）串励电动机轻载或空载运转 （5）串励励磁绕组接反 （6）磁场回路电阻过大 （7）电枢或励磁绕组接触不良	（1）检查励磁绕组与起动器（或调速器）连接是否良好、是否接错，励磁绕组或调速器内部是否电阻过大或断路 （2）按所刻记号调整刷杆座位置 （3）检查是否短路（励磁绕组需每极分别测量电阻） （4）增加负载 （5）纠正接线 （6）检查磁场变阻器和励磁绕组电阻及接触是否良好 （7）励磁电流很小或为零，找出故障点予以排除
漏电	（1）机壳漏电 （2）引出线碰壳	（1）电动机绝缘电阻过低、绝缘老化、接地装置不良，加以纠正 （2）出线板或绕组某处绝缘损坏，需修复

2.2.4 三相同步电动机（见表2-7）

表2-7 三相同步电动机

概述	在交流电机中，转子转速严格等于同步转速的电机称为同步电机。三相同步电机的主要用途是发电，大部分电力网是三相同步发电机供电的，用作电动机时，因为它的结构比异步电动机复杂，没有起动转矩，以及不能调速，应用范围受到限制。但是它具有改善电网的功率因数、转速稳定、过载能力强等优点，常用于不需调速的大型设备上，如空气压缩机、水泵等
工作原理	同步电动机的定子对称地安放着三相绕组，转子则由磁极铁心和套在磁极上的励磁绕组构成。当定子通入三相对称电流时，它将产生一个以同步转速旋转的正弦分布磁场（见右图），而这时转子上励磁绕组中加入直流电流，也有一个直流励磁正弦分布的磁场，两个磁场异极相吸，当定子中的旋转磁场不断旋转时，转子也跟着以同步转速不断旋转 
起动方法	同步电动机刚起动时，定子立即建立旋转磁场，而转子因惯性不能立即以同步转速旋转，产生失步现象。需采取措施才能起动。起动方法有： ① 辅助电动机起动法：先采用异步电动机拖动同步电动机起动，接近同步转速时，切断异步电动机的电源；同时接通同步电动机的励磁电源，将同步电动机接入电网，完成起动 ② 变频起动法：起动时将定子交流电源的频率降低，定子旋转磁场的转速因而很低，转子励磁后起动，易进入同步运行。再逐渐增加交流电源频率，使转速同步上升到额定值，完成起动 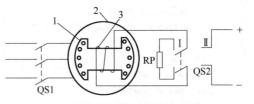 同步电动机异步起动电路图 1—笼型起动绕组 2—同步电动机 3—同步电动机励磁绕组 ③ 异步起动法：它依靠转子极靴上安装的类似于异步电动机笼型绕组的起动绕组产生异步电磁转矩，把同步电动机当作异步电动机起动。待转子转速升至约0.95同步转速时，转子通入直流电流励磁，转子很快进入定子旋转磁场的同步转速同步旋转（见左上图）

2.2.5　电磁调速异步电动机（见表2-8）

表 2-8　电磁调速异步电动机

概述	电磁调速异步电动机又称为滑差电动机。其特点是在异步电动机轴上装有一个电磁转差离合器，控制电磁转差离合器励磁绕组中的电流，就可调节离合器输出转速而得到无级变速电动机
结构	电磁转差离合器的主动部分是电枢（外转子），它与异步电动机的转轴硬连接并一起旋转。电枢用铁磁性材料做成圆筒形。从动部分由励磁绕组、磁极、集电环和输出轴等组成。磁极（内转子）在结构上有凸极式、爪式、感应式三种形式
工作原理	电磁调速异步电动机由原动机（普通笼型异步电动机）、电磁转差离合器和电气控制装置三部分组合而成。当原动机带动离合器的电枢 1 旋转，通过电刷和集电环 3 向磁极 2 上的励磁绕组 4 通入直流电流，磁极上即产生磁通，其截面（见 a 图）内圆上 N 极、S 极相互间隔。磁力线穿过旋转的电枢，使电枢中各点磁通处于不断重复变化中，因而在电枢中会产生涡流。涡流又与磁极磁通作用产生转矩，转矩驱动输出轴，拖动负载运行，从动部分的转速 n' 必定小于主动部分的转速 n。改变磁极励磁绕组中的励磁直流电流的大小，也改变了电枢中涡流的 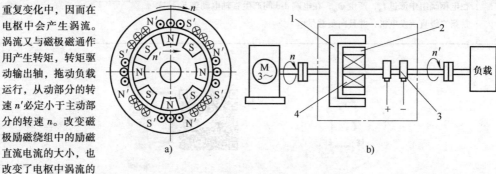 大小，就可调节转差离合器的输出转矩和转速。励磁电流越大，输出转矩也越大，在一定负载转矩下，输出转速也越高（不过电磁调速电动机体积较大，不够精准，现已逐步被变频调速电动机所取代）

2.2.6　交磁电机放大机（见表2-9）

表 2-9　交磁电机放大机

概述	电机放大机作为功率放大元件，在自控系统中应用较广。将小的控制信号输入各控制绕组，在电枢的输出端就能得到较大的功率输出。直流电机放大机的功率放大倍数在几百到几万之间
基本结构	定子有 5 个绕组：①控制绕组。作用是综合接收控制信号，实行励磁控制。②补偿绕组。作用是补偿电枢反应对主磁场的去磁作用，常有 10%～15% 的磁通势储备。③换向绕组。作用是改善换向条件，减小换向火花。与电枢绕组串联，也能起补偿作用。④去磁绕组。作用是减小定子铁心剩磁和滞磁回环，从而减小电机放大机的剩磁电压。⑤助磁绕组。作用是改善交轴换向条件，增加 Φ_d，提高放大倍数 转子绕组：与普通直流电动机电枢结构相似，不同之处是在转子上装有两对电刷，一对是直轴电刷，另一对是交轴电刷，交轴电刷用导线短接

（续）

| 工作原理 | 电机放大机的换向器上装有两对电刷，一对是处于磁极的几何中心线上的交轴电刷（q-q），另一对是处于磁极轴线上的直轴电刷（d-d），交轴电刷用导线短接。当在控制绕组 L_k 上加上控制电压 U_k 时，绕组便流过控制电流 I_k，产生磁通 Φ_k，异步电动机拖动电枢旋转，电枢导体切割磁通 Φ_k，在交轴电刷 q-q 两端产生电动势 E_q。由于 q-q 短接，电枢绕组中将产生一个较大的电流 I_q，形成电枢磁场 Φ_q，电枢绕组切割交轴磁通 Φ_q 产生输出电动势 E_d。电动势 E_q、E_d 同时存在。因 Φ_q 的磁场远大于 Φ_k，因此 E_d 远大于 E_q，而且 I_d 远大于 I_k，从而达到电压与功率放大的目的。起功率放大作用的主要因素是交轴磁场及电枢的旋转，电机放大机作为功率放大是符合能量守恒定律的，因输出功率是由原动机输送给放大机的机械功率转换成电功率的，励磁功率是控制功率，由它控制输出功率的大小。电机放大机相当于一组两级直流发电机。控制电压 U_k 施加到控制绕组，产生控制电流 I_k 及磁通 Φ_k，从而在 q-q 间产生 E_q，这是第一级直流发电机。交轴电刷短路，在电枢绕组中流过 I_q，产生 Φ_q，在电刷 d-d 间产生直轴电动势 E_d，这是第二级直流发电机，并且向负载供电 | 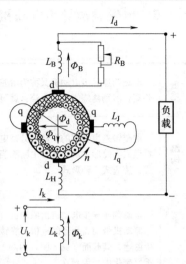 |

3.1 常用低压电器

1. 什么是低压电器？低压电器的种类有哪些？
2. 常用低压电器的结构和作用是怎样的？
3. 常用低压电器的选用依据有哪些？

对电能的生产、输送、分配和使用，起控制、调节、检测、转换及保护作用的电工器械称为电器。工作在交流电压 1200V 或直流电压 1500V 及以下的电路中，起通断、保护、控制或调节作用的电器产品叫作低压电器，其类型、结构、符号、作用及选用依据见表 3-1。

表 3-1　低压电器的类型、结构、符号、作用及选用依据

类型	实物图、符号及结构	作用	选用依据
刀开关	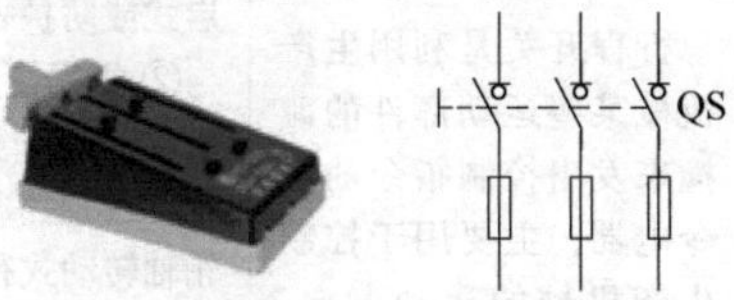 HK 系列负荷开关，由刀开关和熔断器组合而成。必须垂直安装，合闸状态时手柄应朝上	适用于照明、电热设备及小功率电动机控制电路中，供手动和不频繁接通和分断电路，起短路保护作用	适用于交流 50Hz，额定工作电压单相 220V 或三相 380V，额定工作电流 10 ~ 100A 的电路中
断路器	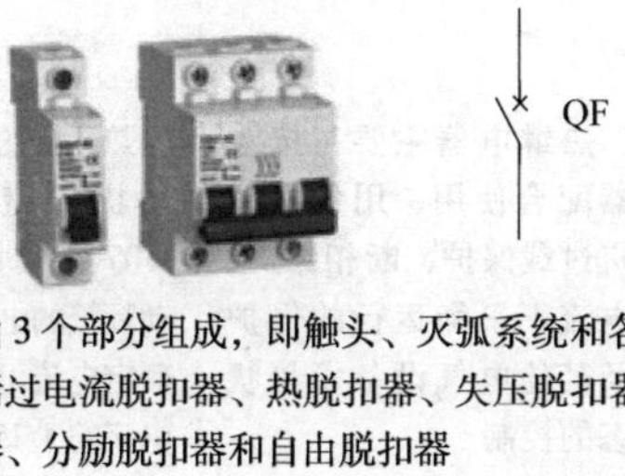 主要由 3 个部分组成，即触头、灭弧系统和各种脱扣器，包括过电流脱扣器、热脱扣器、失压脱扣器、欠电压脱扣器、分励脱扣器和自由脱扣器	在线路正常工作时，它作为电源开关，不频繁地接通和分断电路；当电路发生短路、过载和欠电压等故障时，能自动切断故障电路，保护线路和电气设备	① 断路器的额定电压和额定电流应不小于线路、设备的正常工作电压和工作电流 ② 热脱扣器的整定电流应等于所控制负载的额定电流。控制系统中宜选用塑壳式断路器

（续）

类型	实物图、符号及结构	作用	选用依据
熔断器	FU 它是保护电器，主要由熔体、外壳和支座 3 部分组成，其中熔体是控制熔断特性的关键元件	① 用于照明电路和电热设备等阻性负载，可用作过载保护和短路保护 ② 用于低压配电网络和电力拖动系统中，主要用作短路保护	① 熔体的额定电流 I_{RN} 应等于或稍大于负载的额定电流 I_{FN} ② 保护长期工作的单台电动机，只宜作短路保护，熔体的额定电流 I_{RN} 应等于电动机额定电流的 1.5~2.5 倍
按钮	E-\ SB E-7 SB E-\ SB 它是主令电器，一般由按钮帽、复位弹簧、桥式触头、外壳及支柱连杆等组成。根据结构可分为撤钮式、紧急式、钥匙式、旋钮式、带指示灯式等	按钮一般不直接控制主电路的通断，而是用远距离发出手动指令或信号去控制接触器、继电器等电磁装置，实现主电路的分合、功能转换或电气联锁	① 根据使用环境选择开启式、防水式、防腐式等 ② 按工作情况的要求选择按钮的颜色，如"停止"和"急停"为红色，"起动"为绿色，"起动"与"停止"交替动作为黑白、白或灰色，"点动"必须是黑色，"复位"必须是蓝色
行程开关	SQ \ SQ 7 SQ \ 常开触头 常闭触头 复合行程开关 它是主令电器，从结构上来看，行程开关可分为三个部分，即触头系统、操作机构和外壳	行程开关是利用生产机械某些运动部件的碰撞来发出控制指令的主令电器，主要用于控制生产机械的运动方向、速度、行程大小或位置	① 根据安装环境选择开启式或防护式 ② 根据使用场合和控制对象正确选择，如在机床行程通过路径上应选用凸轮轴转动式行程开关 ③ 行程开关的额定电压与额定电流应根据控制电路的电压与电流选用
热继电器	FR ├\ 它是保护电器，由热元件、触头系统、动作机构、复位机构和整定电流装置组成	热继电器主要与接触器配合使用，用作电动机过载保护、断相保护、电流不平衡运行的保护及其他电气设备发热状态的控制	热元件的整定电流应为电动机额定电流的 0.95 ~ 1.05 倍；对于环境恶劣、起动频繁的电动机，热元件的额定电流可选为电动机额定电流的 1.15~1.5 倍

（续）

类型	实物图、符号及结构	作用	选用依据
接触器	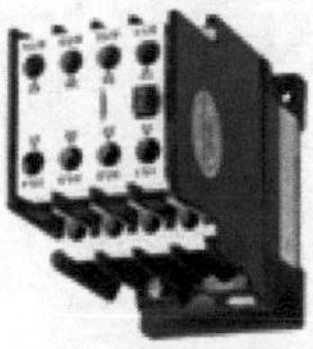 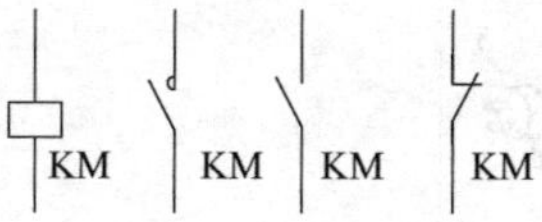 接触器是控制电器，主要由电磁机构、触头系统、灭弧装置和辅助部件等组成。电磁机构主要由线圈、铁心和衔铁组成，触头系统包括主触头和辅助触头	接触器是一种自动的电磁开关，适用于远距离频繁地接通或断开交、直流主电路及大容量的控制电路。拆卸接触器的步骤是：灭弧罩—主触头—辅助触头—静铁心—动铁心等	① 接触器的选用依据包括主触头的额定电压、电流以及线圈的额定电流 ② 接触器的额定电流应不小于被控电路的额定电流，额定电压应不小于主电路的工作电压 ③ 接触器用于交流弧焊机时，按 2 倍电焊变压器额定电流选取，照明设备控制按 1.1～1.4 倍额定电流选取
中间继电器	 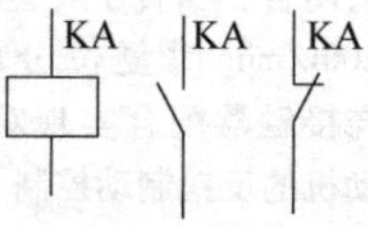 由固定铁心、动铁心衔铁、弹簧、动触头、静触头、线圈、接线端子和外壳组成	常用于继电保护与自动控制系统上工作电流小于 5A 的控制电路中，以增加触头的数量及容量	主要依据被控制电路的电压等级、电流类型，以及所需触头的数量、种类及容量等要求来选择
时间继电器	 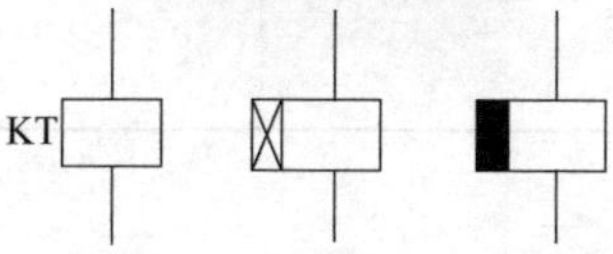 线圈一般符号　通电延时线圈　断电延时线圈 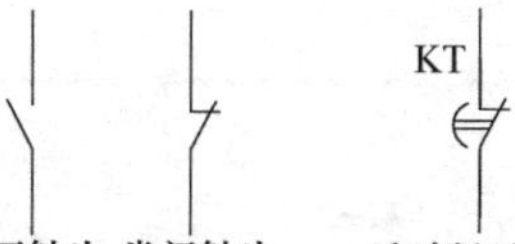　常开触头　常闭触头（瞬时动作）　延时断开瞬时闭合常闭触头 　瞬时断开延时闭合常闭触头　延时闭合瞬时断开常开触头　瞬时闭合延时断开常开触头　由电磁机构、触头系统、气室、传动机构、基座等组成	当感受到外界信号后，经过一段时间延时才执行部分动作的继电器。时间继电器主要有空气式、电动式、晶体管式及直流电磁式等几类。延时方式有通电延时型和断电延时型两类	时间继电器的选用主要考虑类型、延时方式和线圈电压。线圈的电流种类和电压等级应与控制电路相同。按控制要求选择延时方式和触点形式。对于环境温度变化大的场合，不宜选用晶体管式时间继电器

（续）

类型	实物图、符号及结构	作用	选用依据
速度继电器	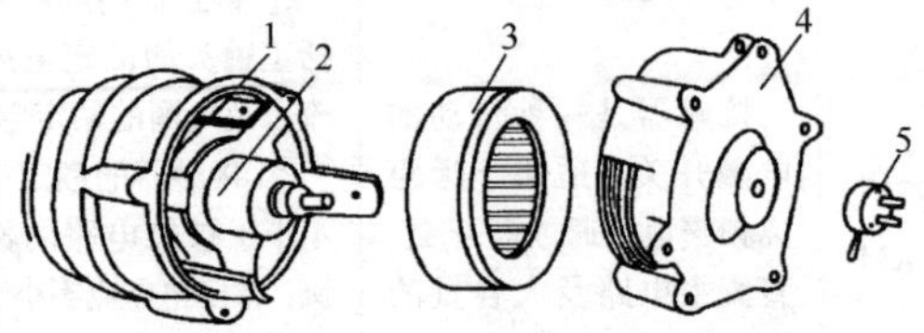 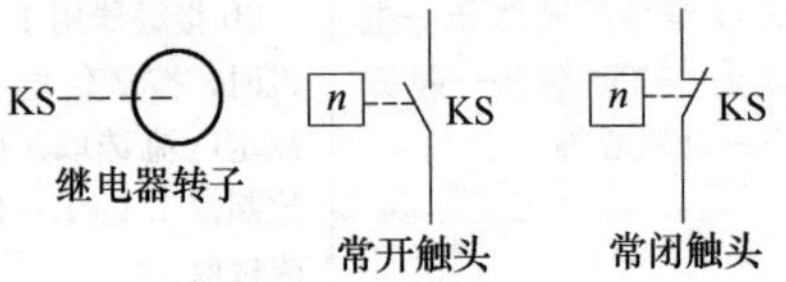 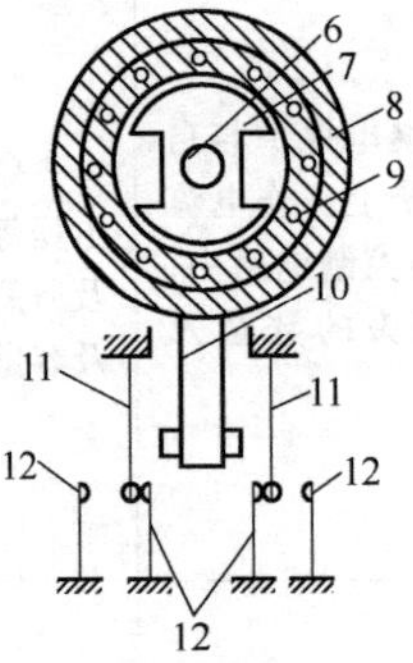 KS - - ○ 继电器转子 常开触头　　常闭触头 1—可动支架　2—转子　3—定子　4—端盖 5—连接头　6—电动机轴　7—转子（永久磁铁） 8—定子　9—定子绕组　10—胶木摆杆 11—簧片（动触头）　12—静触头	其作用是以旋转速度为指令信号，当电动机转子转速 $n > 100r/min$ 时，速度继电器常开触头闭合；当转子转速 $n < 100r/min$ 时复位分断。与接触器配合实现对电动机的反接制动控制	速度继电器主要根据所需控制的转速大小、触头数量和电压、电流来选用 ① 速度继电器的转轴应与电动机同轴连接，且使两轴的中心线重合 ② 速度继电器安装接线时，应注意正、反向触头不能接错 ③ 速度继电器的金属外壳应可靠接地

3.2　继电器-接触器控制电路的分析、安装与调试

📝 **前置作业**

1. 如何进行继电器-接触器控制电路图的绘制与识读？

2. 如何对继电器-接触器控制电路的原理进行分析？

3. 三相异步电动机的起动和制动常各采用哪些方法？

4. 三相异步电动机的顺序、逆序控制如何设置？

5. 电气控制电路元器件安装、板前线槽配线的工艺要求是怎样的？

3.2.1　电路图的绘制与识读（见表 3-2）

表 3-2　电路图的绘制与识读

电路图的绘制	① 电路图一般分为用粗实线表示的电源电路、主电路和用细实线表示的辅助电路三部分。电源电路水平画出，三相电源相序自上而下依次画出，中性线 N 保护地线 PE 依次画在相线之下。主电路是指受电的动力装置及控制、保护电器的电路，画在电路图的左侧并垂直电源电路。辅助电路包括控制主电路工作状态的控制电路，电流一般不超过 5A，垂直画在主电路图的右侧。电路图中，一般按照自左至右、自上而下的排列来表示操作顺序 ② 电路图中，各电气元件采用国家统一规定的电气图形符号，各电器的触头位置都按电路未通电或电器未受外力作用时的常态位置画出。同一电器的各元件按其在电路中所起的作用分画在不同电路中，但它们的动作却是相互关联的，因此，必须标注相同的文字符号
电动机双重联锁正反转控制电路	双重联锁是指按钮联锁和接触器联锁 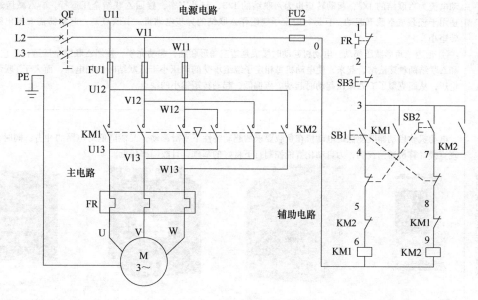
动作原理分析	① 合上 QF，按下按钮 SB1→SB1 常闭触头先分断→联锁反转回路→常开触头后闭合→KM1 线圈得电→辅助常开触头闭合自锁→辅助常闭触头断开联锁→KM1 主触头闭合→电动机 M 正转起动运转 ② 按下 SB2→SB2 常闭触点先分断→联锁正转回路→KM1 线圈失电→KM1 常开触头复位分断，解除自锁，KM1 常闭联锁触头恢复闭合，KM1 主触头分断→电动机 M 停止正转运转→SB2 常开触头后闭合→KM2 线圈得电→KM2 辅助常开触头闭合自锁→KM2 常闭触头断开联锁，主触头闭合→电动机 M 反转运转 ③ 任何情况下，按下 SB3→KM1 或 KM2 线圈失电→KM1 或 KM2 常开辅助触头复位分断，自锁解除→KM1 或 KM2 常闭辅助触头恢复闭合，KM1 或 KM2 主触头分断→电动机 M 停止运转

3.2.2　电动机继电器-接触器基本控制电路

1. 三相笼型异步电动机的起动方式

三相笼型电动机的起动方式常有直接起动、减压起动及利用软启动器起动几种。三相笼型异步电动机的起动方式见表3-3。

表3-3 三相笼型异步电动机的起动方式

原因	笼型电动机起动时的起动电流一般为额定电流的4~7倍。较大功率的电动机起动时，直接起动将导致电源变压器输出电压大幅下降，不仅会减小电动机本身的起动转矩，而且会影响同一供电线路中其他电气设备的正常工作，需要采用减压起动的方式
减压起动方式	① 定子绕组串接电阻减压起动：其原理是在电动机起动时，把电阻串接在电动机定子绕组与电源之间，通过电阻的分压作用来降低定子绕组上的起动电压。待电动机起动完毕再将电阻短接，使电动机在额定电压下正常运行。这种方法的缺点是电动机的起动转矩减小了，而且起动时在电阻上功率消耗也较大，若频繁起动，电阻温度很高，对精密机床会产生影响。此方式在实际中已逐步减少应用 ② 自耦变压器减压起动：起动时，采用自耦变压器的抽头接入电动机进行减压起动，起动完毕再将自耦变压器脱离，电动机全压运行。其缺点是自耦变压器体积大、故障率高、维修费用较高 ③ 丫-△减压起动：电动机起动时接成丫联结，此时加在每相定子绕组上的额定电压只有△联结的$1/\sqrt{3}$，起动电流为△联结的1/3，起动转矩也为△联结的1/3，起动完毕，接回△联结全压运行。丫-△减压起动法只适用于轻载或空载下起动，且运行时定子绕组作△联结的异步电动机。其缺点是：起动器需6根出线，起动转矩小 ④ 延边三角形减压起动：电动机起动时接成延边三角形联结，起动完毕，接回△联结全压运行。它把丫联结和△联结两种接法结合起来，使电动机每相定子绕组承受的电压小于△联结时的相电压，而大于丫联结时的相电压，从而克服了丫-△减压起动时起动电压偏低、起动转矩偏小的缺点
利用软启动器起动方式	电动机软启动器既能保证电动机在负载要求的起动特性下平滑起动，又能降低对电网的冲击；同时，还能实现直接计算机通信控制，为自动化智能控制打下良好的基础，且故障率较低    上海追日系列　　　　施耐德ATS系列　　　　西安西普STR系列　　　　上海雷诺尔JJR2系列

2. 软启动器原理简介（见表3-4）

表3-4 软启动器原理简介

软启动器原理	电动机软启动器采用三相反并联晶闸管作为调压器，接入电源和电动机定子绕组之间。晶闸管调压电路组件主要由动力底座、控制单元、限流器、通信模块等选配模块组成。起动电动机时，使晶闸管的导通角从零开始逐渐前移，电动机的端电压从零开始，按预设函数关系逐渐上升，电动机工作在额定电压的机械特性上，实现平滑起动，降低起动电流，避免起动时过电流跳闸。待电动机达到额定转速时，起动过程结束。软启动器自动用旁路接触器取代已完成任务的晶闸管，为电动机正常运转提供额定电压，以降低晶闸管的热损耗，延长软启动器的使用寿命，提高其工作效率，又使电网避免了谐波污染。大部分软启动器同时还提供软停机功能。软停机与软启动过程相反，即电压逐渐降低，转速逐渐下降到零，避免自由停机引起的转矩冲击

（续）

软启动器基本组成示意图	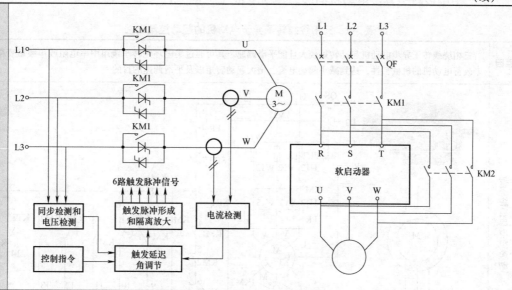
西普STR系列软启动器种类及特点	STR-A 型软启动器将软启动单元及旁路接触器装在一个壁挂式的机壳内，内置电子热过载保护器，使用时不需另加电动机保护元件。其主电路有 R、S、T（接三相交流电源）和 U、V、W（接三相交流电动机）6 个接线端，当被控电动机起动完成后，自动将电动机通过旁路接触器投入电网运行 STR-B 型软启动器的主电路有 9 个接线端子，除 R、S、T（电源进线）和 U、V、W（接三相电动机）外，还有 U1、V1、W1 三个外接旁路接触器的专用端子，同时还预留有外部起动、停止、故障复位、起动完成等接口。外接旁路接触器对电动机有保护功能，不需另加电动机保护元件 STR-C 型智能交流电动机软启动器是采用电力电子技术、微处理器技术及现代控制理论设计生产的新型电动机起动设备，具有 RS-232（RS-485）通信接口，采用 Modbus RTU 协议，可通过上位机进行参数设置、操作及监测 STR-L 型数字式软启动器采用 16 位单片机技术及先进的软件技术，体积小，价格低，但使用时必须另加电动机保护电路、配接旁路接触器，不具备软停机功能
软启动器起动方式的优势	（1）软启动器起动电动机，能平稳起动，无冲击电流，提高了供电可靠性，减少了对负载机械的冲击转矩，延长了机器使用寿命 （2）软启动器的突跳功能可提供 500% 额定电流的电流脉冲，可在 0.4～2s 范围内调整。还有软停机功能，即平滑减速、逐渐停机，能克服瞬间断电停机的弊病，重载起动时能减轻对重载机械的冲击，避免高程供水系统的水锤效应，减少设备损坏 （3）软启动器的功能调节参数有运行参数、起动参数和停机参数。起动参数可根据负载情况及电网继电保护特性选择，可自由地无级调整至最佳状态 （4）软启动器也可以采用外控方法对电动机进行起动和停机控制，利用 RUN 和 COM 的闭合和断开作为起动与停止信号。如果要求电动机可逆运行，可以在进线端一个反转接触器，注意不要装在软启动器的输出测。如果软启动器的使用环境较潮湿，应经常用红外灯对其烘干，驱除潮气 （5）软启动器具有轻载节能运行功能的关键在于选择最佳电压来降低气隙磁通。软启动器在节能运行模式下，一台软启动器才有可能起动多台电动机。软启动器可用于频繁或不频繁起动，建议每小时起动不超过 20 次
与变频器比较	软启动器是一种集电动机软启动、软停机、轻载节能和多种保护功能于一体的新型电动机控制装置，它是一个调压器，用于电动机起动时，输出只改变电压并没有改变频率。而变频器用于需要调速的场合，其输出不但改变电压而且同时改变频率；变频器具备所有软启动器功能，变频起动方式比使用软启动器时的起动转矩大，但它的价格比软启动器高得多，结构也复杂得多

3. 三相绕线转子异步电动机的起动控制电路（见表3-5）

表 3-5　三相绕线转子异步电动机的起动控制电路

原因	三相绕线转子异步电动机起动转矩较大且能平滑调速。其可通过集电环在转子绕组中串电阻或串频敏变阻器来改善电动机的机械特性，达到减小起动电流、增大起动转矩以及平滑调速的目的
转子绕组串电阻起动	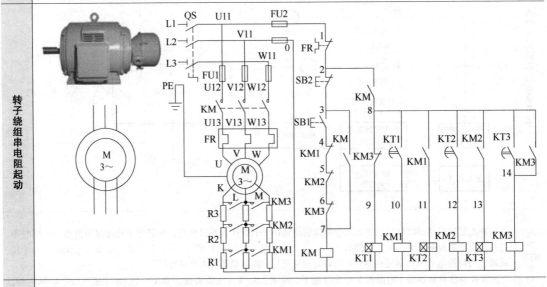
动作原理	合上 QS→按下 SB1→KM 线圈得电吸合→绕线转子串电阻 R1、R2、R3 起动→KT1 线圈得电，常开触头延时闭合→KM1 线圈得电吸合→短接 R1 转动→KT2 线圈得电，常开触头延时闭合→KM2 线圈得电吸合→短接 R2 转动→KT3 线圈得电，常开触头延时闭合→KM3 线圈得电吸合自锁→短接 R3→绕线转子切除全部电阻运行→KM3 常闭触头分断→KT1 线圈失电，触头分断→KM1 线圈失电，触头分断→KT2 线圈失电，触头分断→KT3 线圈失电，触头分断→切除全部时间继电器→电动机全压运行
转子绕组串频敏变阻器起动	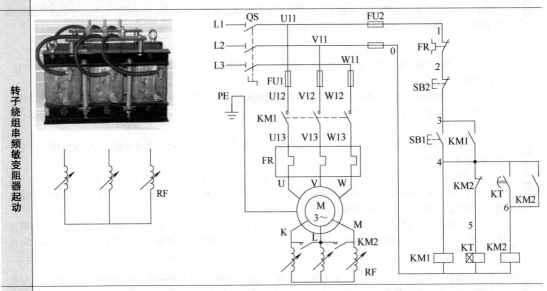
起动原理	频敏变阻器是一种阻抗值随频率变化而变化的电磁元件。起动时将频敏变阻器串接在转子绕组中，刚起动时转子电流频率最大，阻抗值也最大。随着电动机转速不断上升，转子电流频率逐渐下降，阻抗值也随之逐渐减少。起动完毕短接切除频敏变阻器，电动机全压运行

4. 三相异步电动机的制动

三相异步电动机常用的制动方式有机械制动和电气制动两类。在电动机断电停转的过程中，产生一个和电动机实际旋转方向相反的电磁转矩（制动转矩），迫使电动机迅速制动停转的方法叫电气制动。电气制动的方法有反接制动、能耗制动、电容制动和再生制动等，其中再生制动是最节能的制动方法。下面重点介绍能耗制动控制电路和反接制动控制电路，见表 3-6。

表 3-6　三相异步电动机的能耗制动控制电路和反接制动控制电路

（一）　三相异步电动机的能耗制动控制电路
能耗制动原理：电动机切断电源后，立即在定子线组任两相中通入直流电，形成固定磁场，转子感应电流与该固定磁场作用，产生反转转矩，达到制动目的。制动完毕，利用时间继电器延时断开触头，切断固定磁场电源

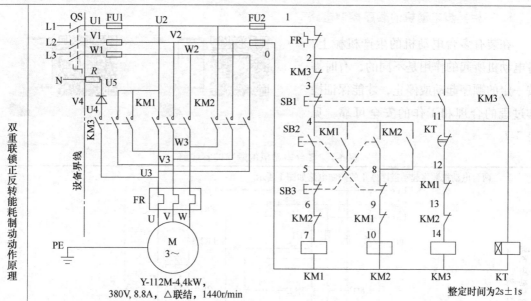

双重联锁正反转控制电路起动动作原理同表 3-2，此处略

直流能耗制动动作原理：当电动机要停机时，不管正转还是反转

① 按下 SB1→SB1 常闭触头先分断→KM1 或 KM2 线圈失电释放→电动机失电惯性运转

② SB1 常开触头后闭合→ $\begin{cases} \text{KM3 线圈得电吸合→使电动机定子绕组任两相中通入直流电→能耗制动} \\ \text{KT 线圈得电计时→时间到 KT 常闭触头延时断开→KM3 释放→制动结束} \end{cases}$

（二）　三相异步电动机的反接制动控制电路
反接制动原理：利用速度继电器常开触头，在电动机起动时，转子转速 $n \geqslant 100r/min$ 时闭合，停机时接入逆序电源，产生反转转矩；当电动机转子转速 $n < 100r/min$ 时，速度继电器常开触头复位分断，使转子迅速停转

（续）

（二） 三相异步电动机的反接制动控制电路

<table>
<tr><td rowspan="2">双
重
联
锁
正
反
转
反
接
制
动
动
作
原
理</td><td>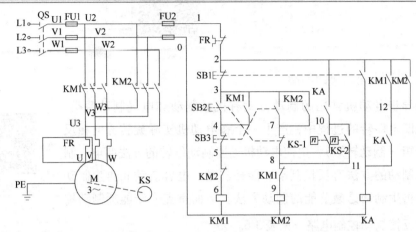</td></tr>
<tr><td>反接制动动作原理：
双重联锁正反转控制电路中，假定电动机正转，当转速 $n \geqslant 100 \text{r/min}$ 时 KS-2 已闭合，要停机时，按下 SB1
SB1 常闭触头先断开→KM1 线圈失电释放→电动机 M 失电惯性运转
SB1 常开触头后闭合→KA 线圈得电吸合→KM2 线圈得电吸合→电动机 M 反接制动→当转速 $n < 100 \text{r/min}$ 时→
KS-2 复位分断→KM2 失电释放→电动机 M 反接制动结束停转</td></tr>
</table>

5. 三相异步电动机的顺序控制电路

在装有多台电动机的生产机械上，各电动机所起的作用是不同的，有时需按一定的顺序起动或停止，才能保证操作过程的合理和工作的安全可靠，见表 3-7。

表 3-7　多台电动机的顺序控制线路

<table>
<tr><td rowspan="2">两
台
电
动
机
顺
序
起
动
逆
序
停
止</td><td>两台电动机顺序起动逆序停止的控制电路如图 1 所示</td></tr>
<tr><td>图 1
① 合上 QF→按下 SB2→KM1 线圈得电吸合自锁→电动机 M1 起动
② 按下 SB4→KM2 线圈得电吸合→电动机 M2 起动，实现了顺序起动
③ 按下 SB1 不能停机，而必须先按下 SB3→KM2 线圈失电释放→电动机 M2 先停止→再按下 SB1→KM1 线圈失电释放→电动机 M1 才可停止，实现了逆序停止</td></tr>
</table>

（续）

点动顺序起动后M2连续运转	主电路同图 1，控制电路如图 2 所示 ① 点动按下 SB2→KM1 线圈得电吸合→电动机 M1 起动→KT 线圈得电计时→KT 常开触头延时闭合→KM2 线圈得电吸合→电动机 M2 起动，实现了顺序起动。 ② 松开 SB2→KM1、KT 线圈失电释放→电动机 M1 断电停止，M2 继续运行。 ③ 按下 SB1→KM2 线圈失电释放→电动机 M2 断电停止	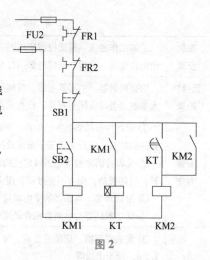 图 2
两台电动机顺序起动顺序停止	主电路同图 1，控制电路如图 3 所示 ① 按下 SB2→KM1 线圈得电吸合并自锁，KT 线圈得电计时→电动机 M1 先起动→时间到 KT 常开触头延时闭合→KM2 线圈得电吸合并自锁→电动机 M2 起动（实现两电动机顺序起动） ② 按下 SB3→因 KM1 自锁，M2 不能停机，按下 SB1→KM1 线圈失电释放→KM1 常开触头复位分断→电动机 M1 先停机→再按下 SB3→KM2 线圈失电释放→电动机 M2 停机（实现两电动机顺序停机）	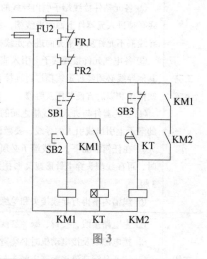 图 3
三台电动机顺序起动同时停止	主电路同图 1，控制电路如图 4 所示 ① 按下 SB2→KM1 线圈得电吸合→电动机 M1 起动→KT1 线圈得电计时→KT1 常开触头延时闭合→KM2 线圈得电吸合→电动机 M2 起动→KT2 线圈得电计时→KT2 常开触头延时闭合→KM3 线圈得电动作→电动机 M3 起动并断开 KT1、KT2 线圈（实现三台电动机顺序起动） ② 按下 SB1→KM1、KM2、KM3 线圈同时失电释放，电动机 M1、M2、M3 同时停机	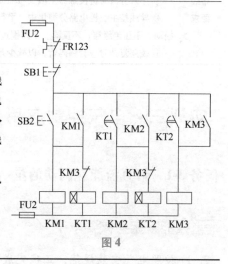 图 4

6. 继电器-接触器控制电路安装接线要求（见表 3-8）

表 3-8　继电器-接触器控制电路安装接线要求

安装步骤	了解工作要求→阅读控制原理图→选用元器件及导线→检查电气元件→固定元器件、线槽→布线→安装电动机并接线→自检→连接电源→校验→通电式运行
元器件检查	检查接触器、中间继电器、时间继电器、热继电器和熔断器等元器件的外观是否有损坏；检查元器件的技术参数是否与实际相符合；检查元器件的机械部分是否灵活
安装方法	① 元器件布局要整齐、匀称、间距合理，应沿水平线摆放，先确定交流接触器的位置，然后再确定其他元器件的位置，还应考虑便于布线及检修 ② 元器件固定前应先画线定位后再安装，安装时先对角固定螺钉，不能一次拧紧，待螺钉上齐后再逐步拧紧，以防振动。用力不要过猛，用力要匀称，紧固程度适当，以免损坏元器件 ③ 组合开关、熔断器的受电端应安装在控制板的外侧，熔断器的受电端为底座的中心端 ④ 低压断路器与熔断器配合使用时，熔断器应装于断路器之前
工艺要求	① 安装走线槽，应横平竖直、安装牢固，每根线槽最少有 2 个固定支点，支点间距一般不应大于 1.0～1.5m，便于走线等 ② 各元器件接线端子引出导线的走向，以元器件的水平中心线为界线，水平中心线以上接线端子引出的导线必须进入元器件上面的走线槽，水平中心线以下接线端子引出的导线必须进入元器件下面的走线槽。任何导线都不允许从水平方向进入走线槽 ③ 各电气元件接线端子上引入或引出的导线，除间距很小和元器件机械强度很差的允许直接架空敷设外，其他导线必须经过走线槽进行连接。走线槽内应尽可能避免交叉，装线不得超过其容量的 70%，以便能盖上线槽盖和以后方便装配及维修 ④ 各元器件与进入走线槽之间的外露导线，应走线合理、横平竖直，避免混乱。同一个元器件上位置一致的端子上引出或引入的导线，要敷设在同一平面上，并应做到高低一致或前后一致，不得交叉 ⑤ 在任何情况下，接线端子必须与导线截面和材料性质相适应。当接线端子不适合连接截面较小的软线时，可在线端头穿上针形或叉形扎头并压紧。一般一个接线端子只能连接一根导线，最多接 2 根，不允许接 3 根 ⑥ 线槽内不得有导线接头和绝缘损伤的导线或线芯
布线要求	① 主电路接线，按黄、绿、红颜色进行。接线时螺丝拧紧即可，以防螺丝打滑 ② 接电源线及接电动机时必须看清接线端子的端口，避免接错位而导致功能不正常的现象 ③ 注意分清交流接触器主触头与辅助触头，避免接错位而导致功能不正常的现象 ④ 导线按主、控电路分类集中、平行排序。一个电气元件接线端子上连接的导线不得超过 2 根，接点不得松动、不压绝缘层、不反圈、不露铜过长，严禁损伤线芯和导线绝缘 ⑤ 线路复杂时应套编码管，以减少差错

实训三　电气控制应用模块

任务 3-1　带直流能耗制动的星-三角减压起动控制电路的安装与调试

📋 **技能鉴定考核要求**

1. 按照电气安装规范，正确完成任务给出的电力拖动控制电路的安装和接线。

2. 接线必须符合国家电气安装规范，导线连接需紧固、布局合理，导线要进线槽。

3. 接电源、电动机及按钮的外接引出线必须经接线端子连接。

4. 通电调试，达到控制要求。

5. 正确使用工具和仪表，所有操作符合行业安全文明生产规范。

6. 正确回答元器件选型和安装环境等笔试问题。

7. 考核时间为 120min。

带直流能耗制动的星-三角减压起动控制电路如图 3-1 所示。

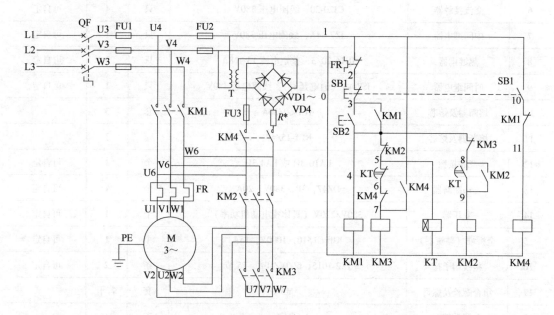

图 3-1　带直流能耗制动的星-三角减压起动控制电路

注：R^* 根据实际需要选装，使制动电流约为电动机空载电流的 3 倍。

一、操作前的准备

首先要备好安装接线所需的工器具和设备元件。工具准备单见表 3-9，设备元件清单见表 3-10。

表 3-9　工具准备单

序号	名称	型号与规格	单位	数量	备注
1	通用电工工具	验电笔、钢丝钳、螺丝刀（一字形和十字形）、电工刀、尖嘴钳、剥线钳、压接钳等	套	1	
2	通用电工仪表	MF47 型万用表、兆欧表、钳形电流表	个	各 1	可自定
3	劳保用品	绝缘鞋、工作服等	套	1	

表 3-10　设备元件清单

序号	名称	型号与规格	单位	数量	备注
1	三相四线电源	AC 3×380V/220V，20A	处	1	
2	单相交流电源	AC 220V/36V，5A	处	1	
3	双速电动机	YD132M-4/2，6.5kW/8kW，△/2丫	台	1	可自定
4	配线板/配电柜	500mm×600mm×20mm	块	1	可自定
5	组合开关	HZ10-25/3	个	1	可自定
6	交流接触器	CJ20-20，线圈电压 380V	只	4	可自定
7	中间继电器	JZ7-44A，线圈电压 380V	只	1	可自定
8	热继电器	JR16-20/3，整定电流 13~18A	只	2	可自定
9	时间继电器	JS7-4A（通电延时），线圈电压 380V	只	1	可自定
10	熔断器及熔芯	RL1-60/20A	套	3	
11	熔断器及熔芯	RL1-15/4A	套	3	
12	三联按钮	LA10-3H 或 LA4-3H	个	1	可自定
13	三相断路器	DZ47，3P，380V，20A	个	1	可自定
14	变压器	380V/220V（具体视电动机功率）	个	1	可自定
15	全桥堆（整流器）	KBPC1510，1000V，15A	个	1	可自定
16	接线端子排	JX2-1015，500V/10A，15 节	条	2	可自定
17	组合螺栓及螺母	M3	套	若干	
18	圆珠笔	自定	支	1	
19	塑料多股软铜线	BVR-2.5mm²，颜色自定	m	若干	
20	塑料多股软铜线	BVR-0.75mm²，颜色自定	m	若干	
21	冷压接线端子	UT2.5-4，UT1-4	个	若干	
22	PVC 配线槽	高×宽：20mm×20mm	m	2	

二、带直流能耗制动的星-三角减压起动控制电路简介

（1）直流能耗制动动作原理（见表 3-6）

（2）星-三角减压起动简介　三相电动机在起动时，起动电流很大，可达到额定电流的 4~7 倍，在短时间内会在线路上造成较大的电压降。这不仅影响电动机本身的起动，也会影响到同一线路上的其他电动机和电气设备的正常工作。因此，较大功率的电动机（7.5kW 以上）通常需要减压起动。

星-三角减压起动方式具有体积小、实现简单、成本低、寿命长、动作可靠、可频繁起动的优点；但这种方式的起动转矩只有全压起动转矩的 1/3，它是以牺牲功率为代价换取降低起

动电流来实现的，广泛应用于 4~100kW 且正常运转时为三角形联结的三相异步电动机。

（3）电气控制电路的工作原理　本任务的带直流能耗制动的星-三角减压起动控制电路是通电延时型。具体工作原理如下：

起动时，合上 QF→按下 SB2→

$\Big\{$ KM1 线圈得电→$\Big\{$ KM1 常开触头闭合自锁
KM1 主触头闭合→电动机以丫联结减压起动

KM3 线圈得电→$\Big\{$ KM3 主触头闭合
KM3 常闭触头断开

KT 线圈得电→延时→$\Big\{$ KT 常闭触头延时先分断→KM3 线圈失电
KT 常开触头延时后闭合→KM2 线圈得电 →$\Big\{$ KM3 常闭触头复位闭合
KM3 主触头复位分断
KM2 常开触头闭合自锁
KM2 主触头闭合 $\Big\}$→电动机以△联结全压运行

时间到→KT 动作→

按住 SB1→$\Big\{$ SB1 常闭触头先分断→KM1、KM2、KM3 线圈失电→电动机断电惯性转动
SB1 常开触头后闭合→KM4 线圈得电→KM4 主触头闭合→接入直流电，形成固定磁场 →能耗制动→电动机制动完毕→松开 SB1→KM4 释放。

三、操作步骤描述

操作步骤如下：阅读电路图→选择并检查元器件→元器件摆放及固定→走线槽的安装→布线→用万用表检查线路→盖上走线槽→空载试运行→带负载试运行→断开电源，拔掉插头，拆除连接导线，整理工器具，清扫地面。

具体步骤见表 3-11。

表 3-11　安装调试步骤

(1)电气元件检查	① 为确保考核设备和元器件正常，对所用到的电气元件进行检查：检查电路图、配线板、走线槽、导线、三相电动机是否备齐，所用电气元件的外观应完整无损、合格 ② 检查设备的电源类型；用万用表检查电源电压等级是否正常，三相是否平衡；用万用表欧姆档检查电动机有无损坏，用兆欧表检测电动机绝缘电阻是否良好 ③ 用万用表欧姆档检查接触器、中间继电器、时间继电器有否损坏，并检测触头系统，如常闭触头是否导通，按下主触头和常开触头测量能否导通，机械机构动作是否顺畅，有没有存在阻滞现象。对时间继电器还要判断是通电延时型还是断电延时型，时间常数是否调整正确 ④ 检查热继电器：用万用表欧姆档测量主触头和常闭触头能否导通，并按下热继电器复位按钮，测量常闭触头能否切断；查看整定电流的调节旋钮是否调整正确 ⑤ 检查熔芯是否熔断，检查熔断器上、下桩是否导通 ⑥ 检查按钮的常开触头和常闭触头能否正常导通、断开
(2)识图	阅读考核电路图，对电路图进行标号，分析电路功能，电路动作应是： ① 按 SB2→KM1/KM3/KT 吸合→电动机以丫联结减压起动→延时 3s，KM3 释放、KM2 吸合→电动机以△联结全压运行 ② 按住 SB1→KM1/KM2/KT 释放，KM4 吸合→接入直流电能耗制动→电动机停，松开 SB1→KM4 释放

（续）

（3）元器件安装接线	首先确定交流接触器位置，进行水平放置并逐步确定其他电器。元器件布置要整齐、均称、合理，然后进行元器件安装固定，方法见表 3-8 按电路图的要求，确定走线方向并进行布线。一般先完成控制电路，再完成主电路 ① 截取长度合适的导线，弯成合适的形状，选择适当的剥线钳口进行剥线 ② 主电路和控制电路的线号套管必须齐全，每一根导线的两端都必须套上编码管。标号要写清楚，不能漏标、误标 ③ 接线不能松动，露出铜线不能过长，不能压绝缘层，从一个接线桩到另一个接线桩的导线必须是连续的，中间不能有接头，不得损伤导线绝缘及线芯，接线要与接线点垂直并且不能有毛刺，裸线不超过 2mm ④ 所有走线要进入走线槽并遵循左主右控的原则，布线要合理，不能太长也不能太短，变换走向要垂直 具体工艺参见表 3-8
（4）检查线路	根据电路图，逐段核对接线及线号，并用万用表检查线路的通断及阻值： ① 按电路图从电源端开始，逐段核对接线及接线端子处线号是否正确，有无漏接、错接之处。检查导线接点是否符合要求，压线是否牢固 ② 检查控制电路：断开 FU2，松开 FU2 与变压器 T 的连线，使用万用表欧姆档，将表笔分别搭接在 FU2 下桩两相 U3、V3 线端上，假设一个线圈阻值为 500Ω。用万用表检查线路的通断情况时，必须在未接电的情况下进行，应选用 $R×10$ 欧姆档，并进行欧姆调零 图 a 的测试中，按下 SB2 或 KM1，可检测 KM1、KM3 和 KT 三条支路的完好性，测得的阻值是 3 个线圈并联时的线圈阻值，因此较小（R 约 160Ω） 图 b 的测试中，按下 SB2 或 KM1，同时按下 KM2，测得的阻值是 KM1 和 KM2 两个线圈并联时的阻值，因此比图 a 测得的电阻稍大（R 约 250Ω），可检测 KM2 支路的完好性；按下 SB1，表针回复到 ∞，说明停止按钮接线正确。按下 SB1，测得阻值明显增大，且比之前两次还大，此时的阻值为 KM4 单个线圈的阻值（R 约 500Ω），说明 KM4 支路上的元件接线正确 轻按 SB1，再按下 KM4，能观察到表针处在 R 稍大状态，测得的为 KM3、KM4 两线圈并联时的阻值，说明 KM4 接线正确 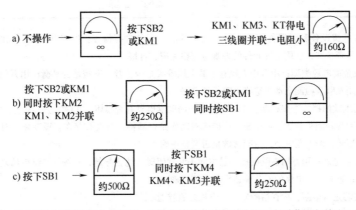 ③ 检查主电路：根据第二步确认的电路动作，并手动来代替接触器实际运行动作进行检查，即按下电动机Y联结运行时的接触器 KM1、KM3，用万用表欧姆档分别检测断路器下桩的 U3-V3、V3-W3、U3-W3 是否相通，如果相通则说明Y联结正确。同样，再按下电动机△联结运行时的接触器 KM1、KM2，分别检测断路器下桩的 U3-V3、V3-W3、U3-W3 是否相通，如果相通则说明△联结正确。最后，再按下电动机制动时的接触器 KM4，检测 KM4 上桩的 U-W 端是否相通

（续）

(5)通电试运行	模拟过程	操作	动作
	Y联结起动	按下 SB2	KM1、KM3、KT 得电吸合，KT 计时，以Y联结起动
	△联结运行	5s 后自动变为△联结运行	KM1 仍然吸合，KT 动作，KM3 释放、KM2 得电吸合
	停机制动	按住 SB1	KM1、KM2 释放，KM4 得电吸合，能耗制动
	工进结束	松开 SB1	电动机停转，KM4 失电释放
	过载保护	运行中按下 FR 常闭触头	所有线圈均失电释放，切断电动机电源

四、清理现场

断开电源，拔掉三相插头，拆除连接导线，整理工器具，清扫地面。

☆ 练一练

任务 3-2　安装和调试断电延时带直流能耗制动的Y-△减压起动控制电路

📋 技能鉴定考核要求

同任务 3-1。

断电延时带直流能耗制动的Y-△减压起动控制电路如图 3-2 所示。

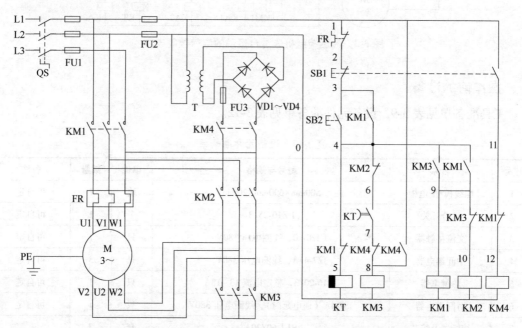

图 3-2　断电延时带直流能耗制动的Y-△减压起动控制电路

请读者自行作如下训练：

1）分析断电延时带直流能耗制动的Y-△减压起动控制电路的动作原理。

2）对电路进行安装接线。

3）进行试运行前的检查调试。

4）通电试运行。

任务 3-3　液压控制机床滑台运动的电气控制电路的安装与调试

技能鉴定考核要求

同任务 3-1。

液压控制机床滑台运动的电气控制电路如图 3-3 所示。

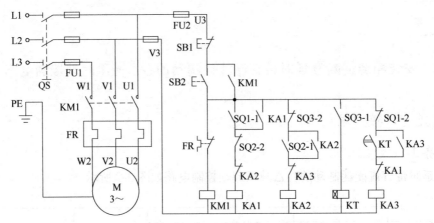

图 3-3　液压控制机床滑台运动的电气控制电路

一、操作前的准备

工具准备单见表 3-9，设备元件准备单见表 3-12。

表 3-12　设备元件准备单

序号	名称	型号与规格	单位	数量	备注
1	配线板/配电柜	500mm×600mm×20mm	块	1	可自定
2	组合开关	HZ10-25/3	个	1	可自定
3	交流接触器	CJ20-20，线圈电压 380V	只	1	可自定
4	中间继电器	JZ7-44A，线圈电压 380V	只	3	可自定
5	热继电器	JR16-20/3，整定电流 13～18A	只	1	可自定
6	时间继电器	JS7-4A（通电延时），线圈电压 380V	只	1	可自定
7	熔断器及熔芯	RL1-60/20A	套	3	
8	熔断器及熔芯	RL1-15/4A	套	1	
9	三联按钮	LA10-3H 或 LA4-3H	个	1	可自定
10	三相断路器	DZ47，3P，380V，20A	个	1	可自定

（续）

序号	名称	型号与规格	单位	数量	备注
11	行程开关	自定	只	3	
12	塑料多股软铜线	BVR-1.0mm²，颜色自定	m	若干	
13	PVC 配线槽	高×宽：20mm×20mm	m	2	

二、液压控制机床滑台运动的电气控制电路简介

某机床滑台安装在圆形的轨道上，滑台在原位时 SQ1 被压→合上电源开关 QS→按下起动按钮 SB2→KM1、KA1 得电，自锁及联锁，液压泵电动机起动→滑台快进→快进到位→碰撞 SQ2→中间继电器 KA2 得电吸合，自锁及联锁，KA1 释放→滑台工进→工进到位→碰撞 SQ3→时间继电器 KT 得电→延时 5s 动作→KA3 得电吸合，自锁及联锁，KA2 释放→滑台快速绕行→回到原点→滑台碰撞 SQ1→KA3 断电释放，KA1 再次得电吸合，自锁及联锁→如此循环反复。当按下停止按钮 SB1 后，滑台停止工作。运行过程中，若电动机过载，热继电器 FR 的常闭触头分断（过载保护），电动机停机。

三、操作步骤描述

操作步骤如下：阅读电路图→选择并检查元器件→元器件摆放及固定→走线槽的安装→布线→用万用表检查线路→盖上走线槽→空载试运行→带负载试运行→断开电源，整理现场。

在任务 3-1 中已经对电气元件检查有较详细的介绍，此处仅补充行程开关的检查。用万用表欧姆档测量检查行程开关的常闭触头能否导通，并用手按下行程开关凸轮轴，测量常闭触头能否切断，并同时测量其常开触头此时能否被接通，松手不按后常开触头能顺利分断无卡阻即可。

四、电路调试

1. 试运行前检测

用调零后万用表欧姆档，将表笔分别搭接在 FU2 下桩两相 U3、V3 线端之间，观察万用表阻值 R 的变化，见表 3-13。这里假设一个线圈阻值为 500Ω。

表 3-13　试运行前检测

步骤	测试目的	试运行前检测	状态	万用表阻值 R/Ω
1	检测 KM1 支路	按下 SB2	KM1 线圈导通	约 500
2	检测 KA1 支路	按下 SB2 再压下 SQ1	KM1、KA1 并联导通	约 250
3	检测 KA2 支路	按下 SB2 再压下 SQ2 或 KA2	KM1、KA2 并联导通	约 250
4	检测 KT 支路	按下 SB2 或 KM1，压下 SQ3	KM1、KT 并联	约 250
5	检测 KA3 支路	按下 SB2，接通 KT 延时闭合常开触头或 KA3	KM1、KA3 并联	约 250

（续）

步骤	测试目的	试运行前检测	状态	万用表阻值 R/Ω
6	回到原点，检测 SQ1	按下 SB2→轻压 SQ1 再深压 SQ1	先只 KM1 后并 KA1	500→250
7	检测停止按钮 SB1	在步骤 2～6 的操作后按下 SB1	—	均恢复为∞

2. 通电试运行

插上三相电源线，合上电源开关 QS，通电试运行步骤见表 3-14。

表 3-14　通电试运行

步骤	操作	动作	模拟过程
1	压住 SQ1	无动作	滑台在原点
2	按下 SB2，松开 SQ1	KM1 和 KA1 得电吸合	滑台快进
3	压下 SQ2	KM1 仍然吸合，KA1 失电释放，KA2 得电吸合	滑台工进
4	按下 SQ3	KM1 仍然吸合，KA2 失电释放，KT 线圈得电计时	工进结束
5	5s 后	KM1 仍然吸合，KA3 得电吸合，KT 线圈失电	滑台绕行
6	压下 SQ1	KM1 仍然吸合，KA3 失电释放，KA1 得电吸合	回到原点
7	循环操作	重复步骤 2～6 动作	循环操作
8	在步骤 2～6 期间按下 SB1	所有接触器、中间继电器、时间继电器均失电，电动机停止	运行停止
9	运行中按下 FR 常闭触头	所有线圈均失电释放，切断电动机电源	过载保护

五、清理现场

断开电源，拔掉三相插头，拆除连接导线，整理工器具，清扫地面。

任务 3-4　三相交流异步电动机位置控制电路的安装与调试

技能鉴定考核要求

同任务 3-1。

三相交流异步电动机位置控制电路如图 3-4 所示。

一、三相交流异步电动机位置控制电路简介

1）起动：

合上电源开关 QS。按下 SB1→KM1 得电吸合（自锁及互锁）→电动机 M 正转，工作台左移到位

→碰撞 SQ1→ {SQ1 常闭触头先分断→KM1 失电释放→电动机 M 正转停
　　　　　　{SQ1 常开触头后闭合→KM2 得电吸合（自锁及互锁）→电动机 M 反转→工作台右移　　　　　→右移到

位碰撞到 SQ2 {SQ2 常闭触头先分断→KM2 失电释放→电动机 M 反转停
　　　　　　{SQ2 常开触头后闭合→KM1 得电吸合→电动机 M 正转→工作台左移

　重复上述过程，工作台在限定行程内自动往返运动。

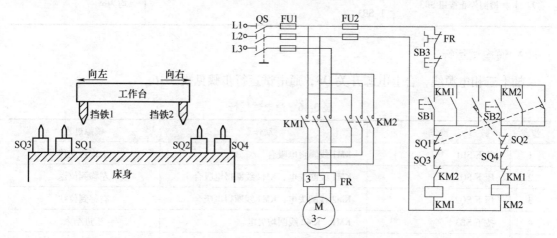

图 3-4　三相交流异步电动机位置控制电路

　2）停止：按下 SB3→控制电路失电→KM1（或 KM2）复位分断→电动机 M 失电停转。

　3）终端保护：在 KM1（KM2）线圈前加装行程开关 SQ3（SQ4），当工作台左（右）移碰撞 SQ1（SQ2），SQ1（SQ2）因故障未能动作，工作台继续左（右）移碰撞到 SQ3（SQ4），KM1（KM2）失电释放→电动机立即停转，达到终端保护的目的。

二、操作步骤描述（参考任务 3-1）

三、电路调试

1. 试运行前检测

　用万用表欧姆档，将表笔分别搭接在 FU2 下桩两相 U3、V3 线端之间，观察万用表阻值 R 的变化，见表 3-15。这里假设一个线圈阻值为 500Ω。

表 3-15　试运行前检测

步骤	测试目的	试运行前检测	状态	万用表阻值 R/Ω
1	检测 KM1 支路	按下 SB1	KM1 线圈得电	约 500
2	检测 KM1 自锁功能	压下 KM1	KM1 线圈也得电	约 500
3	检测 SQ1 往返功能	轻压下 SQ1，再重压下 SQ1	KM1 失电后 KM2 得电	先 ∞ 后 500
4	检测 KM2 支路	按下 SB2	KM2 线圈得电	约 500
5	检测 KM2 自锁功能	压下 KM2	KM2 线圈也得电	约 500

（续）

步骤	测试目的	试运行前检测	状态	万用表阻值 R/Ω
6	检测 SQ2 往返功能	轻压下 SQ2，再重压下 SQ2	KM2 失电后 KM1 得电	先∞后 500
7	检测停止按钮 SB3	在步骤 1~6 操作后按下 SB3	—	均为∞

2. 通电试运行

插上三相电源线，合上电源开关 QS，通电试运行步骤见表 3-16。

表 3-16 通电试运行

步骤	操作	动作	模拟过程
1	按下 SB1	KM1 线圈得电吸合	工作台左移
2	压下 SQ1	KM1 线圈失电，KM2 线圈得电吸合	左移到位返
3	压下 SQ2	KM2 线圈失电，KM1 线圈得电吸合	右移到位往
4	按下 SB3	KM1、KM2 线圈均失电	工进结束
5	按下 SB2	KM2 线圈得电吸合	工作台右移
6	压下 SQ2	KM2 线圈失电，KM1 线圈得电吸合	右移到位往
7	压下 SQ1	KM1 线圈失电，KM2 线圈得电吸合	左移到位返
8	按下 SB3	KM1、KM2 线圈均失电	工进结束
9	运行中按下 FR 常闭触头	所有线圈均失电释放，切断电动机电源	过载保护

四、清理现场

断开电源，拔掉三相插头，拆除连接导线，整理工器具，清扫地面。

任务 3-5　断电延时双速自动变速三相交流电动机控制电路的安装与调试

技能鉴定考核要求

同任务 3-1。

断电延时双速自动变速三相交流电动机控制电路如图 3-5 所示。

一、断电延时双速自动变速三相交流电动机控制电路原理简述

SB1 为停止按钮，SB2 为三角形联结低速运行按钮，KM1 为三角形联结低速运行接触器，KM2 为双星形联结高速运行接触器。

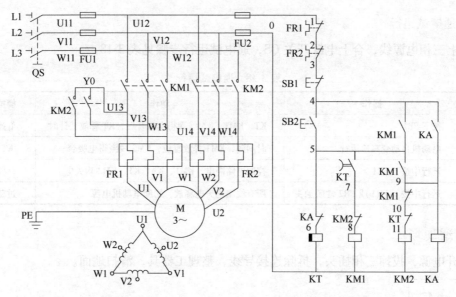

图 3-5　断电延时双速自动变速三相交流电动机控制电路

1）起动：合上电源开关 QS→按下 SB2→断电延时型时间继电器 KT 线圈得电→KT 瞬时闭合延时断开常开触头瞬时闭合→KT

常闭触头断开→KM1 线圈得电→

$\left\{\begin{array}{l}\text{KM1 主触头闭合→电动机以△联结低速起动}\\\text{KM1 常开触头闭合→KA 线圈得电}\\\text{KM1 常闭触头断开}\end{array}\right.\left\{\begin{array}{l}\text{KA 常开触头闭合自锁}\\\text{KA 常闭触头断开联锁→KT 线圈失电→延时→}\end{array}\right.$

KT 瞬时闭合延时断开常开触头延时分断→KM1 失电释放→KM2 线圈得电→$\left\{\begin{array}{l}\text{KM2 主触头闭合→电动机以双Y联结高速运行}\\\text{KM2 常闭触头断开联锁}\end{array}\right.$

2）停止：按下 SB1→所有接触器线圈均失电释放，切断电动机电源→电动机停止。

二、操作步骤描述（参考任务 3-1）

三、电路调试

1. 试运行前检测

用万用表欧姆档，将表笔分别搭接在 FU2 下桩两相 U3、V3 线端之间，观察万用表阻值 R 的变化，见表 3-17。这里假设每个线圈阻值均为 500Ω。

表 3-17　试运行前检测

步骤	测试目的	试运行前检测	状态	万用表阻值 R/Ω
1	检测 KT 线圈支路	按下 SB2 或压下 KM1	KT 线圈得电	约 500
2	检测 KM1 线圈支路	按住 SB2，接通 KT 常开触头	KT、KM1 线圈得电	约 250
3	检测 KA 线圈支路	按住 SB2，压下 KM1	KT、KA 线圈得电	约 250
4	检测 KM2 支路	压下 KA	KM2、KA 线圈得电	约 250
5	验证 KM2 支路	执行步骤 4 同时半按 KM1	KA 线圈得电	约 500
6	检测停止、过载功能	执行步骤 1~4 时，按下 SB1、FR1 或 FR2	所有线圈均失电	均为 ∞

2. 通电试运行

插上三相电源线，合上电源开关 QS，通电试运行步骤见表 3-18。

表 3-18　通电试运行

步骤	操作	动作	模拟过程
1	按下 SB1	KT、KM1、KA 线圈得电吸合后，KT 释放，计时	低速起动
2	电动机自动变高速运行	时间到，KM1 释放复位，KM2 线圈得电吸合	KT 延时
3	运行中按下 SB1	控制电路断电，KM1、KA、KT、KM2 均失电	停机
4	运行中按下 FR1 或 FR2 常闭触头	所有线圈均失电释放，切断电动机电源	过载保护

四、清理现场

断开电源，拔掉三相插头，拆除连接导线，整理工器具，清扫地面。

☆练一练

任务 3-6　安装和调试通电延时双速自动变速三相交流电动机控制电路

技能鉴定考核要求

同任务 3-1。

通电延时双速自动变速三相交流电动机控制电路如图 3-6 所示。

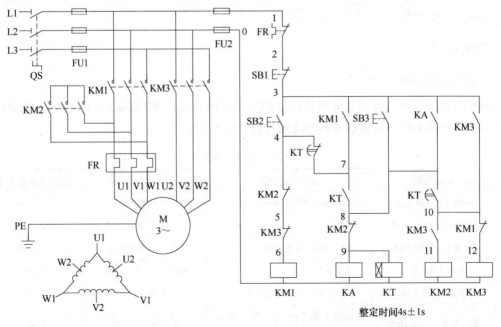

图 3-6　通电延时双速自动变速三相交流电动机控制电路

请读者自行作如下训练：

1) 分析通电延时双速自动变速三相交流电动机控制电路的动作原理。

2) 对电路进行安装接线。

3) 进行试运行前的检查调试。

4) 通电试运行。

附2　电动机继电器-接触器控制电路安装接线考核评分表（见表3-19）

表 3-19　电动机继电器-接触器控制电路安装接线考核评分表

序号	考核项目	考核要求	评分标准	配分	扣分	得分
1	线路安装	按照电气安装规范，依据电气原理图正确完成本次考核线路的安装和接线	1. 导线不入线槽，或入槽线分布杂乱，每处扣1分 2. 引线排列混乱、不合理，每处扣0.5分 3. 损伤导线绝缘或线芯，每根扣1分 4. 损坏元器件，每个扣3分 5. 有露铜、线槽外面导线乱、压绝缘层等不符合安装规范处，每处扣1分 6. 外接引出线不经接线端子排接线，每根导线扣1分 7. 未正确选择打印线号管和压接端子，每处扣0.5分	9分		
2	通电测试	通电运行，实现电路控制要求	1. 按下正、反转按钮后，电动机不能正、反转，各扣5分 2. 电动机能起动，按下切换按钮电动机不能正、反转切换，扣3分 3. 按下停止按钮，电动机不能正常停止，能耗制动错误，扣5分 4. 电动机不能进行保护，扣3分 5. 时间继电器整定错误，扣1分 6. 通电测试过程中元器件出现烧毁、损坏，扣5分 7. 以上扣分累加	15分		

（续）

序号	考核项目	考核要求	评分标准	配分	扣分	得分
3	书面答题	正确回答笔试问题	1. 两道题都不答，扣3分 2. 两道题都答错了，扣3分 3. 只答对了一道题，扣2分	3分		
4	安全文明生产	操作过程符合国家、部委、行业等权威机构颁发的电工作业操作规程、电工作业安全规程与文明生产要求	1. 违反安全操作规程，扣3分 2. 操作现场工具、器具、仪表、材料摆放不整齐，扣2分 3. 劳动保护用品佩戴不符合要求，扣2分	3分		
5	超时扣分	在规定时间内完成	若试题未完成，在考评员同意下，可适当延时，每超时5min，扣2分，依此类推			
合计				30分		

否定项：若考生作弊、发生重大设备事故（短路影响考场工作、设备损坏或多个元器件损坏等）和人身事故（触电、受伤等），则应及时终止其考试，考生该试题成绩记为零分

说明：以上各项扣分最多不超过该项所配分值

评分人：　　　　　　　年 月 日　　　　核分人：　　　　　　　年 月 日

3.3　机床电气控制电路的维修

▣ 前置作业

1. 机床电路故障的分析方法有哪些？
2. 机床电路故障检修步骤是怎样的？
3. 机床电路故障检查测量方法有哪些？

3.3.1　机床电路故障的检查测量

常用的机床一般有车床、磨床、钻床、铣床、镗床、刨床等。机床在运行过程中，往往会受到各方面因素的影响，造成机床设备不能正常工作，或造成重大的事故。掌握机床电气控制电路常见故障的检修方法尤为重要，是安全生产的有力保障。

1. 机床电路常见故障的原因及分析方法

（1）机床电路常见故障及其原因（见表3-20）

表 3-20　机床电路常见故障及其原因

序号	故障	原因
1	电动机不能起动	熔断器熔体熔断；热继电器未复位；控制电路触头不能正常闭合；起动时负载过重
2	电动机起动时发出嗡嗡声	电动机断相；连接点接触不良（有氧化物、油垢或磨损）
3	电动机不能连续运转	接触器的自锁触头不能自锁或连接导线松脱、断裂
4	电动机温升过高	电动机过载；通风条件不好；轴承油封损坏、漏油而造成润滑不良

（2）机床电路常见故障的分析方法（见表 3-21）

表 3-21　机床电路常见故障的分析方法

序号	分析方法	说明
1	指出故障区域	根据具体的故障现象，按该机床电气原理图进行分析，指出可能产生故障的原因和存在的区域，并做针对性检查
2	排除故障的正确步骤	故障调查→电路分析→断电检查→通电检查 如对故障原因有一定把握，亦可直接进行断电和通电检查
3	正确使用测试工具和仪表	特别是万用表，应按使用说明书要求和注意事项使用

2. 机床电路检修步骤（见表 3-22）

表 3-22　机床电路检修步骤

项目	操作方法	操作说明
检修前的调查	问	向机床的操作人员询问故障发生前后的情况
	看	观察设备及电气元件有无异样
	听	通电后运行时的声音是否正常
	摸	通电运行一段时间后切断电源，然后用手触摸，是否有局部过热现象
查找故障点的方法	验电笔测量法	利用验电笔测量线路中各点带电情况，来确定机床电路故障点
	电阻测量法	用仪表测量线路某点或某个元器件的通和断，来确定机床电气故障点
	电压测量法	接通电源，用仪表测量机床线路上某点的电压值，判断机床电气故障
	短接法	用导线将机床上两等电位点短接起来，以确定故障点
排除故障	修复、更换	故障排除时，要避免损坏周围元器件、导线，以防故障扩大
试运行	通电试运行	故障排除后，重新通电试运行，验证检修后的结果是否符合正确的技术要求

3. 机床电路故障检查测量方法（见表3-23）

表3-23　机床电路故障检查测量方法

测量法分类及操作方式		操作示例
验电笔测量法	分点测量法：在电路接通电源后，用电子验电笔测量各位置带电情况 测量时，用验电笔依次测试1、2、3、4、5、6各点，测到哪点验电笔不亮即断路处	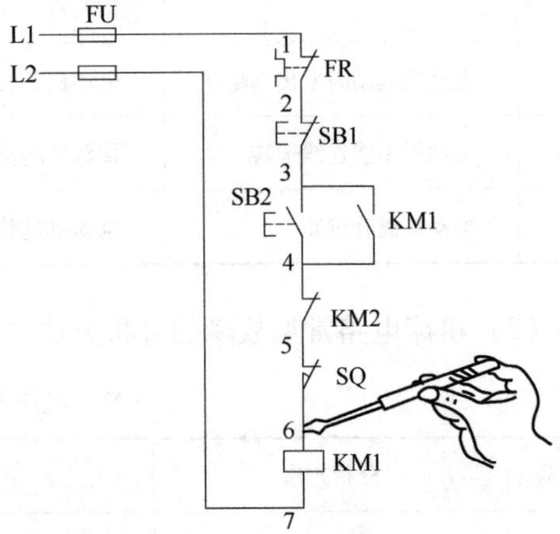
电阻测量法	①分阶测量法：用万用表欧姆档，调零后测量各点相对于同一公共点的电阻值 ②分段测量法：逐次逐段测量相邻两点的电阻值 　在电路切断电源后用万用表欧姆档测量两点之间的电阻值，通过对电阻值的对比，进行电路故障检测 　测量检查时，万用表的转换开关置于倍率适当的欧姆档位上，一般选 $R×10$ 或 $R×100$	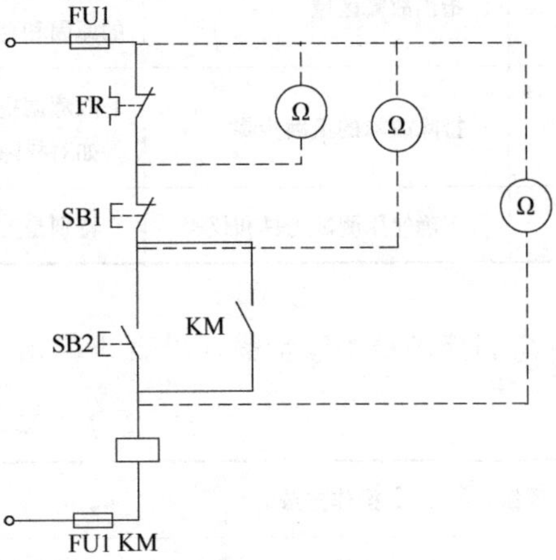
电压测量法	分阶测量法：在电路接通电源后，将万用表的转换开关旋到与电路相适应的测量交流电压的档位上测量电压 　测量时，测得的是各点相对于同一公共点的电压值	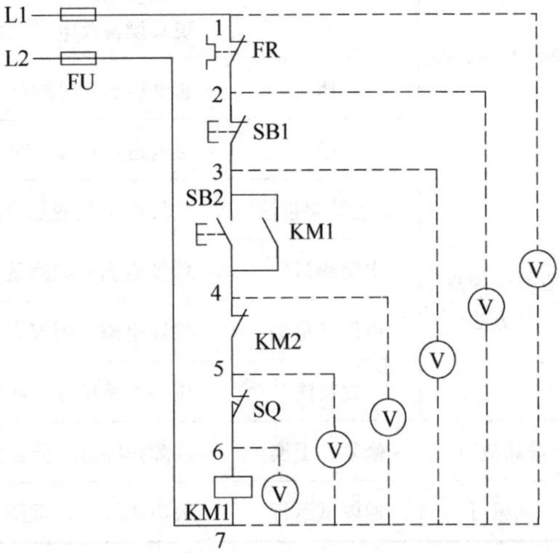

（续）

测量法分类及操作方式	操作示例
电压测量法	分段测量法：电路接通电源后，把万用表调到与电路相适应的测量交流电压的档位上，测试电源端电压（1、7 两点），若为电源电压则正常 用红、黑两表笔逐段测量相邻两标号点间的电压 如电路正常，按下 SB2 后，除负载元件（6-7 两点）间的电压等于电源电压之外，其他任何相邻两点间的电压值均为零	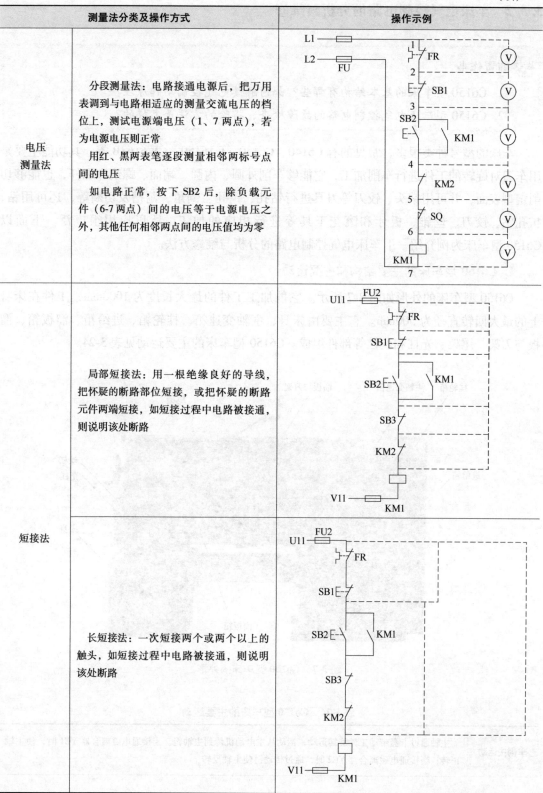
短接法	局部短接法：用一根绝缘良好的导线，把怀疑的断路部位短接，或把怀疑的断路元件两端短接，如短接过程中电路被接通，则说明该处断路	
	长短接法：一次短接两个或两个以上的触头，如短接过程中电路被接通，则说明该处断路	

3.3.2 车床电气控制电路的分析与维修

车床的型号种类很多，常见的有 C6140、C6150、CA6150、CW6163B 等。其功能主要是用车刀对旋转的工件进行车削加工，它能够车削外圆、内圆、端面、螺纹和螺杆，也能够切削定型表面，并可用钻头、铰刀等刀具进行钻孔、镗孔、倒角、割槽及切断等，还可用钻、扩孔钻、铰刀、丝锥、板牙和滚花工具等进行相应的加工，所以应用很广泛。下面以 C6150 型车床为例介绍一下车床电气控制电路的分析与维修方法。

1. C6150 型车床的主要结构和主要运动

C6150 型车床的外形如图 3-7 所示。它能加工工件的最大长度为 1000mm，工件在床身上的最大回转直径为 500mm。它主要由床身、主轴变速箱、挂轮箱、进给箱、溜板箱、溜板与刀架、尾架、光杠和丝杠等部件组成。C6150 型车床的主要运动见表 3-24。

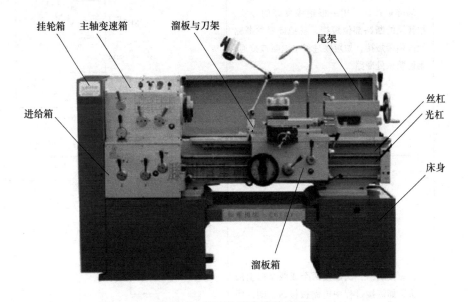

图 3-7　C6150 型车床的外形

表 3-24　C6150 型车床的主要运动

车削主运动	主轴通过卡盘带动工件旋转运动，运动从主电动机传到主轴箱。当接通电磁离合器 YC1 时，使主轴正转；当接通电磁离合器 YC2 时，通过传动链使主轴反转

（续）

车床进给运动	溜板带动刀架纵向或横向直线运动。其运动方式有手动和机动两种。车床主轴箱输出轴经挂轮箱传给进给箱，再经光杠传入溜板箱，以获得纵、横两个方向的进给运动。其速度的变换通过变速手柄完成，可得到正、反转各 17 种转速
车床辅助运动	有刀架的快速移动及工件的夹紧与放松

2. C6150 型车床的主电路分析

C6150 型车床的主电路如图 3-8 所示，主电路解读见表 3-25。

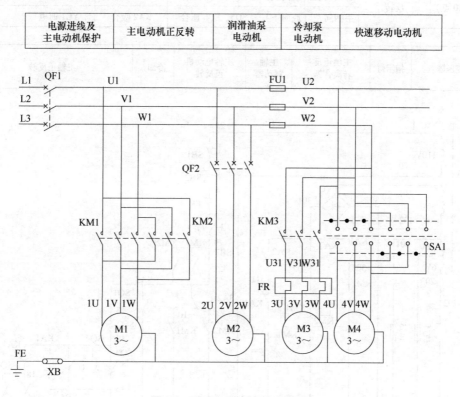

图 3-8　C6150 型车床的主电路

表 3-25　C6150 型车床的主电路解读

主电路	由断路器 QF1 控制，具有过载和短路保护
M1 为主电动机	由接触器 KM1 和接触器 KM2 的主触头控制正、反转
M2 为润滑油泵电动机	由断路器 QF2 控制，具有过载和短路保护
M3 为冷却泵电动机	闭合 SA3，接触器 KM3 线圈得电，冷却泵起动，由热继电器 FR 作过载保护
M4 为快速移动电动机	由三位置自动复位开关 SA1 控制，可正反转，熔断器 FU1 作短路保护

3. C6150 型车床的控制电路分析

C6150 型车床的控制电路如图 3-9 所示。其主电动机和主轴与各电气元件之间的关系见表 3-26，C6150 型车床控制电路操作步骤分析见表 3-27。

表 3-26　C6150 型车床主电动机和主轴与各电气元件之间的关系

SA2 开关选择	主电动机转向	操作手柄位置	行程开关	中间继电器	电磁离合器	主轴转向
n2（即 8 点）	正转	手柄向右（或向上）	SQ3、SQ4 压合	KA1 吸合	YC2 通电	正转
		手柄向左（或向下）	SQ5、SQ6 压合	KA2 吸合	YC1 通电	反转
n1（即 10 点）	反转	手柄向右（或向上）	SQ3、SQ4 压合	KA1 吸合	YC2 通电	正转
		手柄向左（或向下）	SQ5、SQ6 压合	KA2 吸合	YC1 通电	反转

变压器	指示灯	主轴正反转离合器	主轴制动器	主轴电动机正反转	冷却泵	主轴正反转

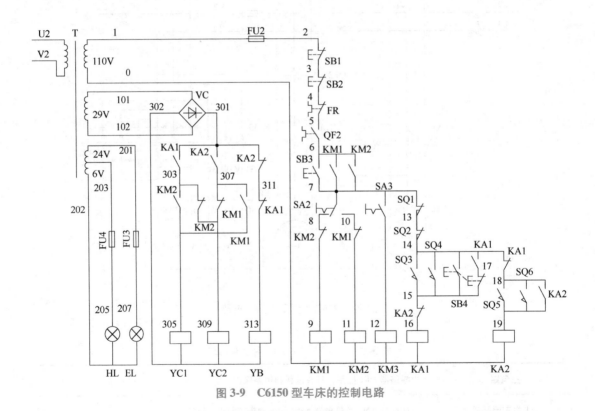

图 3-9　C6150 型车床的控制电路

表 3-27　C6150 型车床控制电路操作步骤分析

操作步骤	合上 QF1→HL、EL 灯亮；合上 QF2→润滑油泵 M2 转动；合上 SA1→快速移动电动机 M4 转动；合上 SA3→KM3 得电→冷却泵转动；按下 SB4→KA1 得电→主轴点动正转
主令开关 SA2	实现主电动机转向的变换。主轴的转向与主电动机的转向无关，而是取决于进给箱或溜板箱操作手柄的位置。手柄的动作使行程开关、继电器及电磁离合器产生相应的动作，使主轴得到正确的转向

（续）

当 SA2 在主电动机正转 n2 位置时	按下 SB3→KM1 线圈得电→$\begin{cases} \text{KM1 主触头闭合} \\ \text{KM1 常开辅助触头闭合→主电动机 M1 正转} \\ \text{KM2 常闭辅助触头闭合} \end{cases}$ 操作手柄拉向右（或向上）→SQ3 或 SQ4 触头闭合→主轴正转继电器 KA1 线圈得电→KA1 常开触头闭合→电磁离合器 YC2 得电→主轴正转 若把操作手柄拉向左面（或向下）→SQ5 或 SQ6 触头闭合→主轴反转继电器 KA2 线圈得电→KA2 常开触头闭合→电磁离合器 YC1 得电→主轴反转
当 SA2 在主电动机反转 n1 位置时	按下 SB3→KM2 线圈得电→$\begin{cases} \text{KM2 主触头闭合} \\ \text{KM2 常开辅助触头闭合→主电动机 M1 反转} \\ \text{KM1 常闭辅助触头闭合} \end{cases}$ 操作手柄拉向右面（或向上面）→SQ3 或 SQ4 触头闭合→主轴正转继电器 KA1 线圈得电→KA1 常开触头闭合→电磁离合器 YC1 得电→主轴正转 若把操作手柄拉向左面（或向下）→SQ5 或 SQ6 触头闭合→主轴反转继电器 KA2 线圈得电→KA2 常开触头闭合→电磁离合器 YC1 得电→主轴反转
操作手柄	操作者通过进给箱操作手柄或溜板箱操作手柄来控制主轴的正反转
进给箱手柄自左向右	正转—空档—停止—空档—反转
溜板箱手柄自上向下	正转—空档—停止—空档—反转
主轴停止（制动）	手柄放在中间停止位置，SQ1 或 SQ2 常闭触头断开→继电器 KA1 和 KA2 断电→电磁离合器 YC1 和 YC2 断电→主轴制动电磁离合器 YB 通电→主轴制动
主轴微转动	如果需要主轴微量转动，可以按点动按钮 SB4
照明指示灯	EL 为机床照明灯，HL 为电源指示灯

实训四　机床电路故障排除模块

任务 3-7　C6150 型车床电气控制电路故障的检查、分析及排除

📋 技能鉴定考核要求

1. 正确识读给定电路图，列出工具准备单和材料准备单。

2. 根据故障现象，分析故障产生的可能原因，确定故障的范围。

3. 正确使用工器具、仪表，找出故障点并排除故障，修复、装接质量、工艺符合要求。

4. 安全文明操作。

5. 考核时间为 120min。

一、操作前的准备

材料准备单：C6150 型车床电气控制柜、配套电路图（见图 3-8 和图 3-9）。工具准备单见表 3-28。

表 3-28　工具准备单

序号	名称	型号与规格	单位	数量
1	通用电工工具	验电笔、钢丝钳、螺丝刀（一字形和十字形）、电工刀、尖嘴钳、压接钳等	套	1
2	万用表	MF47	块	1
3	兆欧表	型号自定，500V	台	1
4	钳形电流表	0~50A	块	1

二、C6150 型车床故障分析及排除（见表 3-29）

表 3-29　C6150 型车床常见故障分析及排除

项目		故障检查与排除方法
电动机 M1 断相	① 电源断相	① 使用万用表 500V 交流电压档测量 L1、L2、L3 之间的电压，观察电压值是否均为 380V，若任意两个点之间的电压为 0V，则表示电源进线电压断相 ② 拆除电动机，闭合断路器 QF1，使用万用表 500V 交流电压档测量 U、V、W 之间的电压，若任意两个点之间的电压为 0V，则表示断路器 QF1 有触头损坏，更换断路器 ③ 断开断路器 QF1，分别用螺丝刀压下 KM1（KM2）主触头，用万用表 R×1 欧姆档测量主触头是否导通，若有任意一副触头测量的电阻值为无穷大，则说明该触头损坏，更换 KM1（KM2）触头 ④ 拆除电动机 M1，用万用表 R×1 欧姆档测量电动机绕组，若任意绕组的电阻值为无穷大或 0，则表示该绕组损坏，更换电动机 ⑤ 使用万用表 R×1 欧姆档逐一测量电动机 M1 主回路上的连接导线，若有某处的电阻值为无穷大，则表示该根导线断线 ⑥ 取出熔断器 FU1 中的熔体，使用万用表 R×1 欧姆档测量熔体两端的电阻，若为无穷大，则表示该熔体已烧断，更换烧断的熔体 ⑦ 断开断路器 QF1，将 SA1 开关打到正转位置，使用万用表电 R×1 欧姆档逐一测量每一副触头是否导通，若有任意一副触头测量的电阻值为无穷大，则说明该触头损坏；若在正转位置触头都接触良好，将 SA1 开关打到反转位置，使用万用表 R×1 欧姆档逐一测量每一副触头是否导通，若有任意一副触头测量的电阻值为无穷大，则说明该触头损坏，更换 SA1 开关 特别提示：如果 4 台电动机都断相无法起动，那么很可能是电源断相或断路器 QF1 损坏了。参照①和②的检查与排除方法进行即可
	② 断路器 QF1 损坏	
	③ KM1 主触头损坏或 KM2 主触头损坏（正转断相）	
	④ 电动机绕组损坏	
	⑤ 连接导线断线	
电动机 M2 断相	电源断相（同①）	
	断路器 QF1 损坏（同②）	
	断路器 QF2 损坏（参照②）	
	电动机绕组损坏（参照④）	
	连接导线断线（参照⑤）	
电动机 M3 断相	电源断相（同①）	
	断路器 QF1 损坏（同②）	
	⑥ FU1 熔体烧断	
	KM3 主触头损坏（反转断相）（参照③）	
	电动机绕组损坏（参照④）	
	连接导线断线（参照⑤）	
电动机 M4 断相	电源断相（同①）	
	断路器 QF1 损坏（同②）	
	FU1 熔体烧断（同⑥）	
	⑦ SA1 开关触头损坏	
	电动机绕组损坏（参照④）	
	连接导线断线（参照⑤）	
	断路器 QF1 损坏（同②）	

（续）

项目	故障检查与排除方法
控制电路不工作	① FU1 或 FU2 熔体烧断。处理方法：取出熔断器 FU1 或 FU2 中的熔体，使用万用表 $R \times 1$ 欧姆档测量熔体两端的电阻，若电阻值为无穷大，则表示该熔体已烧断，更换烧断的熔体 ② 变压器 T 损坏。处理方法：合上 QF1，使用万用表 500V 交流电压档测量 T 的一次电压，应为 380V；使用万用表 250V 交流电压档测量 T 的二次电压，应为 110V。若电压值不正确，说明变压器损坏，更换变压器 ③ SB1、SB2、FR、QF2 触头损坏或相应连接导线断线。处理方法：合上 QF1 和 QF2，用万用表 250V 交流电压档，以 2 号线为基准依次测 3 号、4 号、5 号、6 号、7 号线端，应均为 110V 交流电压。如测到某线端无电压，则断开电源，检查该处触头；若有断开，更换损坏的器件或断线
主轴正、反转无法工作	① n2 转速下 KM1 控制回路故障或 n1 转速下 KM2 控制回路故障。处理方法：合上 QF1 和 QF2，并将主令开关 SA2 置于 n2（n1）转速档，按下 SB3，观察 KM1（KM2）线圈是否吸合。若不吸合，使用万用表 250V 交流电压档以 0 号线为基准，依次测量 8、9（10、11）号线的电压，应为 110V；若 8（10）号线处无电压，说明主令开关 SA2 触头损坏或相应线路断线，更换开关或导线；若 9（11）号线处无电压，说明 KM2（KM1）常闭触头未闭合，检查接触器 KM2（KM1）常闭辅助触头及相应线路，若有损坏或断线，更换触头或导线；若电压正常，断开 QF2，使用万用表 $R \times 1$ 欧姆档测量 KM1 线圈，若电阻值为无穷大，说明线圈烧断，更换接触器 KM1（KM2） ② KA1 控制回路故障。处理方法：合上 QF1 和 QF2，并将主令开关 SA2 置于 n1 或 n2 转速档，按下 SB3，使 KM1 或 KM2 线圈吸合，将操作手柄置于主轴正转位置右或上，使用万用表 250V 交流电压档以 0 号线为基准，依次测量 13、14、15 和 16 号线的电压，均应为 110V；若某线上的电压为 0V，说明该处的触头损坏或连接导线断线，更换器件或导线；若电压正常，断开 QF2，使用万用表 $R \times 1$ 欧姆档测量 KA1 线圈，若电阻值为无穷大，说明线圈烧断，更换继电器 KA1 ③ 变压器整流桥故障。处理方法：合上 QF1 和 QF2，使用万用表 50V 交流电压档测量 101 和 102 之间的电压，应为 24V，若电压值不正确，更换变压器 T。使用万用表 50V 直流电压档测量 301 和 302 间电压，应为直流 24V，若无电压或电压值不正确，说明整流器损坏，更换整流器 ④ YC1（YC2）控制回路故障。处理方法：合上 QF1 和 QF2，以 302 为基准，使用万用表 50V 直流电压档依次测量 303（307）和 305（309）间电压，应该均有 24V 直流电压，哪处的电压值不正确，则该处的触头损坏或连接导线断线，更换器件或导线。若电压均正确，断开 QF2，使用万用表 $R \times 1$ 欧姆档测量 YC1 线圈的电阻，应为 33Ω，若数值不正确，说明 YC1（YC2）线圈断线或短路，更换 YC1（YC2）
主轴不制动	YB 控制回路故障，常见的为中间继电器 KA1 和 KA2 常闭触头故障。处理方法：合上 QF1 和 QF2，以 302 为基准，使用万用表 50V 直流电压档依次测量 301、311 和 313，应该均有 24V 直流电压，哪处的电压值不正确，则该处的触头损坏或连接导线断线，更换器件或导线。若电压均正确，断开 QF2，使用万用表 $R \times 1$ 欧姆档测量 YB 线圈的电阻，若数值不正确，说明 YB 线圈断线或短路，更换 YB

三、清扫现场

断开电源，各元器件复位，整理走线槽；摆好工具、仪表；清扫地面。

3.3.3 M7130 型磨床电气控制电路的分析与维修

📝 **前置作业**

1. M7130 型平面磨床的结构和动作方式及原理是怎样的？

2. M7130 型平面磨床电气控制电路的故障原因和处理方法又是怎样的？

机械加工中，当对零件的表面粗糙度要求较高时，就需要用磨床进行加工。磨床是用砂轮的周边或端面对工件的表面进行机械加工的一种精密机床。M71 系列平面磨床即带有卧式磨头主轴、矩形工作台的平面磨床，常用的有 M7120 型和 M7130 型平面磨床。其主要功能是用砂轮的周边磨削工件平面，也可以用砂轮的端面磨削工件的槽和凸缘的侧面，磨削精度和光洁度都较高，适宜于磨削各种精密零件和工模具。本节以 M7130 为例介绍车床电气控制电路的分析与维修方法。M7130 型平面磨床的主要结构如图 3-10 所示。

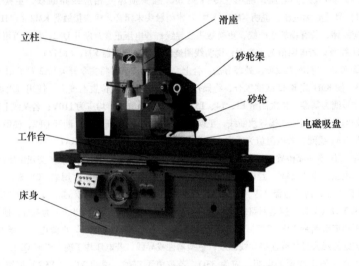

图 3-10 M7130 型平面磨床的主要结构

1. 磨床型号的意义

M7130 型平面磨床的型号及其含义如下：

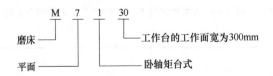

2. M7130 型平面磨床电气控制电路分析

M7130 型平面磨床电气控制电路如图 3-11 所示，该电路分为主电路、控制电路、电磁吸盘电路和照明电路 4 部分。M7130 型平面磨床电气控制电路分析见表 3-30。

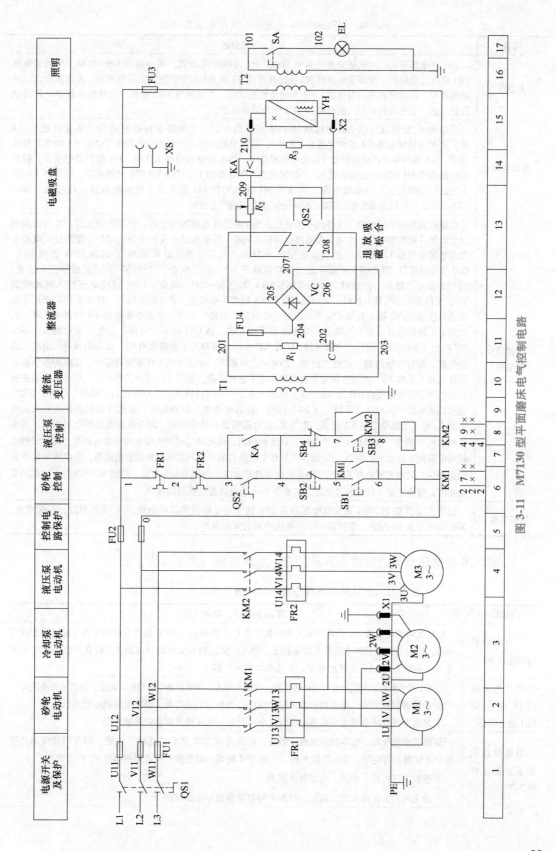

图 3-11　M7130 型平面磨床电气控制电路

表 3-30　M7130 型平面磨床电气控制电路分析

项目	电路分析
主电路	QS1 为电源开关。主电路中有三台电动机。M1 为砂轮电动机，用接触器 KM1 控制，用热继电器 FR1 进行过载保护。冷却泵电动机 M2 通过插接器 X1 和 M1 在主电路实现顺序控制。冷却泵电动机的功率较小，没设单独的过载保护。M3 为液压泵电动机，由接触器 KM2 控制，由热继电器 FR2 作过载保护。这三台电动机共用一组熔断器 FU1 作为短路保护
控制电路	采用 380V 交流电压供电，由熔断器 FU2 作短路保护。它串接着转换开关 QS2 的常开触头（6区）和欠电流继电器 KA 的常开触头（8区），三台电动机起动的必要条件是使 QS2 或 KA 的常开触头闭合。KA 线圈串接在电磁吸盘 YH 的工作回路中，当电磁吸盘得电工作时，KA 线圈得电吸合，接通砂轮电动机 M1 和液压泵电动机 M3 的控制电路，保证在加工工件被 YH 吸住的情况下，砂轮和工作台才能进行磨削加工，以确保安全。电动机 M1 和电动机 M3 都采用了接触器自锁正转控制，SB1、SB3 分别是它们的起动按钮，SB2、SB4 分别是它们的停止按钮
电磁吸盘电路	电磁吸盘是用来固定加工工件的一种夹具。当工件放在电磁吸盘上时，也将被磁化而产生与磁盘相异的磁极并被牢牢吸住。电磁吸盘电路包括整流电路、控制电路和保护电路三部分。安装在配电板下方的整流变压器 T1 将 220V 的交流电压降为 145V，然后经桥式整流器 VC 后输出 110V 直流电压。QS2 是电磁吸盘 YH 的转换控制开关（又叫退磁开关），有"吸合""放松"和"退磁"三个位置。当 QS2 扳至"吸合"位置时，触头（205-208）和（206-209）闭合，110V 直流电压接入电磁吸盘 YH，工件被牢牢吸住。此时，欠电流继电器 KA 线圈得电吸合，常开触头闭合，接通砂轮和液压泵电动机的控制电路。待工件加工完毕，先把 QS2 扳到"放松"位置，切断电磁吸盘 YH 的直流电源。此时由于工件具有剩磁而不能取下，因此必须进行退磁。将 QS2 扳到"退磁"位置，这时触头（205-207）和（206-208）闭合，电磁吸盘 YH 通入较小的（因串入了退磁电阻 R_2）反向电流进行退磁。退磁结束，将 QS2 扳回到"放松"位置，即可将工件取下。如果有些工件不易退磁时，可将附件退磁器的插头插入插座 XS，使工件在交变磁场的作用下进行退磁。若将工件夹在工作台上，而不需要电磁吸盘时，则应将电磁吸盘 YH 的 X2 插头从插座上拔下，同时将转换开关 QS2 扳到"退磁"位置，这时，接在控制电路中的 QS2 常开触头（3-4）闭合，接通电动机的控制电路。电磁吸盘的保护电路由放电电阻 R_3 和欠电流继电器 KA 组成。电阻 R_3 是电磁吸盘的放电电阻。因为电磁吸盘的电感很大，当电磁吸盘从"吸合"状态转变为"放松"状态的瞬间，线圈两端将产生很大的自感电动势，易使线圈或其他电器由于过电压而损坏。R_3 的作用是在电磁吸盘断电瞬间给线圈提供放电通路，吸收线圈释放的磁场能量。欠电流继电器 KA 用以防止电磁吸盘断电时工件脱出发生事故。电阻 R_1 与电容 C 的作用是防止电磁吸盘回路交流侧的过电压。熔断器 FU4 为电吸盘提供短路保护
照明电路	照明变压器 T2 将 380V 的交流电压降为 36V 的安全电压供给照明电路。EL 为照明灯，一端接地，另一端由开关 SA 控制。熔断器 FU3 作照明电路的短路保护

3. M7130 型磨床常见故障的原因及检查、处理方法（见表 3-31）

表 3-31　M7130 型磨床常见故障的原因及检查、处理方法

故障	原因及检查、处理方法
三台电动机均不能起动	检查欠电流继电器 KA 的常开触头和转换开关 QS2 的触头（3-4）是否有接触不良、接线松脱或有油垢，使电动机的控制电路处于断开状态。做法：分别检查欠电流继电器 KA 的常开触头和转换开关 QS2 的触头（3-4）的接触情况，不通则修理或更换
砂轮电动机的热继电器 FR1 经常动作	① M1 前轴承铜瓦磨损后易发生堵转现象，使电流增大，导致热继电器动作。做法：修理或更换轴瓦 ② 砂轮进刀量太大，电动机超载运行。做法：选择合适进刀量，防止电动机超载运行 ③ 热继电器规格选择太小或整定电流过小。做法：更换或重新整定热继电器
电磁吸盘退磁不好使工件取下困难	① 退磁电路断路，根本没有退磁。做法：转换开关 QS2 置于"退磁"位置，用万用表欧姆档检查 QS2 接触是否良好，若电阻值无穷大，则 QS2 损坏，需更换；检查退磁电阻 R_2 是否损坏 ② 退磁电压过高。做法：应调整电阻 R_2 ③ 退磁时间太长或太短。做法：根据不同材质掌握好退磁时间

（续）

故障	原因及检查、处理方法
电磁吸盘无吸力	① 桥式整流器输出的直流电压断路。做法：将 QS2 置于"断电"位置，使用万用表交流电压档测量三相电源是否正常；测量 T2 的一次电压，如果没有电压，检查 FU1、FU2、FU4 熔体是否有熔断现象，是否接触良好；测量 T2 的二次电压，如果没有电压，说明变压器损坏，需更换；使用万用表直流电压档测量 QS2 的 205 和 206 号脚是否有 110V 电压，如果没有电压，连接导线又没有断线，说明桥式全波整流器损坏，需要更换 ② 转换开关 QS2 损坏。做法：将 QS2 置于"吸合"位置，使用万用表直流电压档测量 207 和 208 号脚是否有电压，如果没有电压，说明转换开关损坏 ③ 继电器 KA 的线圈断开。做法：将 QS2 置于"吸合"位置，观察 KA 线圈是否动作，若无动作，检查 KA 线圈的连线是否有断线，若连线正常，说明 KA 线圈断路，需更换欠电流继电器 ④ 插座 XS 接触不良。做法：将 QS2 置于"吸合"位置，用万用表直流电压档测量插座 XS 的电压，若无电压，检查插座的连线是否有断线，若连线正常，说明该插座损坏，需要更换 ⑤ 电磁吸盘 YH 线圈损坏。做法：将 QS2 置于"放松"位置，用万用表欧姆档测量电磁吸盘线圈的电阻值，如果是无穷大，说明线圈断路，如果是 0Ω，说明线圈短路，更换电磁吸盘
电磁吸盘吸力不足	① 电源电压过低。做法：使用万用表交流电压档测量电源进线电压是否偏低，如果偏低，说明电网电压不正常 ② 变压器输出电压过低。做法：使用万用表交流电压档测量 T2 的二次电压，若电压偏低，检查 T2 并进行修理 ③ 桥式整流器中有整二极管被击穿或损坏断开，导致直流电压低。做法：用万用表直流电压档测量整流器输出电压，若电压偏低，检查整流器中二极管是否断线或损坏，若是则更换 ④ 插座 XS 接触不良。做法：使用万用表直流电压档测量插座上的电压，如果偏低，检查插座的接触是否良好，接触不良的插座应予以更换

3.3.4　M7120 型平面磨床电气控制电路的分析

 前置作业

1. M7120 型平面磨床的结构和动作原理是怎样的？

2. 试述对 M7120 型平面磨床的故障进行分析和排除的方法。

　　M7120 型平面磨床电气控制电路由主电路、控制电路、电磁吸盘控制电路和辅助电路四部分组成，如图 3-12 所示，其分析见表 3-32。

表 3-32　M7120 型平面磨床电气控制电路分析

| 主电路分析 | 主电路中共有 4 台电动机 | M1 为液压泵电动机，用来拖动工作台和砂轮往复运动，由 KM1 主触头控制
M2 为砂轮电动机，用来带动砂轮作高速旋转
M3 为冷却泵电动机，用来供给砂轮和磨削工件冷却液，同时带走磨削屑，保证磨削环境，M2 和 M3 同由 KM2 主触头控制
M4 为砂轮升降电动机，控制砂轮作上下垂直运动，由 KM3、KM4 的主触头分别控制
FU1 对 4 台电动机和控制电路进行短路保护，FR1、FR2、FR3 分别对 M1、M2、M3 进行过载保护。砂轮升降电动机因运转时间很短，所以不设置过载保护 |

（续）

控制电路分析	当电源正常时，合上电源总开关QS，电压继电器KV的常开触头闭合，可进行操作	液压泵电动机M1的控制：其控制电路位于7区、8区 起动过程：按下SB3→KM1得电→M1起动 停止过程：按下SB2→KM1失电→M1停转。运动过程中若M1过载，则FR1常闭触头分断，M1停转，起到过载保护作用
		砂轮电动机M2的控制：其控制电路位于9区、10区 起动过程：按下SB5→KM2得电→M2起动 停止过程：按下SB4→KM2失电→M2停转
		冷却泵电动机M3的控制：通过接触器KM2控制，因此M3与砂轮电动机M2是联动控制。按下SB5时M3与M2同时起动，按下SB4时M3与M2同时停止。FR2与FR3的常闭触头串联在KM2线圈回路中。M2、M3中任一台过载时，相应的热继电器动作，都将使KM2线圈失电，M2、M3同时停止
		砂轮升降电动机的控制：其控制电路位于11区、12区，采用点动控制 上升控制过程：按下SB6→KM3得电→M4起动正转。当砂轮上升到预定位置时，松开SB6→KM3失电→M4停转 下降控制过程：按下SB7→KM4得电→M4起动反转。当砂轮下降到预定位置时，松开SB7→KM4失电→M4停转
电磁吸盘控制电路分析	电磁吸盘的组成	工作电路包括整流、控制和保护三个部分 整流部分由整流变压器和桥式整流器VC组成，输出110V直流电压
	充磁过程	按下SB9→KM5得电（自锁）→YH充磁
	退磁过程	工件加工完毕取下时，先按下SB8，切断电磁吸盘的电源，因吸盘和工件都有剩磁，故必须对吸盘和工件退磁：按下SB8、SB10→KM6得电→YH退磁，此时电磁吸盘线圈通入反向的电流，以消除剩磁。退磁采用点动控制，以免退磁时间太长使工件和吸盘反向磁化。松开SB10则退磁结束。电磁吸盘是一个比较大的电感，当线圈断电瞬间，将会在线圈中产生较大的自感电动势。为防止自感电动势太高而破坏线圈的绝缘，在线圈两端接有R、C组成的放电回路，用来吸收线圈断电瞬间释放的磁场能量。当电源电压不足或整流变压器发生故障时，吸盘的吸力不足，这样在加工过程中，会使工件高速飞离而造成事故。为防止这种情况，在线路中设置了欠电压继电器KV，其线圈并联在电磁吸盘电路中，其常开触头串联在控制电路中。当电源电压不足或为零时，KV常开触头断开，使KM1、KM2断电，液压泵电动机和砂轮电动机停转，确保安全生产
辅助电路分析		辅助电路主要是信号指示和局部照明电路。其中，EL为局部照明灯，由变压器TC供电，工作电压为24V，由手动开关SQ2控制。其信号灯也由TC供电，工作电压为6V。HL1为电源指示灯；HL2为M1运转指示灯；HL3为M2运转指示灯；HL4为M4运转指示灯；HL5为电磁吸盘工作指示灯

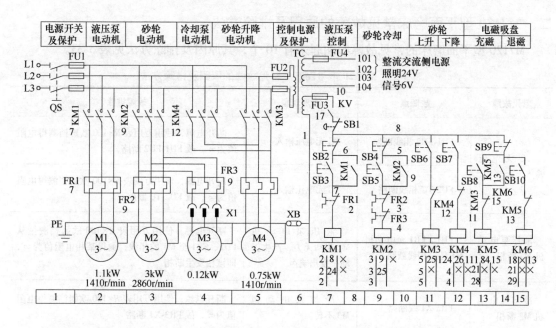

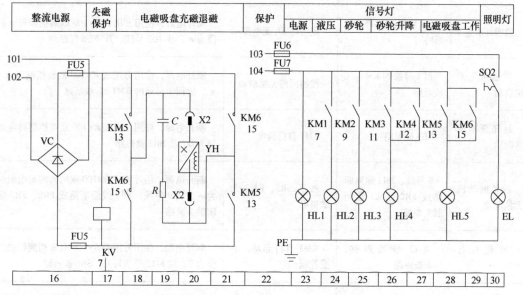

图 3-12　M7120 型平面磨床电气控制电路

任务 3-8　M7120 型平面磨床电气控制电路故障的检查与排除

📖 技能鉴定考核要求

同任务 3-7。

一、操作前的准备

材料准备单：M7120 型平面磨床控制柜、配套电路图（见图 3-12）。工具准备单见表 3-28。

二、M7120 型平面磨床常见故障的原因及排除方法

M7120 型平面磨床的常见故障归纳起来有 10 个，其原因及排除方法见表 3-33。

表 3-33　M7120 型平面磨床常见故障的原因及排除方法

常见故障	故障点	故障现象	故障排除
TC 无电压输入	FU1-FU2 相线断路	TC 无电压输入	断开电源，使用万用表 $R×100$ 欧姆档测得电阻值为∞，故 FU1-FU2 断路
	FU2-TC 相线断路	TC 无电压输入	断开电源，使用万用表 $R×100$ 欧姆档测得电阻值为∞，故 FU2-TC 断路
液压泵电动机 M1 断相	FU1、FR1 至电动机 M1 任一相线断路	液压泵电动机 M1 起动无力，产生振动，发出响声	断开电源，使用万用表 $R×100$ 欧姆档测量从 FU1、FR1 至 M1 的相线，测得某相电阻值为∞，即该相发生断相
冷却泵电动机 M3 断相	FR3-X1 线断路	冷却泵电动机 M3 不转	断开电源，使用万用表 $R×100$ 欧姆档测得电阻值为∞，故 FR3-X1 断路
照明灯不亮	103 号线、TC-FU6 线断路	照明灯 EL 无电源	断开电源，使用万用表 $R×100$ 欧姆档测得电阻值为∞，故 103 号线、TC-FU6 线断路
控制回路无法启动	回 1 号线的 KM1-EL 线断路	控制回路无法启动	断开电源，使用万用表 $R×100$ 欧姆档测得 $R=∞$，故回 1 号线的 KM1-EL 线断路
液压泵不正常起动	SB3 被短路	KM1 自行得电	断开电源，使用万用表 $R×100$ 欧姆档测得电阻值为 0，故 SB3 被短路
砂轮电动机无法起动	9 号线、FR2 线圈断路或 FR2、FR3 常闭触头断路	按下 SB5、KM2 无法得电	断开电源，用万用表 $R×100$ 欧姆档测得电阻值为∞，故 9 号线、FR2 线圈断路或 FR2、FR3 常闭触头断路
砂轮自行上升	8-12 号线短接，SB6 被短路	KM3 自行起动，不受控制	断开电源，使用万用表 $R×100$ 欧姆档测得电阻值为 0，故 8-12 号线短接，SB6 被短路
电磁吸盘无法工作	101、102 号线和 FU4、FU5-整流桥断路	整流电路无输入输出	断开电源，使用万用表 $R×100$ 欧姆档测得电阻值为∞，故 101、102 号线和 FU4、FU5-整流桥断路
电磁吸盘无退磁作用	13 号线、FU5-KM6 断路	电磁吸盘无退磁作用	断开电源，使用万用表 $R×100$ 欧姆档测得电阻值为∞，故 13 号线、FU5-KM6 断路

三、清扫现场

断开电源，各元器件复位，整理走线举槽；摆好工具、仪表；清扫地面。

3.3.5　Z3040 型摇臂钻床电气控制电路

　　1. Z3040 型摇臂钻床的结构及动作方式和工作原理是怎样的？

　　2. Z3040 型摇臂钻床故障的检查和排除方法是怎样的？

1. Z3040 型摇臂钻床的结构

　　Z3040 型摇臂钻床是一种用途广泛的机床，适用于加工中小零件，可以进行钻孔、扩孔、铰孔、刮平面及攻螺纹等多种形式的加工。Z3040 型摇臂钻床主要由底座、内外立柱、摇臂、主轴箱、主轴及工作台等部分组成，如图 3-13 所示。其运动形式及控制要求见表 3-34。

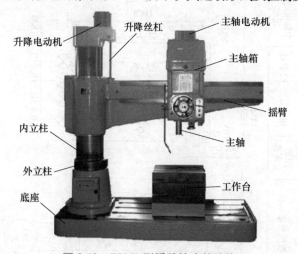

图 3-13　Z3040 型摇臂钻床的结构

表 3-34　Z3040 型摇臂钻床的运动形式及控制要求

Z3040 的 4 个电动机	运动形式	控制要求
主轴电动机	拖动钻削及进给运动	由 KM1 控制单向运转，主轴正反转通过机械手柄操作
摇臂升降电动机	当工件与钻头高度不合适时，可将摇臂升高或降低进行调整	正反转控制，通过机械和电气联合控制。因电动机为短时间工作，故不设过载保护
液压泵电动机	采用液压传动机构实现摇臂、立柱、主轴箱的夹紧和松开	正反转控制，通过液压装置和电气联合控制；供给夹紧装置压力油，实现摇臂和立柱的夹紧和松开
冷却泵电动机	切削时，刀具及工件的冷却由冷却泵供给所需的冷却液	正转控制，拖动冷却泵输送冷却液。功率较小，由开关直接起动

2. Z3040 型摇臂钻床电气控制电路原理分析

　　Z3040 型摇臂钻床电气控制电路主要由主电路、控制电路、冷却泵电动机电路、快速进给机电控制电路及照明与指示电路组成，如图 3-14 所示。Z3040 型摇臂钻床电气控制电路原理分析见表 3-35。Z3040 型摇臂钻床的电气保护环节见表 3-36。

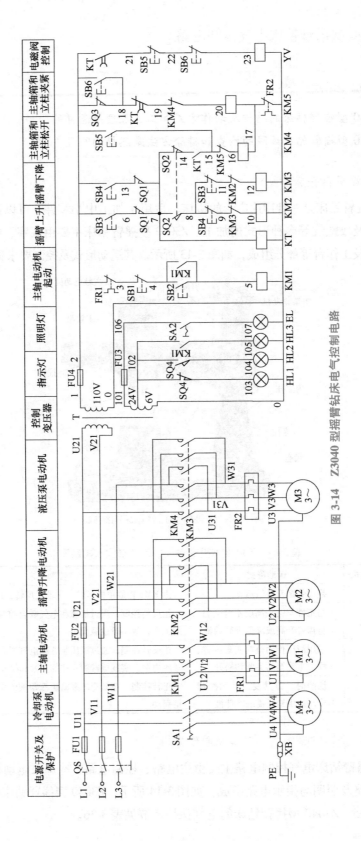

图 3-14 Z3040 型摇臂钻床电气控制电路

表 3-35　Z3040 型摇臂钻床电气控制电路原理分析

主轴电动机 M1		主轴电动机 M1 的起停由按钮 SB2、SB1 和接触器 KM1 线圈及自锁触头来控制 主轴电动机运行时，HL3 亮
摇臂的升降 运动	摇臂松开	按上升（或下降）按钮 SB3（SB4），时间继电器 KT 吸合，使交流接触器 KM4 得电吸合，液压泵电动机 M3 旋转，液压油经分配阀进入摇臂松开油腔，推动活塞和菱形块使摇臂松开
	摇臂升/降	活塞杆通过弹簧片压限位开关 SQ2，使交流接触器 KM4 失电释放，交流接触器 KM2 或（KM3）得电吸合，液压泵电动机 M3 停止旋转，升降电动机 M2 旋转，带动摇臂上升（或下降） 当摇臂上升（或下降）到所需的位置时，松开按钮 SB3（或 SB4），交流接触器 KM2（或 KM3）和时间继电器 KT 失电释放，升降电动机 M2 停止旋转，摇臂停止上升（或下降）
	摇臂夹紧	由于时间继电器 KT 失电释放，经 1～3.5s 延时后，其延时闭合的常闭触头闭合，交流接触器 KM5 得电吸合，液压泵电动机 M3 反向旋转，供给液压油，液压油经分配阀进入摇臂夹紧油腔，使摇臂夹紧 活塞杆通过弹簧片压限位开关 SQ3，使交流接触器 KM5 失电释放，液压泵电动机 M3 停止旋转
主轴箱和立柱 的夹紧与松开		主轴箱和立柱的松开、夹紧是同时进行的，SB5 和 SB6 分别为松开与夹紧控制按钮，由它们点动控制 KM4、KM5，控制 M3 的正反转。液压油经分配阀进入立柱和主轴箱松开（或夹紧）油腔，推动活塞和菱形块使立柱和主轴箱分别松开（或夹紧） 主轴箱和立柱夹紧时，HL1 灭，HL2 亮；松开时，HL1 亮，HL2 灭
冷却泵的起动 和起止		合上或断开开关 SA1，就可接通或切断电源，实现冷却泵电动机 M4 的起动和停止

表 3-36　Z3040 型摇臂钻床的电气保护环节

电气保护环节	电气保护元件
电路的短路保护	主电路熔断器 FU1、FU2，控制电路熔断器 FU3、FU4、FU5
电动机的过载保护	主轴电动机过载保护热继电器 FR1，液压泵电动机过载保护热继电器 FR2
摇臂升降的限位保护	由行程开关 SQ1 实现。SQ1 有两对动断触头：SQ1-1 实现上限位保护，SQ1-2 实现下限位保护
摇臂夹紧保护	摇臂的自动夹紧是由限位开关 SQ3 来控制的

任务 3-9　Z3040 型摇臂钻床电气控制电路故障的检查、分析及排除

📋 技能鉴定考核要求

同任务 3-7。

一、操作前的准备

材料准备单：Z3040 型摇臂钻床控制柜、配套电路图（见图 3-14）。工具准备单见表3-28。

二、Z3040 型摇臂钻床故障的分析与排除（见表 3-37）

表 3-37 Z3040 型摇臂钻床故障的分析与排除

故障	故障分析	故障排除步骤
摇臂不能上升	KT、KM2、KM4 和 YV 线圈控制回路有触头损坏或断线故障	① 断开电源 ② 使用万用表 $R×1$ 欧姆档进行测量 ③ 按下 SB3，测量 2 号和 6 号线是否导通，若不通，说明 SB3 触头损坏或导线断线；测量 6 号和 7 号线，若不通，说明 SQ1 常闭触头损坏或导线断线；测量 7 号线到 KT 线圈是否短路 ④ 测量 7 号与 8 号线、8 号与 9 号线、9 号线到 KM2 线圈是否断路 ⑤ 手动使时间继电器 KT 的衔铁与铁心闭合，测量 7 号与 14 号线、14 号与 15 号线、15 号线到 KM4 线圈是否断路 ⑥ 测量 2 号与 21 号线、21 号与 22 号线、22 号线到 YV 线圈是否断开 ⑦ 凡是有断开的点，说明该处触头损坏或导线断线，更换器件或导线
	松开位置开关 SQ2 无动作或位置安装不当	① 合上电源开关 ② 按下 SB3，KM4 和 YV 线圈吸合，液压泵电动机运转 ③ 使用万用表 250V 交流电压档测量 7 号和 8 号线是否有电压，如有电压，说明不正常，SQ2 触头没有闭合 ④ 检查 SQ2 安装位置，并进行调整
	液压泵电动机相序接反	① 合上电源开关 ② 按下 SB3，KM4 和 YV 线圈吸合，液压泵电动机运转 ③ 由于相序接反，本应正转的液压泵电动机实际在反转，使摇臂夹紧，SQ2 位置开关压不上，SQ2 触头不动作，不能使 KM2 线圈得电 ④ 断开电源，掉换液压泵电动机任意两相电源线
摇臂不能下降	KT、KM3、KM4 和 YV 线圈控制回路有触点损坏或断线故障	① 断开电源 ② 使用万用表 $R×1$ 欧姆档进行测量 ③ 按下 SB3，测量 2 号和 6 号线是否导通，若不通，说明 SB3 触头损坏或导线断线；测量 6 号和 7 号线，若不通，说明 SQ1 常闭触头损坏或导线断线；测量 7 号线到 KT 线圈是否短路 ④ 测量 8 号与 11 号线、11 号线到 KM3 线圈是否断路 ⑤ 手动使时间继电器 KT 的衔铁与铁心闭合，测量 7 号与 14 号线、14 号与 15 号线、15 号线到 KM4 线圈是否断路 ⑥ 测量 2 号与 21 号线、21 号与 22 号线、22 号线到 YV 线圈是否断开 ⑦ 凡是有断开的点，说明该处触头损坏或导线断线，更换器件或导线
	松开位置开关 SQ2 无动作或位置安装不当	参考"摇臂不能上升"
	液压泵电动机相序接反	参考"摇臂不能上升"

（续）

故障	故障分析	故障排除步骤
摇臂升降后不能夹紧	KM5 线圈控制回路有触头损坏或导线断线	① 断开电源 ② 使用万用表 R×1 欧姆档进行测量 ③ 测量 2 号和 18 号线、18 号和 19 号线、19 号线和 KM5 线圈、17 号线和 KM5 线圈、17 号和 0 号线是否断路 ④ 凡是有断开的点，说明该处触头损坏或导线断线，更换器件或导线
	位置开关 SQ3 在摇臂松开后未复位	① 合上电源 ② 按下 SB3 或 SB4 使摇臂上升或下降，然后松开按钮 ③ 使用万用表 250V 交流电压档测量 2 号和 18 号线，如果有电压，说明不正常，SQ3 在摇臂松开后没有复位，触头未闭合，使 KM5 线圈不能得电 ④ 拆下 SQ3，检查触头及连接导线
液压泵电动机过载	位置开关 SQ3 触头不能断开	① 断开电源 ② 使用万用表 R×1 欧姆档测量行程开关 SQ3 动断触头的 2 号、18 号线是否断开 ③ 检查 SQ3 的安装位置是否恰当，予以重新调整。在断电状态下，行程开关 SQ3 应被压下，使动断触头处于断开位置

三、清扫现场

断开电源，各元器件复位，整理走线槽；摆好工具、仪表；清扫地面。

附3　机床电气控制电路检修考核评分表（见表 3-38）

表 3-38　机床电气控制电路检修考核评分表

序号	考核项目	考核要求	评分标准	配分	扣分	得分
1	机床操作与检修	1. 能正确按照机床工作原理对机床进行操作 2. 能正确掌握机床断电检修与带电检修方法 3. 能正确使用电工仪表进行测量 4. 能准确测出故障点	1. 未能检测出 2 个故障点，扣 10 分 2. 能检测出故障点，但完全不会对机床进行操作，扣 6 分 3. 能检测出故障点，并能根据考官要求对机床进行操作，但操作不熟练，扣 4 分 4. 断电检测方法不正确，扣 3 分 5. 带电检测方法不正确，扣 3 分 6. 仪表使用不熟练，扣 2 分	10 分		

（续）

序号	考核项目	考核要求	评分标准	配分	扣分	得分
2	故障现象判断	1. 根据机床电气原理图，通过操作或观察，正确判定故障现象，并正确进行文字描述 2. 能正确掌握故障排除的方法和检修步骤	1. 对故障点不作文字描述或未能正确描述故障现象，扣4分 2. 对故障点现象的文字描述不够准确，扣3分 3. 文字描述中有错别字或语句不通顺的，每处扣0.5分，最多扣2分	4分		
3	绘制故障点局部电路图	能正确掌握电气原理图的测绘	1. 绘制的2个故障点局部电路图都错误，扣2分 2. 绘制的1个故障点局部电路图错误，扣1分 3. 未在局部电路图中标出故障点的，每个扣1分 4. 故障点局部电路图有符号错误或文字错误的，每处扣0.5分，最多扣2分	2分		
4	故障检修步骤分析	根据故障现象和原理图，正确进行故障检修步骤分析，知道故障排除的方法并准确进行文字描述	1. 不作文字描述或未能正确地对故障检修步骤进行描述，扣3分 2. 故障分析的文字描述不够准确，扣2分 3. 文字描述中有错别字或语句不通顺的，每处扣0.5分，最多扣2分 4. 不知道故障排除方法和检修步骤，扣2分	2分		
5	安全文明生产	操作过程符合国家、部委、行业等权威机构颁发的电工作业操作规程、电工作业安全规程与文明生产要求	1. 违反安全操作规程，扣3分 2. 操作现场工具、器具、仪表、材料摆放不整齐，扣2分 3. 劳动保护用品佩戴不符合要求，扣2分	2分		
合 计				20分		

否定项：若考生作弊、发生重大设备事故（短路影响考场工作、设备损坏或多个元器件损坏等）和人身事故（触电、受伤等），则应及时终止其考试，考生该试题成绩记为零分

说明：以上各项扣分最多不超过该项所配分值

评分人：　　　　　　　　年 月 日　　　　　核分人：　　　　　　　年 月 日

第4章

可编程控制器

4.1 可编程控制器初识

4.1.1 可编程控制器基础知识

1. 概述

可编程控制器常简称 PLC。本书考虑到广大读者、企业工作人员对 PLC 的使用情况，除了重点介绍三菱 FX-PLC 的基本结构及接线安装知识外，还对西门子 S7-PLC 的基本结构、基本指令及编程实例等作简单介绍，供读者对比学习和选择参考。

PLC 是一种数字运算操作的电子系统，它拥有可编程的存储器，用于其内部存储程序，执行逻辑运行、顺序控制、定时、计数与算术操作等面向用户的指令，并通过数字或模拟式输入、输出控制各种类型的机械或生产过程，是工业控制的核心部分。目前的 PLC 品牌有 ABB、松下、西门子、汇川、三菱、欧姆龙、台达、富士以及施耐德等。三菱公司 PLC 的外形如图 4-1 所示。

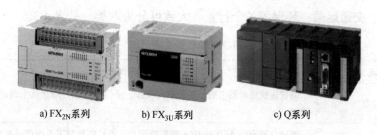

a) FX$_{2N}$系列　　　　b) FX$_{3U}$系列　　　　c) Q系列

图 4-1 三菱公司 PLC 的外形

2. PLC 的特点与优势

与传统的继电器-接触器控制电路相比，PLC 的优势见表 4-1。

111

表 4-1　PLC 的优势

优势	说明
可靠性高，抗干扰能力强	PLC 的控制功能主要由软件实现，并设置了屏蔽、隔离等抗干扰措施
编程简单，容易掌握	多采用梯形图编程，语言和继电器-接触器控制电路原理类似，易学易懂
功能完善，扩展能力强	内部有巨量的软继电器（也称为软元件），有数字量、模拟量的 I/O（输入/输出）接口，能满足生产需求
系统设计、安装调试方便	采用软件代替继电器控制中的器件，减少控制柜的设计、安装接线的工作量，故障率低，维修方便

3. 性能指标

系统设计时需要选择什么型号的 PLC，主要通过表 4-2 中所列的性能指标进行衡量评判。

表 4-2　性能指标

PLC 的 I/O 点数	I/O 点数是 PLC 可以接收的输入信号和输出信号的总和，I/O 点数越多，控制规模就越大
存储容量	用户程序存储器的容量。PLC 中程序指令是按步存放的，1"步"占一个地址单元，即一个字。例如：1 个内存容量为 1000 步的 PLC，其内存为 2KB
内部继电器的种类点数	PLC 内部继电器包括辅助继电器、定时器、计数器和移位存储器等，其种类和数量越多，表示 PLC 的存储和处理信息能力越强
扫描时间	指 PLC 执行一次解读用户逻辑程序所需要的时间。通过比较不同 PLC 执行相同操作所用时间，可以衡量 PLC 扫描速度的快慢
指令的功能与数量	指令的功能越强、数量越多，PLC 的处理能力和控制能力就越强，用户编程也越简单方便
特殊功能单元	特殊功能种类越多，PLC 可完成的复杂任务就越多
可扩展能力	包括 I/O 点数、存储容量、联网功能等方面的扩展能力

4. 应用领域

小型 PLC 主要用于机械制造行业和 OEM（定牌生产，俗称代工）中，中、大型 PLC 则广泛用于轻纺、交通运输、环保等各个行业，大致可分为六类，见表 4-3。

表 4-3　PLC 的应用领域

应用领域	具体分析
开关量的逻辑控制	取代传统继电器电路，实现单台设备、多机群控及自动化流水线的逻辑控制、顺序控制
模拟量控制	通过与配套的 A/D 和 D/A 转换器配合，PLC 能控制工业生产过程中的温度、压力、液位等模拟量
机械位移运动控制	PLC 可实现圆周运动、直线运动的控制，广泛应用于各种机床、电梯、机器人等
过程控制	直接用开关量 I/O 模块连接位置传感器和执行机构，实现对温度、压力、流量等模拟量的闭环控制

（续）

应用领域	具体分析
数据处理	大型 PLC 具有数学运算（含矩阵运算、函数运算）、数据传送、转换、排序、查表、位操作等功能，可以完成数据的采集、分析及处理
通信及联网	包括 PLC 与 PLC 之间的通信、PLC 与其他智能设备之间的通信。当前生产的 PLC 都具有通信接口，通信非常方便

4.1.2 三菱 FX-PLC 控制面板简介

由于 FX_{3U} 完全兼容 FX_{2N} 的所有指令及扩展模块并有所增加，且 FX_{3U} 的 CPU（中央处理器）运算速度更快、性能更好，FX_{3U} 出产后，FX_{2N} 就逐渐停产了。然而，目前仍有部分企业或实训室还沿用着之前购买的 FX_{2N} 型 PLC，因此，下面将对 FX_{3U} 和 FX_{2N} 两种型号的 PLC 均作简单介绍。其控制面板主要有型号含义、外部接线端子、指示灯部分、外转设备接线插座以及扩展模块、特殊功能模块、接线插座等部分，其外部结构示意图如图 4-2 所示，具体简介见表 4-4。

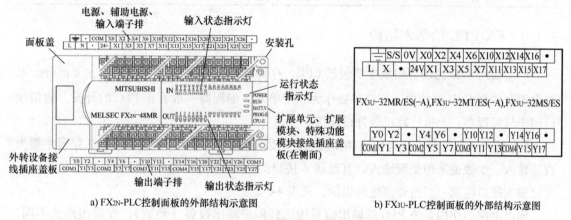

图 4-2 FX-PLC 控制面板的外部结构示意图

表 4-4 三菱 FX 系列 PLC 实物控制面板外部组成简介

型号	FX₂N - 4 8 M R 001 系列名称 —— I/O 总点数 单元类型 产品类型或特殊品种 输出方式 ① 常用的 FX 系列序号：1S、1N、2N、3U 和 3G ② I/O 总点数：14~256 ③ 单元类型：M 表示基本单元；E 表示输入输出混合扩展单元及扩展模块；EX 表示输入专用扩展模块；EY 表示输出专用扩展模块。 ④ 输出形式：R，表示继电器输出；T，表示晶体管输出；S，表示晶闸管输出

113

（续）

接线端子	图 4-2 中，顶部一排接线端子是输入信号的接入端子及 PLC 的工作电源和辅助电源端子，底部一排接线端子是输出信号的输出端子。需注意的有以下几点： ① 输入端侧 L、N 是外接 220V 电源的接线端子，L 接相线，N 接中性线，作为 PLC 的工作电源 ② 24+端子一般用于连接传感器，严禁在 24+端子供电 ③ 在输出端侧分成若干区，每个区有一个公共端。各接线区可以使用不同的电源，当不同接线区的接线端子使用同一外接负载电源时，公共端 COM 应连接在一起 ④ 图中 "."为空接线端子，切不可在空接线端子接线
状态指示灯	指示灯主要分成两部分： ① 输入/输出状态指示灯：在 PLC 面板中间的上、下方，当输入或输出为高电平时 LED 亮，否则灭 ② 运行状态指示灯：POWER—电源指示灯；RUN—运行指示灯；BATT. V—电池电压下降指示灯；PROG-E—程序出错时此指示灯闪烁；CPU-E—出错时此指示灯亮
插座	PLC 面板的左下角有一盖板，打开盖板后右边有一个插座，这是 PLC 与计算机等外部设备对话的接口，称为外部设备接线插口
扩展	通过面板右侧面的扩展单元、扩展模块、特殊功能模块接线插座，可以用连接电缆将 PLC 的基本单元与扩展单元、扩展模块以及特殊功能模块等相连接

4.1.3 FX-PLC 的基本结构

FX$_{2N}$ 系列 PLC 的硬件组成主要包括 CPU、存储系统和输入/输出模块三个主要部分。系统电源有些在 CPU 模块内，有些单独作为一个单元。编程器一般看作 PLC 的外设，通信接口用于与编程器、上位计算机等外设连接。

I/O 接口一般都具有光电隔离和滤波功能，以提高 PLC 的抗干扰能力。输入信号主要为直流输入，少数也采用交流输入。直流输入接口的电源一般由 PLC 内部自身电源供给，而交流输入接口电源一般由外部电源供给，见表 4-5。

输出电路的作用是将 PLC 的输出信号传送到用户输出设备（负载）。按输出形式不同，输出电路分为继电器输出型、晶体管输出型、晶闸管输出型三种输出类型，目前使用最多的是继电器输出型。

FX-PLC 的基本结构见表 4-5

表 4-5　FX-PLC 的基本结构

基本结构			具体作用
①	CPU	运算器、控制器	是 PLC 的核心部分，整个 PLC 的工作都在 CPU 的指挥协调下进行
②	存储器	RAM（随机存储器）	可进行读/写操作，用于存储用户程序及工作数据等。用户程序是指使用者根据工程现场的生产过程及工艺要求编写的程序。RAM 依靠 PLC 外部电源供电，数据在 PLC 停电后丢失
		ROM（只读存储器）	是系统程序存储器，用于存放系统程序（包括系统管理程序、监控程序、对用户程序做编译处理的编译解释程序等），用户不能更改其数据。ROM 依靠内部锂电池供电，数据在 PLC 停电后仍保持

（续）

基本结构		具体作用
③ 输入输出模块	输入模块	PLC 通过输入接口可以检测被控对象的各种数据，以这些数据作为 PLC 对被控对象进行控制的依据。可采集的信号主要有无源开关信号（如按钮、接触器的触点等）、有源开关信号（如各类传感器）以及模拟量信号三类
	输出模块	PLC 通过输出接口将处理结果送给被控对象，以实现控制目的。输出模块主要分为继电器输出型（R）、晶体管输出型（T）、晶闸管输出型（S）三种类型
④ 编程装置模块	编程器或配软件包的通用计算机	编程装置的作用是编辑、调试、输入用户程序，也可在线监控 PLC 内部状态和参数与 PLC 进行人机对话。它可以是专用的编程器，也可以是配有专用编程软件包的通用计算机系统
⑤ 通信接口	通信处理器	PLC 通过这些通信接口可以与监视器、打印机、其他 PLC、计算机等设备实现通信
⑥ 电源	内部电路电源或外部传感器电源	在 PLC 内部，已为 CPU、存储器、I/O 接口等内部电路配备了开关电源。与普通电源相比，PLC 电源的稳定性好、抗干扰能力强。同时也为输入传感器提供了 DC 24V 电源

4.1.4 西门子 S7-PLC 整体硬件简介

1. S7-PLC 的硬件结构

西门子 S7-1200 是一款紧凑型、模块化的 PLC，可完成简单或高级的逻辑控制（开关量、模拟量以及运动控制等）、人机交互（HMI）和网络通信（串行、以太网以及现场总线通信等）任务，是小中型自动化系统的完美解决方案。对于需要网络通信功能和单屏或多屏 HMI 的自动化系统，使用此 PLC 易于设计和实施。其实物外部结构如图 4-3 所示。

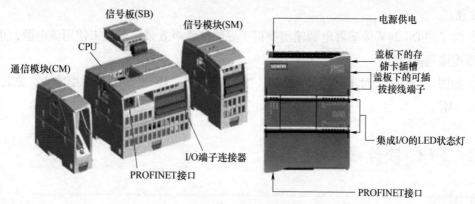

图 4-3 S7-PLC 的实物外部结构

2. S7-PLC 的 I/O 接口接线

S7-PLC 的输入接口电路的作用是将按钮、行程开关或传感器等产生的信号输入 CPU。其输出接口电路的作用是将 CPU 向外输出的信号转换成可以驱动外部执行元件的信号，以便控制接触器线圈等电器的通断电。PLC 的输入/输出接口电路一般采用光耦合隔离技术，可以有效地保护内部电路。对于 S7-PLC，它的输出可分为继电器输出和晶体管输出两类。

（1）输入接口电路　PLC 的输入接口电路可分为直流输入电路和交流输入电路。直流输入电路的延迟时间比较短，可以直接与接近开关、光电开关等电子输入装置连接。交流输入电路适用于在有油雾、粉尘的恶劣环境中使用。交流输入电路和直流输入电路类似，只是外接的输入电源改为 220V 交流电源。

（2）输出接口电路　输出接口电路通常有 2 种类型：继电器输出型（带 RLY）和晶体管输出型。继电器输出型、晶体管输出型与输出电路类似，只是以晶体管代替继电器来控制外部负载。

S7-PLC 的 I/O 接口接线图如图 4-4 所示。

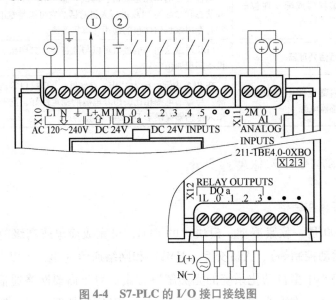

图 4-4　S7-PLC 的 I/O 接口接线图

注意：

① 为了使 DC 24V 传感器电源输出获得更好的抗噪声效果，即使未使用该电源，也建议将 M 端连接到机壳地。

② 如图 4-4 所示，对于漏型输入，将"–"连接到"M"；如果是源型输入，则将"+"连接到"M"。

4.2　PLC 软件的使用

📝 **前置作业**

1. 可编程控制器的软件组成包括哪些？

2. 可编程控制器常用的编程语言有哪些？

3. 可编程控制器运行模式下的工作过程包含哪几个阶段？

4.2.1 PLC 软件的组成

与计算机控制系统一样，PLC 用户程序中所用的指令有规定的格式与要求，见表 4-6。

表 4-6 PLC 用户程序中的指令格式与要求

软件		PLC 软件由系统程序和用户程序组成。系统程序由 PLC 制造厂商设计编写后存入 PLC 的系统存储器中，用户不能直接读写、更改。用户程序是 PLC 使用者利用编程语言，根据控制要求编写的程序
编程语言	梯形图	是通过连线把 PLC 指令的梯形图符号连接在一起的连通图，是在电气控制系统基础上演变而来的，形象、直观、实用，是目前使用最多的一种 PLC 编程语言
	指令表	是一种使用助记符的 PLC 编程语言，类似于计算机的汇编语言，但更通俗易懂。其缺点是很难看出元件彼此间的逻辑关系
	顺序功能图	Sequential Function Chart，简称 SFC，常用来编制顺序控制类程序。复杂的顺序控制过程采用此编程语言，能更清楚地反映系统的逻辑关系
工作原理		PLC 由输入部分、逻辑部分和输出部分组成。输入部分接收外部信息；逻辑部分处理输入部分取得的信息，经过逻辑运算、处理和判断确定输出信号；而输出部分则将输出信号通过端子传送到负载，负载按照要求执行动作。PLC 有运行（RUN）和停止（STOP）两种基本工作模式

4.2.2 编程软件的应用

PLC 控制系统其中的一个优势是，它是通过软件编程来实现控制功能的，要实现系统控制功能或改变系统的功能，只需要改变程序而不需要改变系统硬件接线。

三菱 FX 系列 PLC 编程的主要手段有手持式简易编程器和配有专用编程软件包的通用计算机等。其中，GX Developer 编程软件包是专门用来开发 FX 系列 PLC 程序的软件包。在 GX Developer Ver. 8 编程软件中，可通过线路符号（梯形图）、列表语言（指令助记符）以及 SFC 符号来创建 PLC 程序。PLC 程序一般用梯形图实现编程，而 PLC 内部各类等效继电器的线圈和触点与继电器线圈和触点的图形符号比较见表 4-7。

表 4-7 PLC 内部各类等效继电器线圈和触点与继电器线圈和触点的图形符号比较

项目	继电器-接触器	FX-PLC	S7-PLC	作用
线圈符号	KM	—( )—Y	—( )— Q	赋值，设置指定操作数的位
常开触点符号		—| |—X	—| |—I	查询的操作数等于"1"时闭合
常闭触点符号		—|/|—X	—|/|—I	查询的操作数等于"0"时闭合

4.2.3 PLC 常用软继电器介绍

FX-PLC 用于编程的软继电器，除了输入继电器（X）、输出继电器（Y）外，较常用的还有辅助继电器（M）、定时器（T）、计数器（C）、数据寄存器（D）和状态器（S）。下面将分别对三菱 FX-PLC 和西门子 S7-PLC 的输入继电器、输出继电器、辅助继电器、定时器、计数器这几类软继电器进行介绍。

1. 输入继电器和输出继电器

输入继电器和输出继电器都具有无数个常开触点和常闭触点，其特点见表 4-8。

表 4-8　输入继电器和输出继电器的特点

输入继电器	① FX-PLC 的输入继电器（X）与输入端相连，是专门用来接收 PLC 外部开关信号的元件。PLC 通过输入接口将外部输入信号状态（接通时为"1"，断开时为"0"）读入并存储在输入映像寄存器中。它必须由外部信号驱动，不能用程序驱动，所以在程序中不可能出现其线圈 ② 输入继电器的触点使用次数不限，各输入继电器都有任意对常开及常闭触点供编程使用 ③ FX-PLC 的输入继电器采用"X"和八进制数共同组成编号，如 X000～X007 等。FX_{2N} 型 PLC 的输入继电器编号范围为 X000～X267（184 点）；S7-PLC 的输入继电器 I 采用"字节.位"的方式编址（字节处是十进制，位处是八进制），从 I0.0 开始，最多 128 点 FX-PLC　动合触点：$\overset{X000}{\dashv\ \vdash}$　动断触点：$\overset{X000}{\dashv/\vdash}$ S7-PLC　动合触点：$\overset{I0.0}{\dashv\ \vdash}$　动断触点：$\overset{I0.0}{\dashv/\vdash}$
输出继电器	① FX-PLC 的输出继电器（Y）和 S7-PLC 的输出继电器（Q）都用来将 PLC 的内部信号输出传送给外部负载（用户输出设备）。输出继电器线圈由 PLC 内部程序的指令驱动，线圈状态传送给输出单元，再由输出单元对应的硬触点来驱动外部负载。在程序编辑中，输出继电器除了有动合触点和动断触点这两种表示形式外，还有线圈表示方式 ② 每个输出继电器在输出单元中都对应有唯一的一个常开硬触点，但在程序中供编程用的输出继电器，都有一个线圈和任意对常开及常闭触点供编程使用 ③ FX-PLC 的输出继电器采用"Y"和八进制共同组成编号，如 Y000～Y007、Y010～Y017 等。FX_{2N} 型 PLC 的输出继电器编号范围为 Y000～Y267（184 点）；S7-PLC 的输出继电器编址区域标号为 Q，采用"字节.位"的方式编址（字节处是十进制，位处是八进制），从 Q0.0 开始，最多 128 点 FX-PLC　动合触点：$\overset{Y000}{\dashv\ \vdash}$　动断触点：$\overset{Y000}{\dashv/\vdash}$　线圈：—(Y000) S7-PLC　动合触点：$\overset{Q0.0}{\dashv\ \vdash}$　动断触点：$\overset{Q0.0}{\dashv/\vdash}$　线圈：$\overset{Q0.0}{-(\ )-}$

2. 辅助继电器（见表 4-9）

表 4-9　辅助继电器

辅助继电器（M）概述	辅助继电器的功能与传统的继电器控制电路中的中间继电器相同，每个辅助继电器对应着数据存储区的一个基本单元。它与外部没有任何联系，不接收外部信号，也不能直接驱动负载。借助辅助继电器，可使输入、输出之间建立复杂的逻辑关系和联锁关系，以满足不同的控制要求。在程序编辑中，辅助继电器的表示方式有动合触点 $\overset{M}{\dashv\ \vdash}$、动断触点 $\overset{M0}{\dashv/\vdash}$ 和线圈 $\overset{M}{-(\ )-}$		
三菱 FX-PLC	其辅助继电器（M）有 1024 个常用的辅助继电器和 256 个特殊用途的辅助继电器，采用十进制进行编号。按功能不同，一般分为普通（通用型）辅助继电器、断电（失电）保持型辅助继电器和特殊辅助继电器		
	FX-PLC 的辅助继电器分类	FX_{2N}	FX_{3U}
	普通辅助继电器	500 点，M0-M499	500 点，M0-M499
	断电保持型辅助继电器	2572 点，M500-M3071	7180 点，M500-M7679
	特殊辅助继电器（初始化脉冲继电器为 M8002，禁止全部输出继电器为 M8034）	256 点，M8000-M8255	512 点，M8000-M8511
西门子 S7-PLC	其辅助继电器称为位存储器，标号为 M，采用"字节.位"的方式编址（字节处是十进制，位处是八进制），从 M0.0 开始，最多 256 点		

3. 定时器

PLC 中的定时器相当于继电器控制系统中的时间继电器,其分类见表 4-10。

表 4-10 定时器分类概述

FX$_{2N}$定时器概述	PLC 内部有很多定时器。FX$_{2N}$ 系列 PLC 有 256 个定时器,编号为 T0~T255,每个定时器组件的设定范围为 1~32767 FX$_{2N}$ 系列 PLC 中定时器分为两种:其一是通用定时器,有 100ms 通用定时器(T0~T199)和 10ms 通用定时器(T200~T245);其二是积算定时器,有 1ms 积算定时器(T246~T249)和 100ms 积算定时器(T250~T255)。它们是通过对一定周期的时钟脉冲进行计数实现定时的。时钟脉冲的周期有 1ms、10ms、100ms 三种,当所计脉冲个数达到设定值时触点动作
S7-PLC 定时器概述	S7-PLC 的定时器有 TP(脉冲定时器)、TON(接通延时定时器)、TOF(关断延时定时器)、TONR(有记忆接通延时定时器)几种。 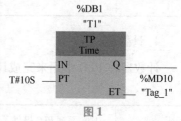 图 1 图 1 所示的定时器中,输入 IN 为启动输入端,PT 为预设时间值,ET 为定时开始后经过的当前时间值。它们的数据类型为 32 位的 Time,单位为 ms,最大定时时间为 24 天多。Q 为定时器的位输出。各参数均可以使用 I(仅用于输入参数)、Q、M、D、L 存储区,PT 可以使用常量。定时器指令可以放在程序段的中间或结束处 图 2 所示是接通延时定时器 TON,用于将输出 Q 的置位操作延时 PT 指定的一段时间。在输入 IN 的上升沿开始定时。ET 大于或等于 PT 指定的设定值时,输出 Q 变为 1 状态,ET 保持不变。输入 IN 电路断开时,或定时器复位线圈 RT 通电,定时器被复位,当前时间被清零,输出 Q 变为 0 状态。如果输入 IN 在未达到 PT 设定的时间时变为 0 状态,输出 Q 保持 0 状态不变。复位输入 I0.3 变为 0 状态时,如果输入 IN 为 1 状态,将开始重新定时 图 3 所示是关断延时定时器 TOF,用于将输出 Q 的复位操作延时 PT 指定的一段时间。输入 IN 电路接通时,输出 Q 为 1 状态,当前时间被清零。在 IN 的下降沿开始定时。ET 从 0 逐渐增大。当 ET 等于预设值时,输出 Q 变为 0 状态,当前时间保持不变,直到输入 IN 电路接通。关断延时定时器可以用于设备停机后的延时。如果 ET 未达到 PT 预设的值,输入 IN 就变为 1 状态,ET 被清零,输出 Q 保持 1 状态不变。复位线圈 RT 通电时,如果输入 IN 为 0 状态,则定时器被复位,当前时间被清零,输出 Q 变为 0 状态。如果复位时输入 IN 为 1 状态,则复位信号不起作用 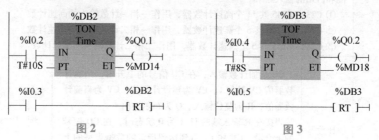 图 2　　　　　　　　　　图 3

图 4 所示是脉冲定时器 TP,用于将输出 Q 置位为 PT 预设的一段时间。在输入 IN 的上升沿启动该指令,输出 Q 变为 1 状态,开始输出脉冲,ET 从 0ms 开始不断增大,达到 PT 预设的时间时,输出 Q 变为 0 状态。如果输入 IN 为 1 状态,则当前时间值保持不变;如果输入 IN 为 0 状态,则当前时间变为 0s。输入 IN 的脉冲宽度可以小于预设值,在脉冲输出期间,即使输入 IN 出现下降沿和上升沿,也不会影响脉冲的输出。I0.1 为 1 时,定时器复位线圈 RT 通电,定时器 T1 被复位。如果此时正在定时,且输入 IN 为 0 状态,将使当前时间值 ET 清零,输出 Q 也变为 0 状态。如果此时正在定时,且输入 IN 为 1 状态,将使当前时间清零,但是输出 Q 保持为 1 状态。复位信号 I0.1 变为 0 状态时,如果输入 IN 为 1 状态,将重新开始定时

图 5 所示是有记忆接通延时定时器 TONR,也称为时间累加器,当输入 IN 电路接通时开始定时。输入 IN 电路断开时,累计的当前时间值保持不变。可以用 TONR 来累计输入电路接通的若干个时间段。复位输入 R 为 1 状态时,TONR 被复位,它的 ET 变为 0,输出 Q 变为 0 状态。"加载持续时间"线圈 PT 通电时,将线圈 PT 指定的时间预设值写入定时器 TONR 的背景数据块的静态变量 PT("T4".PT),将它作为 TONR 的输入参数 PT 的实参。用 I0.7 复位 TONR 时,"T4".PT 也被清零

（续）

S7-PLC 定时器概述	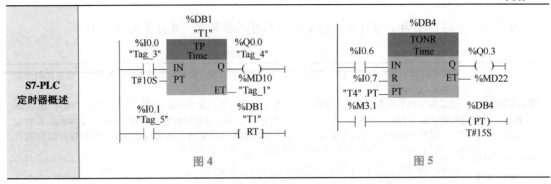 图 4　　　　　　　　　　　　图 5

4. 计数器

计数器在 PLC 中用来完成计数功能。其分类概述见表 4-11。

表 4-11　PLC 计数器分类概述

FX_{2N} 计数器 分类	FX_{2N} 系列 PLC 提供了两类计数器：一类为内部计数器，它是 PLC 在执行扫描操作时对内部元件（X、Y、M、S、T、C）的信号等进行计数的计数器，要求输入信号的接通或断开时间应大于 PLC 的扫描周期；另一类是高速计数器，其响应速度快，对于频率较高的计数必须采用高速计数器	
	16 位增计数器（C0～C199，共 200 点）	通用型计数器，C0～C99，共 100 点 断电保持型计数器，C100～C199，共 100 点
	32 位增/减计数器（C200～C234，共 35 点）	通用型增/减计数器，C200～C219，共 20 点 断电保持型增/减计数器，C220～C234，共 15 点
	高速计数器：FX_{2N} 型 PLC 内置有 21 个高速计数器（C235～C255），每一个高速计数器都规定了其功能和占用的输入点 ① C235～C245 共 11 个高速计数器，用作一相一计数输入的高速计数 ② C246～C2250 共 5 个高速计数器，用作一相二计数输入的高速计数 ③ C251～C255 共 5 个高速计数器，用作二相二计数输入的高速计数	
S7-PLC 计数器分类	加计数器	CU 是加计数输入，在 CU 信号的上升沿，当前计数器值 CV 被加 1。PV 为预设计数值，CV 为当前计数器值，R 为复位输入，Q 为布尔输出 　　当接在 R 输入端的 I1.1 为 0 状态时，在 CU 信号的上升沿，CV 加 1，直到达到指定的数据类型的上限值，CV 的值不再增加 　　CV 大于或等于 PV 时，输出 Q 为 1 状态，反之为 0 状态。第一次执行指令时，CV 被清零。各类计数器的复位输入 R 为 1 状态时，计数器被复位，输出 Q 变为 0 状态，CV 被清零
	减计数器	CD 是减计数输入，在 CD 信号的上升沿，当前计数器值 CV 被减 1。PV 为预设计数值，CV 为当前计数器值，LD 为装载输入，Q 为布尔输出 　　减计数器的装载输入 LD 为 1 状态时，输出 Q 被复位为 0，并把 PV 的值装入 CV。在减计数输入 CD 的上升沿，CV 减 1，直到 CV 达到指定的数据类型的下限值，此后 CV 的值不再减小 　　CV 小于或等于 0 时，输出 Q 为 1 状态，反之 Q 为 0 状态。第一次执行指令时，CV 被清零

（续）

| | | 在 CU 的上升沿，CV 加 1，CV 达到指定的数据类型的上限值时不再增加。在 CD 的上升沿，CV 减 1，CV 达到指定的数据类型的下限值时不再减小

CV 大于或等于 PV 时，QU 为 1，反之为 0。CV 小于或等于 0 时，QD 为 1，反之为 0

装载输入 LD 为 1 状态时，PV 被装入 CV，QU 变为 1 状态，QD 被复位为 0 状态

R 为 1 状态时，计数器被复位，CV 被清零，输出 QU 变为 0 状态，QD 变为 1 状态，CU、CD 和 LD 不再起作用 | |
| S7-PLC
计数器分类 | 加减
计数器 | | |

4.2.4 PLC 的基本指令

三菱 FX 系列 PLC 的编程指令分为三类：基本指令、步进指令和功能指令。指令一般包含指令助记符和操作元件两个部分，但有的指令只有助记符，没有操作元件。

基本指令是 PLC 编程中最常使用的指令，三菱 FX 系列的基本指令共有 27 条。基本指令主要是逻辑运算指令，常用的有 LD、LDI、OR、ORI、AND、ANI、OUT、END、ORB、ANB 等基本指令，其助记符及功能见表 4-12。

表 4-12 常用基本指令的助记符及功能

常用基本指令的助记符			功能	FX 系列 PLC 可作用的软继电器
名称	FX-PLC	S7-PLC		
取指令	LD	LD	常开触点逻辑运算开始	X、Y、M、S、T、C
取反指令	LDI	LDN	常闭触点逻辑运算开始	X、Y、M、S、T、C
与指令	AND	A	串联常开触点	X、Y、M、S、T、C
与非指令	ANI	AN	串联常闭触点	X、Y、M、S、T、C
或指令	OR	O	并联常开触点	X、Y、M、S、T、C
或非指令	ORI	ON	并联常闭触点	X、Y、M、S、T、C
输出指令	OUT	=	驱动线圈的输出	X、Y、M、S、T、C
置位	SET	S	保持动作	Y、M、S
复位	RST	R	清除动作保持，寄存器清零	Y、M、S、C、D、V、Z
电路块或	ORB	OLD	串联电路的并联	无
电路块与	ANB	ALD	并联电路的串联	无
结果取反	INV	NOT	对逻辑操作结果（RLO）取反	无
结束指令	END		程序结束，返回起始地址	无
置位指令	SET	S	令元件自保持 ON	Y、M、S
复位指令	RST	R	令元件自保持 OFF（清零）	Y、M、S、D、V、Z

4.2.5 用 GX Developer Ver.8 编程软件编写梯形图需要遵守的规则（见表 4-13）

表 4-13 用 GX Developer Ver.8 编程软件编写梯形图需要遵守的规则

<table>
<tr><th>规则要求</th><th>规则案例</th></tr>
<tr><td>触点不能接在线圈的右边（见图 1）；线圈不能直接与左母线连接，必须通过触点来连接（见图 2）</td><td>
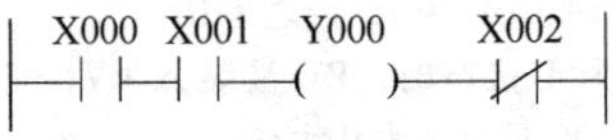

不正确
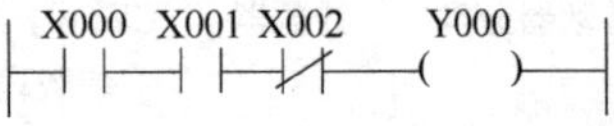

正确
图 1
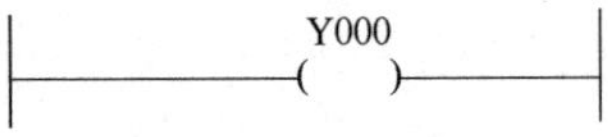

不正确
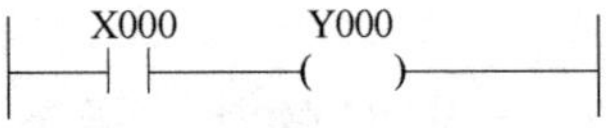

正确
图 2
</td></tr>
<tr><td>在每一个逻辑行上，当几条支路并联时，串联触点多的应安排在上（见图 3）；几条支路串联时，并联触点多的应安排在左边（见图 4）</td><td>
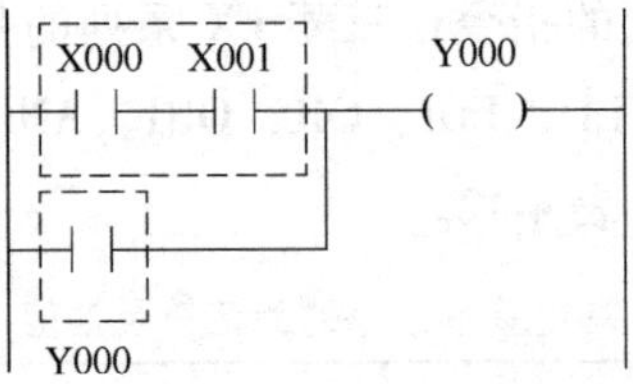

图 3
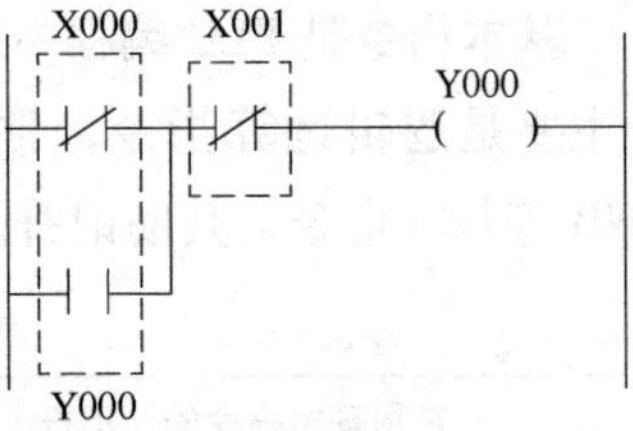

图 4
</td></tr>
<tr><td>梯形图的触点应画在水平支路上（见图 5），而不应画在垂直支路上（见图 6）</td><td>
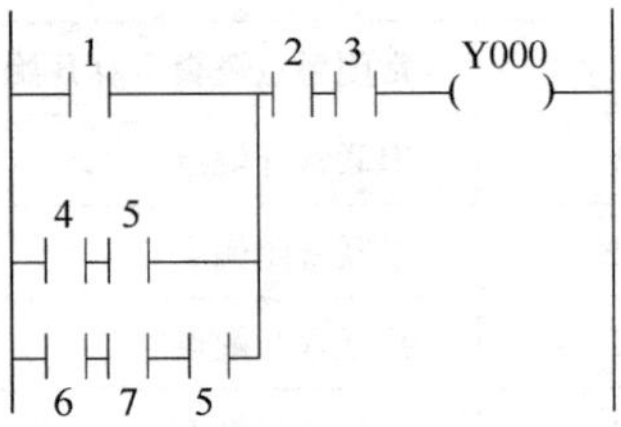

图 5
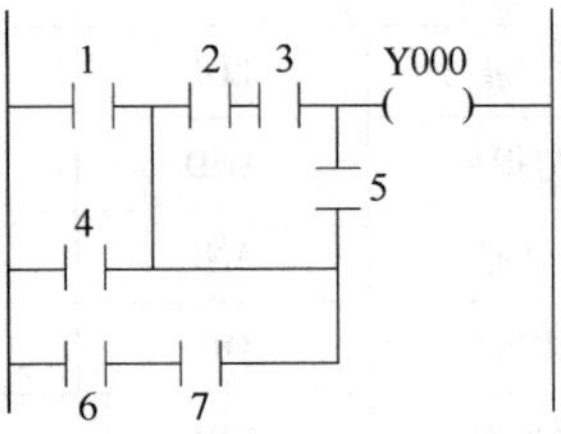

图 6
</td></tr>
<tr><td>遇到不可编程的梯形图（见图 7）时，可根据信号单向自左至右、自上而下流动的原则对原梯形图进行重新编排（见图 8），以便于正确应用 PLC 基本编程指令进行编程</td><td>
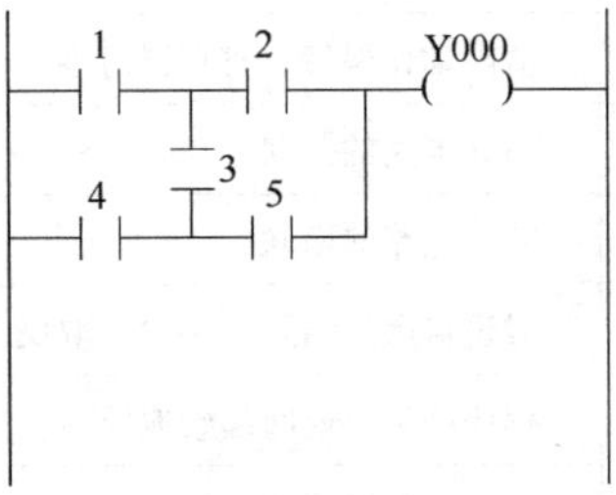

图 7
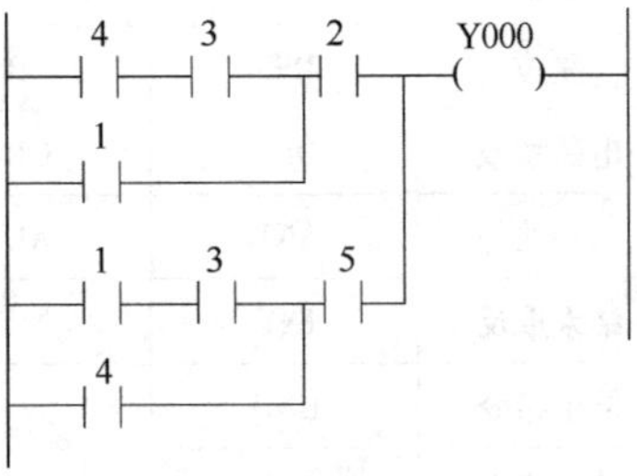

图 8
</td></tr>
</table>

（续）

规则要求	规则案例
双线圈输出不可用。如果在同一程序中同一元件的线圈重复出现两次或两次以上，则称为双线圈输出，这时前面的输出无效，后面的输出有效。一般不应出现双线圈输出	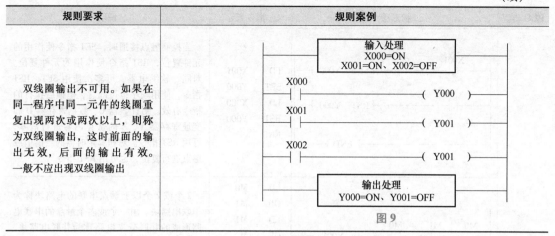 图 9

4.2.6 编程实例介绍（见表4-14）

表 4-14 编程实例介绍

PLC 类型	梯形图	指令表	说明
FX-PLC	X000 —(Y000) [END]	LD X000 OUT Y000 END	LD 指令称为取指令，其功能是将常开触点接到左母线上。LDI 指令称为取反指令，其功能是将常闭触点接到左母线上。二者都可将指定操作元件中的内容取出并送入操作器 与 ANB、ORB 指令组合使用时，分支起点处也可使用 LD 或 LDI 指令
	X001 —(Y001) [END]	LDI X001 OUT Y001 END	
	X000 —(Y000) X001 [END]	LD X000 OR X001 OUT Y000 END	OR、ORI 指令是从当前步开始，将 1 个触点与前面的 LD、LDI 指令步进行并联 END 指令为结束指令，无操作元件。任何一个完整的程序，都需要用 END 指令来结束。GX Developer 软件具有自动在梯形图或指令语句最后添加 END 指令的功能
	X000 —(Y001) X001 [END]	LD X000 ORI X001 OUT Y000 END	
	X003 X004 —(Y001) [END]	LD X003 AND X004 OUT Y001 END	AND、ANI 指令可进行 1 个触点的串联，串联触点的数量不受限制，可多次使用 OUT 指令是输出继电器、辅助继电器、状态继电器、定时器、计数器等线圈的驱动指令，但不能用于输入继电器。这些线圈均接于左母线。另外，OUT 指令还可对并联线圈作多次驱动
	X003 X004 —(Y001) [END]	LD X003 ANI X004 OUT Y001 END	

（续）

PLC 类型	梯形图	指令表	说明
FX-PLC	X001 [SET Y000] X000 [RST Y000] [END]	LD X001 SET Y000 LD X000 RST Y000 END	当控制触点接通时，SET 指令使作用的元件置位，RST 指令使作用的元件复位。对同一软继电器，可多次使用 SET、RST 指令，使用顺序也可随意，但最后执行的指令有效。对计数器 C、数据寄存器 D 和变址寄存器 V、Z 的寄存内容进行清零，可用 RST 指令。对积算定时器的当前值或触点进行复位，也可用 RST 指令
	M0 M1 M0 (Y001) M1 M2 M2	LD M0 OR M1 LD M1 OR M2 ANB LD M0 OR M2 ANB OUT Y001	2 个或 2 个以上触点串联的电路块称为串联电路块。由一个或多个触点的串联电路形成的并联分支电路称为并联电路块。并联电路块在串联时，要使用 ANB 指令 　在使用 ANB 指令编程时，也可把所需要串联的回路连贯地写出，而在这些回路的末尾连续使用与回路个数相同的 ANB 指令，这时的指令最多使用 7 次
	M0 M1 (Y001) M1 M2 M2 M0	LD M0 AND M1 LD M1 AND M2 ORB LD M2 AND M0 ORB OUT Y001	将串联电路块并联时，分支开始用 LD、LDI 指令，分支结束用 ORB 指令 　多个串联电路块并联，或多个并联电路串联时，电路块数没有限制 　在使用 ORB 指令编程时，也可把所需要并联的回路连贯地写出，而在这些回路的末尾连续使用与支路个数相同的 ORB 指令，这时的指令最多使用 7 次
S7-PLC	I0.0 I0.1 Q0.0 ( )	LD I0.0 A I0.1 = Q0.0	逻辑"与"运算。当串联回路里的 I0.0 的状态为"1"，且 I0.1 的状态为"1"时，该回路的输出 Q0.0 为"1"
	I0.0 Q0.0 ( ) I0.1	LD I0.0 O I0.1 = Q0.0	逻辑"或"运算。当 I0.0 的状态为"1"时，或 I0.1 的状态为"1"时，该回路的输出 Q0.0 为"1"
	I0.4 I0.5 Q4.4 ( ) I0.4 I0.5	LD I0.4 AN I0.5 LDN I0.4 A I0.5 OLD = Q4.4	采用"异或"写指令表： X I0.4 X I0.5 =Q4.4 / 逻辑"异或"运算。当 I0.4 的状态为"1"，I0.5 的状态为"0"时，或 I0.4 的状态为"0"，I0.5 的状态为"1"时，该回路的输出 Q4.4 为"1"
	I0.5 Q4.4 NOT ( )	LD I0.5 NOT = Q4.4	逻辑"非"运算。当 I0.5 状态为"0"时，该回路的输出 Q4.4 为"1"；当 I0.5 的状态为"1"时，该回路的输出 Q4.4 为"0"

4.2.7　FX-20P-E 编程器的使用

FX-20P 手持式编程器（Handy Programming Panel，HPP）用于 FX 系列 PLC。FX-20P 有联机（OnLine）和脱机（Offline）两种操作方式。FX-20P-E 型手持式编程器的面板如图 4-5 所示。

液晶显示屏：16 字符×4 行
功能键：RD/WR、INS/DEL、MNT/TEST
指令、元件符号、数字键
清除键：CLEAR
帮助键：HELP
空格键：SP
步序键：STEP
光标键：[↑][↓]
执行键（或确认键）：[GO]
其他键：OTHER

图 4-5　FX-20P-E 型手持式编程器的面板

开机后显示 PROGRAM MODEM，联机则显示 ONLINE（PC），脱机则显示 OFFLINE（HPP），操作面板上各按键的功能见表 4-15。手持式编程器的主要功能及其操作见表 4-16。

表 4-15　FX-20P-E 型手持式编程器各按键的功能

按键名称	功能	备注
功能键【RD/WR】	读出/写入	各功能键交替起作用，按一次时选择第一个功能，再按一次，则选择第二个功能
功能键【INS/DEL】	插入/删除	
功能键【MNT/TEST】	监视/测试	
其他键【OTHER】	在任何状态下按此键，显示方式菜单（项目单）	安装 ROM 写入模块时，在脱机方式菜单上进行项目选择
清除键【CLEAR】	在按【GO】键前（即确认前）按此键，则清除键入的数据	此键也可以用于清除显示屏上的出错信息或恢复原来的画面
帮助键【HELP】	显示功能指令一览表	在监视时，进行十进制数和十六进制数的转换
空格键【SP】	在输入时，用此键指定元件符号和常数	
步序键【STEP】	用此键设定步序号	
光标键【↑】【↓】	用此键移动光标和提示符	指定当前元件的前一个或后一个元件，作行滚动
执行键【GO】	此键用于指令的确认、执行	显示后面画面（滚动）和再搜索
指令、元件符号、数字键	上部为指令，下部为元件符号或数字。上、下部的功能根据当前所执行的操作自动进行切换	下部的元件符号【Z/V】【K/H】【P/I】交替起作用

表 4-16　手持式编程器的主要功能及其操作

主要功能	操作
手持式编程器复位	【RST】+【GO】
程序删除	PLC 处于 STOP 状态
逐条删除	读出程序，逐条删除用光标指定的指令或指针，基本操作：读出程序→【INS】→【DEL】→【↑】【↓】→【GO】
指定范围的删除	【INS】→【DEL】→【STEP】→【步序号】→【SP】→【STEP】→【步序号】→【GO】
元件监控	【MNT】→【SP】→【元件符号】→【元件号】→【GO】→【↑】【↓】
元件的强制 ON/OFF	PC 状态为 STOP，先进行元件监控，而后进行测试功能。【MNT】→【SP】→【元件符号】→【元件号】→【GO】→【TEST】→【SET】／【RST】。其中【SET】为强制 ON，【RST】为强制 OFF
程序的写入	【RD/WR】→【指令】→【元件号】→【GO】
计时器写入	【RD/WR】→【OUT】→【T××】→【SP】→【K】→【延时时间值】→【GO】
程序的插入	PLC 处于 STOP 状态。读出程序→【INS】→指令的插入→【GO】

4.2.8　三菱 FX_{2N} 与 FX_{3U} 的区别

三菱 FX 系列中的 FX_{3U} 与 FX_{2N} 相比，主要异同见表 4-17。

表 4-17　三菱 FX_{2N} 与 FX_{3U} 的主要异同

比较项目		FX_{2N}	FX_{3U}
最大 I/O 点数		256	384
机型		20 种	15 种
基本单元 I/O 点数		16/48/64/80/128	16/48/64/80
指令条数	基本指令	27 条	27 条
	步进指令	2 条	2 条
	功能指令	132 条	209 条
指令速度	基本指令	0.08μs/条	0.065μs/条
	功能指令	1.52μs/条到数百微秒/条	0.064μs/条到数百微秒/条
编程语言		梯形图、指令表，可以用步进梯形图指令生成顺序控制指令	
程序容量		内置 8000 步 EEPROM	内置 64k 步 EEPROM
辅助继电器	普通辅助继电器	500 点，M0~M499	500 点，M0~M499
	断电保持型辅助继电器	2572 点，M500~M3071	7180 点，M500~M7679
	特殊辅助继电器	256 点，M8000~M8255	512 点，M8000~M8511
状态继电器	初始化状态继电器	10 点，S0~S9	10 点，S0~S9
	锁存状态继电器	400 点，S500~S899	3596 点，S500~S4095

（续）

比较项目		FX_{2N}	FX_{3U}
定时器	100ms 定时器	206 点，T0~T199，T250~T255	206 点，T0~T199，T250~T255
	10ms 定时器	46 点，T200~T245	46 点，T200~T245
	1ms 定时器	4 点，T246~T249	260 点，T246~T249，T256~T512
FX_{3U} 的特点		① FX_{3U} 的 CPU 处理速度达到了 0.065μs/基本指令 ② FX_{3U} PLC 主体的高速脉冲输出由两个增加到三个 ③ FX_{3U} 系列的 I/O 点数比 FX_{2N} 要更多 ④ FX_{3U} 有 S/S 端，通过 S/S 端可使 PLC 的输入连接为源型输入（电流从公共端口流出，又叫电流输出型）和漏型输入（电流从公共端口流入，又叫电流输入型），FX_{2N} 没有此功能	

FX_{3U} 漏型输入和源型输入的接线如图 4-6 和图 4-7 所示。

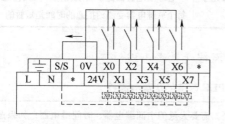 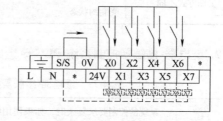

图 4-6　FX_{3U} 漏型输入的接线　　　　　图 4-7　FX_{3U} 源型输入的接线

想一想

4.3　常用继电器-接触器控制系统的 PLC 改造

📝 前置作业

　　1. PLC 控制系统相对于继电器-接触器控制系统有哪些优势？

　　2. 对继电器-接触器控制系统进行 PLC 改造的流程是什么？

1. 继电器-接触器控制系统与 PLC 控制系统的比较

　　PLC 控制系统相对于继电器-接触器控制系统而言，有着高可靠性、便于修改和修正等优势，主要是由于两个系统存在 4 个方面的差异，见表 4-18。

表 4-18　继电器-接触器控制系统与 PLC 控制系统的差异

差异	继电器-接触器控制系统	PLC 控制系统
组成器件不同	运用了大量的机械触点，容易因物理性能疲劳、尘埃的隔离性及电弧的影响，导致系统可靠性降低	由软继电器组成，无机械触点的逻辑运算，复杂的控制由 PLC 内部运算器完成，使用寿命长，可靠性高
触点数量不同	继电器和接触器的触点数量较少，一般只有 4~8 对	PLC 内部的软继电器可供编程的触点数量有无限对
控制方式不同	通过元件之间的硬件接线来实现，如要实现不同的控制要求，必须通过改变控制电路的接线，才能实现功能的转换	通过软件编程来实现控制功能，即它通过输入端子接收外部输入信号，接内部输入继电器，输出继电器的触点接到 PLC 的输出端子上，由事先编好的程序（梯形图）驱动，通过输出继电器触点的通断，实现对负载的功能控制
工作方式不同	当电源接通时，线路中各继电器都处于受制约状态	各软继电器都处于周期性循环扫描接通中，每个软继电器受制约接通的时间是短暂的

2. 继电器-接触器控制系统 PLC 改造的优势与流程（见表 4-19）

表 4-19　继电器-接触器控制系统 PLC 改造的优势与流程

改造优势	系统的控制要求复杂时，如果使用继电器控制，需要大量的中间继电器、时间继电器；如果选择 PLC 控制系统，继电器数量就大大减少，体积和故障率也大大减少。对于一些继电器-接触器控制系统，由于系统对可靠性要求的提高或者系统加工产品种类和工艺流程经常变化，需要经常修改系统参数或改变控制电路结构，我们也可以将传统电气电路改造成由 PLC 来控制
改造流程	① 根据原电气电路的控制要求分配输入输出点数，写出 I/O 分配表 ② 分析原电气线路图的控制要求，设计并画出 PLC 硬件接线图 ③ 用计算机或编程器编写程序 ④ 根据硬件接线图进行实物接线 ⑤ 软件程序与硬件实物联合调试

实训五　继电器-接触器电动机控制电路 PLC 改造模块

任务 4-1　三相笼型异步电动机带点动长动控制电路的 PLC 改造与装调

目 技能鉴定考核要求

1. 正确识读给定的继电器电气控制原理图。

2. 分析继电器电气电路原理，写出 I/O 分配表并画出 PLC 控制的硬件接线图。

3. 编制符合控制要求的 PLC 程序并写入 PLC 中。

4. 根据硬件接线图完成系统接线并通电试运行，调试电路时其运行效果符合电动机正反转控制要求。

5. 安全文明操作。

6. 考核时间为 60min。

三相笼型异步电动机继电器-接触器带点动长动控制电路原理图如图 4-8 所示。

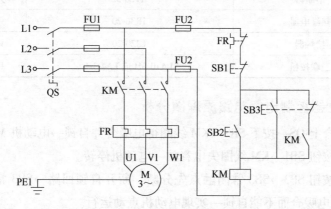

图 4-8　三相笼型异步电动机继电器-接触器带点动长动控制电路原理图

一、操作前的准备

工具清单及消耗材料见表 4-20，元件清单见表 4-21。

表 4-20　工具清单及消耗材料

项目		名称	型号与规格	单位	数量
工具	1	通用电工工具	螺丝刀（一字形和十字形）、尖嘴钳、剥线钳、压接钳等	套	1
	2	万用表	MF47	块	1
	3	编程计算机	已安装 GX Developer Ver. 8 编程软件	台	1
消耗材料	4	安装配电盘	600mm×900mm	块	1
	5	导轨	C45	m	0.3
	6	接线端子	D-20	只	20
	7	铜塑线（主电路）	BV1-1.37mm²	m	10
	8	铜塑线（控制电路）	BV1-1.13mm²	m	15
	9	塑料软铜线	BVR-0.75mm²	m	10
	10	螺杆	M4×20，M4×12	只	若干
	11	平垫圈	ϕ4mm 平垫圈	只	若干
	12	螺母	ϕ4mm 弹簧垫圈及 M4 螺母	只	若干
	13	号码管	与导线配套	m	若干
	14	号码笔	与号码管适配	支	1

序号	名称	型号与规格	单位	数量
1	可编程控制器	FX$_{2N}$-48MR 或 S7-1200	台	1
2	三相异步电动机	自定	台	1
3	低压断路器	Multi9 C65N D20	只	1
4	熔断器	RT28-32	只	5
5	热继电器	JR36-20	只	1
6	接触器	CJ20-20	只	1
7	三联按钮	LA10-3H 或 LA4-3H	只	1

二、继电器-接触器控制电气电路原理图分析

1）启动时，合上 QS→按下 SB2→KM 线圈得电吸合并自锁→电动机 M 正转连续运行。

2）按下停止按钮 SB1→KM 线圈失电释放→电动机停转。

3）按下点动按钮 SB3→SB3 常闭触点先分断，断开自锁回路→SB3 常开触点后闭合→接触器 KM 线圈得电吸合而不能自锁→实现电动机点动运行。

4）松开点动按钮 SB3，电动机停转。

三、PLC 改造的操作步骤和过程

主要操作步骤如下：列出 PLC 的 I/O 分配表→画出 PLC 控制的硬件接线图→编写梯形图并写入 PLC 中→完成线路的安装检测→通电实现软硬件联合调试→整理考场。

1）分配输入输出点数，写出 PLC 的 I/O 分配表。从电路原理图可以看到，本任务包含 3 个按钮、1 个热继电器输入信号，1 个接触器线圈输出信号，其具体的 I/O 分配见表 4-22。

表 4-22　I/O 分配表

输入（I）				输出（O）			
元件代号	作用	输入继电器		元件代号	作用	输出继电器	
		FX	S7			FX	S7
SB1	停止按钮	X000	I0.0	KM	正转控制	Y000	Q0.0
SB2	长动按钮	X001	I0.1				
SB3	点动按钮	X002	I0.2				
FR	热继电器	X003	I0.3				

2）画出 FX-PLC 控制的硬件接线图。PLC 控制的硬件接线图包括主电路和控制电路，主要是将继电器-接触器控制改为由 PLC 程序控制。其通常分成三部分：第一部分是主电路及 PLC 的电源接线，第二部分为 3 个按钮、1 个热继电器输入信号，第三部分为 1 个接触器线圈输出信号，如图 4-9 所示。西门子 S7-PLC 控制的硬件接线图与图 4-9 类似，此处略。

3）使用计算机或编程器编写程序。根据 FX-PLC 改造后的硬件接线图可知：

① 当按下长动按钮 SB2 时→X001 动合触点闭合→辅助继电器 M0 置 1→M0 动合触点闭

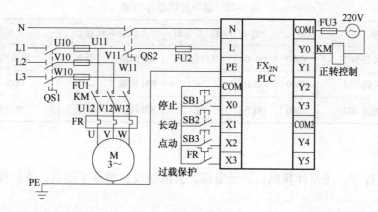

图 4-9　三相笼型异步电动机带点动长动电路 FX-PLC 控制的硬件接线图

合自保持→输出继电器 Y000 置 1→KM 线圈得电并保持→KM 主触点闭合→电动机转动连续运行。

②　当按下点动按钮 SB3 时→X002 动断触点分断→切断自锁回路→辅助继电器 M0 置 0→X002 动合触点闭合→辅助继电器 M1 置 1→M1 动合触点闭合→输出继电器 Y000 置 1 →电动机转动→松开 SB3 →X002 动合触点复位分断→M1 置 0→Y000 置 0→电动机停转（实现点动功能）。

③　按下停止按钮 SB1→输入继电器 X000 动断触点分断→辅助继电 M0、M1 置 0→输出继电器 Y000 置 0→电动机停止运行。

具体梯形图如图 4-10 所示。

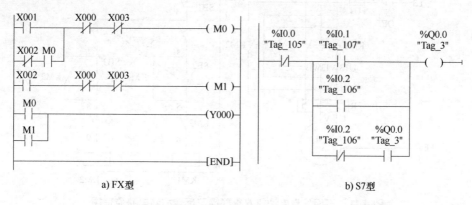

图 4-10　三相笼型异步电动机带点动长动 PLC 控制梯形图

4）根据硬件接线图进行实物接线。

5）软件程序与硬件实物联合通电调试。确认电路无误后，接通电源，将 PLC 的 RUN/STOP 开关拨到"STOP"写入程序，然后把开关拨到"RUN"位置，利用 GX Developer 软件中的"监控/测试"功能监视程序的运行情况，按照表 4-23 进行调试，观察运行情况并作好记录。

表 4-23　通电调试操作内容

调试内容	FX	S7	LED 指示灯	接触器 KM 状态		电动机状态
① 按下长动按钮 SB2	Y000	Q0.0	亮并保持	KM 线圈	得电	电动机启动并保持
② 按下停止按钮 SB1	Y000	Q0.0	灭	KM 线圈	失电	电动机停止正转
③ 按下点动按钮 SB3	Y000	Q0.0	亮	KM 线圈	得电	电动机点动运行

四、清理现场

清除 PLC 程序，还原计算机；断开电源，拆除接线；整理工器具，清扫地面。

任务 4-2　三相异步电动机双重联锁正反转控制电路的 PLC 改造与装调

技能鉴定考核要求

同任务 4-1。

一、操作前的准备

三相异步电动机双重联锁正反转控制电路原理图如图 4-11 所示。工具清单及消耗材料见表 4-20，元件清单见表 4-24。

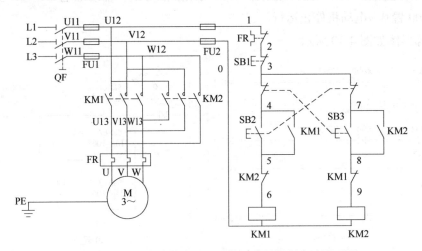

图 4-11　三相异步电动机双重联锁正反转控制电路原理图

表 4-24　元件清单

序号	名称	型号与规格	单位	数量
1	可编程控制器	FX$_{2N}$ 或 FX$_{3U}$（自定）	台	1
2	三相异步电动机	自定	台	1
3	低压断路器	Multi9 C65N D20	只	1

（续）

序号	名称	型号与规格	单位	数量
4	熔断器	RT28-32	只	5
5	热继电器	JR36-20	只	1
6	接触器	CJ20-20	只	2
7	三联按钮	LA10-3H 或 LA4-3H	只	1

二、双重联锁正反转控制电气电路原理图分析

1）正转起动：合上 QF→按下 SB2→KM1 线圈得电吸合并自锁及联锁→电动机 M 正转。

2）反转：按下反转按钮 SB3→SB3 常闭触点先分断→KM1 线圈失电释放→电动机 M 正转停→SB3 常开触点后闭合→KM2 线圈得电吸合并自锁及联锁→电动机 M 反转。

3）停转：任何情况下，按下停止按钮 SB1→KM1（KM2）失电释放→电动机停止。

三、PLC 改造的操作步骤和过程

操作步骤如下：列出 PLC 的 I/O 分配表→画出 PLC 控制的硬件接线图→编写梯形图并写入 PLC 中→完成线路的安装接线→通电实现软硬件联合调试→整理考场。

1）分配输入输出点数，写出 I/O 分配表。从电路原理图可以看到，本任务包含 3 个按钮、1 个热继电器输入信号，2 个接触器线圈输出信号，其具体的 I/O 分配见表 4-25。

表 4-25　I/O 分配表

输入（I）				输出（O）			
元件代号	作用	输入继电器		元件代号	作用	输出继电器	
		FX	S7			FX	S7
SB1	停止按钮	X000	I0.0	KM1	正转控制	Y000	Q0.0
SB2	正转按钮	X001	I0.1	KM2	反转控制	Y001	Q0.1
SB3	反转按钮	X002	I0.2				
FR	热继电器	X003	I0.3				

2）画出 PLC 控制的硬件接线图。PLC 控制的硬件接线图包括主电路和控制电路，分为三部分：第一部分是主电路及 PLC 的电源接线，第二部分为 3 个按钮、1 个热继电器输入信号，第三部分为 2 个接触器线圈输出信号，如图 4-12 所示。

3）使用计算机或编程器编写程序。根据三相异步电动机正反转控制电路改造后的 I/O 分配表以及 PLC 控制的硬件接线图可知，当按下正转按钮 SB2→输入继电器 X001 的动合触点闭合、动断触点断开联锁→输出继电器 Y000 置 1→接触器 KM1 线圈得电吸合并自锁及联锁→电动机正转连续运行。要电动机反转，可直接按 SB3→X002 的动断触点断开联锁、动合触点闭合→输出继电器 Y001 置 1→KM2 线圈得电吸合并自锁及联锁，电动机反转连续运行。任何情况下，按下停止按钮 SB1→X000 动断触点分断→输出继电器 Y0（Y1）置 0，KM1（KM2）线圈失电，电动机停止运行。具体梯形图如图 4-13 所示。确定了设计方案后，

用专用通信电缆 RS-232/RS-422 转换器将 PLC 的编程接口与计算机的串口连接，然后利用编程器或计算机编程软件将程序写入 PLC 中。

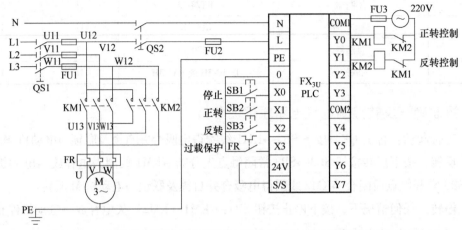

图 4-12　三相异步电动机双重联锁正反转电路 FX-PLC 控制的硬件接线图

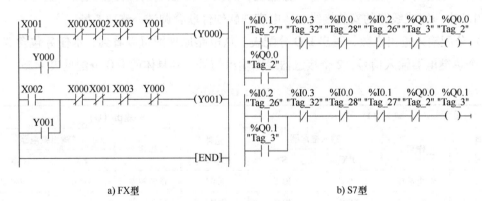

a) FX型　　　　　　　　　　　　　b) S7型

图 4-13　三相异步电动机双重联锁正反转 PLC 控制梯形图

4）根据硬件接线图进行实物接线。核对电气元器件后，根据 PLC 控制的硬件接线图，对照 I/O 分配表，按照安装电路的一般步骤和工艺要求进行实物接线。检查安装线路，确认线路安装的正确性。

5）软件程序与硬件实物联合通电调试。确认电路无误后，接通电源，将 PLC 的 RUN/STOP 开关拨到"STOP"写入程序，然后把开关拨到"RUN"位置，利用 GX Developer 软件中的"监控/测试"功能监视程序的运行情况，按照表 4-26 进行调试，观察运行情况并作好记录。

表 4-26　通电调试操作内容

调试内容	FX	S7	LED 指示灯	接触器 KM 状态		电动机状态
① 按下正转按钮 SB2	Y000	Q0.0	亮并保持	KM1 线圈	得电	电动机正转并保持
② 按下停止按钮 SB1	Y000	Q0.0	灭	KM1 线圈	失电	电动机停止正转
③ 按下反转按钮 SB3	Y001	Q0.1	亮并保持	KM2 线圈	得电	电动机反转并保持

（续）

调试内容	FX	S7	LED 指示灯	接触器 KM 状态		电动机状态
④ 按下停止按钮 SB1	Y001	Q0.1	灭	KM2 线圈	失电	电动机停止反转
⑤ 按下正转按钮 SB2	Y000	Q0.0	亮并保持	KM1 线圈	得电	电动机正转并保持
⑥ 按下反转按钮 SB3	Y000	Q0.0	灭	KM1 线圈	失电	电动机正转停止
	Y001	Q0.1	亮并保持	KM2 线圈	得电	电动机反转并保持

四、清理现场

清除 PLC 程序，还原计算机；断开电源，拆除接线；整理工器具，清扫地面。

任务 4-3　三相异步电动机实现工作台自动往返控制电路的 PLC 改造与装调

📋 技能鉴定考核要求

同任务 4-1。

一、操作前的准备

三相异步电动机实现工作台自动往返控制电路原理图如图 4-14 所示。工具清单及消耗材料见表 4-20，元件清单见表 4-27。

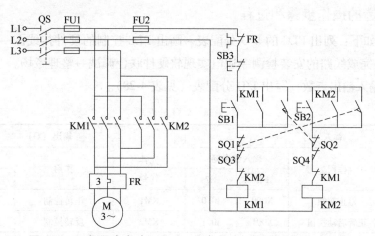

图 4-14　三相异步电动机实现工作台自动往返控制电路原理图

表 4-27　元件清单

序号	名称	型号与规格	单位	数量
1	可编程控制器	FX$_{2N}$ 或 FX$_{3U}$ 或 S7-1200	台	1
2	三相异步电动机	自定	台	1
3	低压断路器	Multi9 C65N D20	只	1

（续）

序号	名称	型号与规格	单位	数量
4	熔断器	RT28-32	只	5
5	热继电器	JR36-20	只	1
6	接触器	CJ20-20	只	2
7	三联按钮	LA10-3H 或 LA4-3H	只	1
8	行程开关	LX19-121	只	4

二、三相异步电动机实现工作台自动往返控制电气电路原理图分析

1）启动：合上电源开关 QS，按下 SB1→KM1 得电吸合（自锁及互锁）→电动机 M 正转，

工作台左移到位→碰撞 SQ1→ { SQ1 常闭触点先分断→KM1 失电释放→电动机 M 正转停
SQ1 常开触点后闭合→KM2 得电吸合（自锁及互锁）→　　→
电动机 M 反转→工作台右移

右移到位碰撞 SQ2 { SQ2 常闭触点先分断→KM2 失电释放→电动机 M 反转停
SQ2 常开触点后闭合→KM1 得电吸合→电动机 M 正转→工作台左移

重复上述过程，工作台在限定行程内自动往返运动。

2）停止：按下 SB3→控制电路失电→KM1（或 KM2）复位分断→电动机 M 失电停转。

3）终端保护：在 KM1（KM2）线圈前分别加装行程开关 SQ3（SQ4），当工作台左移到位碰撞 SQ1（SQ2），SQ1（SQ2）因故障未能动作，工作台继续左（右）移，碰撞 SQ3（SQ4），KM1（KM2）失电释放→电动机立即停转，达到终端保护的目的。

三、PLC 改造的操作步骤和过程

操作步骤如下：列出 PLC 的 I/O 分配表→画出 PLC 控制的硬件接线图→编写梯形图并写入 PLC 中→完成线路的安装检测→通电实现软硬件联合调试→整理考场。

1）分配输入输出点数，写出 I/O 分配表（见表 4-28）。

表 4-28　I/O 分配表

输入（I）				输出（O）			
元件代号	作用	输入继电器		元件代号	作用	输出继电器	
		FX	S7			FX	S7
SB1	停止按钮	X000	I0.0	KM1	正转控制	Y000	Q0.0
SB2	正转启动按钮	X001	I0.1	KM2	反转控制	Y001	Q0.1
SB3	反转启动按钮	X002	I0.2				
SQ1	左移到位行程开关	X003	I0.3				
SQ2	右到位行程开关	X004	I0.4				
SQ3	左终端保护	X005	I0.5				
SQ4	右终端保护	X006	I0.6				
FR	过载保护	X007	I0.7				

2）画出 FX$_{3U}$-PLC 控制的硬件接线图（见图 4-15）。

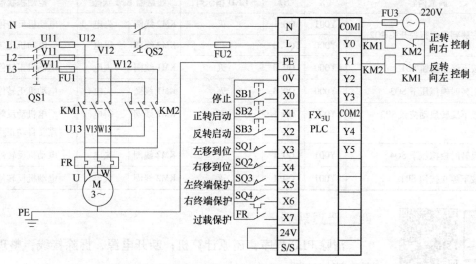

图 4-15　三相异步电动机实现工作台自动往返电路 FX-PLC 控制的硬件接线图

3）使用计算机或编程器编写程序。根据继电器控制要求、I/O 分配表以及 PLC 改造后的硬件接线图可知，三相异步电动机实现工作台自动往返电路 PLC 控制梯形图如图 4-16 所示。

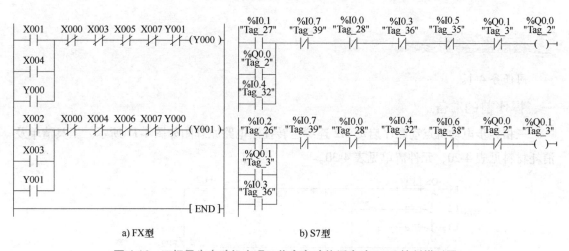

a) FX 型　　　　　　　　　　　　　　b) S7 型

图 4-16　三相异步电动机实现工作台自动往返电路 PLC 控制梯形图

4）根据硬件接线图进行实物接线。

5）软件程序与硬件实物联合通电调试（见表 4-29）。

表 4-29　通电调试操作内容

调试内容	FX	S7	LED 指示灯	接触器 KM 状态	电动机状态
① 按下正转启动按钮 SB2	Y000	Q0.0	亮	KM1 线圈　得电	电动机正转
② 左移到位碰行程开关 SQ1	Y000	Q0.0	灭	KM1 线圈　失电	电动机正转停止
	Y001	Q0.1	亮	KM2 线圈　得电	电动机反转

（续）

调试内容	FX	S7	LED 指示灯	接触器 KM 状态		电动机状态
③ 右移到位碰行程开关 SQ2	Y001	Q0.1	灭	KM2 线圈	失电	电动机反转停止
	Y000	Q0.0	亮	KM2 线圈	得电	电动机正转
④ 按下停止按钮 SB1	Y000	Q0.0	灭	KM1 线圈	失电	电动机正转停止
⑤ 正转时模拟压下 SQ3	Y000	Q0.0	灭	KM1 线圈	失电	电动机正转停止
⑥ 按下反转启动按钮 SB3 ……	Y001 ……	Q0.1 ……	亮 ……	KM2 线圈 ……	得电 ……	电机动反转 重复自动正反转
⑦ 反转时模拟压下 SQ4	Y001	Q0.1	灭	KM2 线圈	失电	电动机反转停止
⑧ 按下停止按钮 SB1	Y001	Q0.1	灭	KM2 线圈	失电	电动机反转停止

四、清理现场

清除 PLC 程序，还原计算机；断开电源，拆除接线；整理工器具，清扫地面。

任务 4-4　三相异步电动机点动顺序启动 M2 连续运转电路的 PLC 改造与装调

技能鉴定考核要求

同任务 4-1。

一、操作前的准备

三相异步电动机点动顺序启动 M2 连续运转控制电路原理图如图 4-17 所示。工具清单及消耗材料见表 4-20，元件清单见表 4-30。

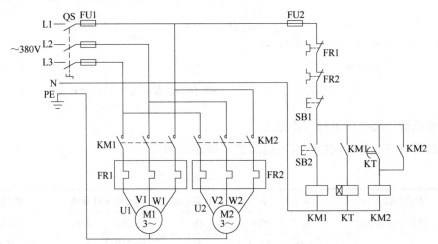

图 4-17　三相异步电动机点动顺序启动 M2 连续运转控制电路原理图

表 4-30　元件清单

序号	名称	型号与规格	单位	数量
1	可编程控制器	FX$_{2N}$ 或 FX$_{3U}$ 或 S7-1200	台	1
2	三相异步电动机	自定	台	2
3	低压断路器	Multi9 C65N D20	只	1
4	熔断器	RT28-32	只	4
5	热继电器	JR36-20	只	2
6	接触器	CJ20-20	只	2
7	三联按钮	LA10-3H 或 LA4-3H	只	1
8	时间继电器	JS7-4A（通电延时型），线圈电压 380V	只	1

二、继电器-接触器控制电气电路原理图分析

这是一个时间继电器控制两台电动机顺序启停的控制电路。

① 启动时，合上 QS→按住启动按钮 SB2→接触器 KM1 线圈得电吸合→电动机 M1 点动运行→KM1 常开触点闭合→时间继电器 KT 线圈得电开始计时→时间到后→KT 常开触点闭合→接触器 KM2 线圈得电吸合自锁→电动机 M2 连续运行。

② 停机时，松开 SB2→KM1 线圈失电释放→电动机 M1 停转→电动机 M2 继续运行。

③ 按下停止按钮 SB1→接触器 KM2 线圈失电释放→电动机 M2 停转。

三、PLC 改造的操作步骤和过程

操作步骤如下：列出 PLC 的 I/O 分配表→画出 PLC 控制的硬件接线图→编写梯形图并写入 PLC 中→完成线路的安装检测→通电实现软硬件联合调试→整理考场。

1）分配输入输出点数，写出 I/O 分配表。从电路原理图中可以看到，本任务包含 2 个按钮、2 个热继电器输入信号，2 个接触器线圈输出信号，其具体的 I/O 分配见表 4-31。

表 4-31　I/O 分配表

输入（I）				输出（O）			
元件代号	作用	输入继电器		元件代号	作用	输出继电器	
		FX	S7			FX	S7
SB1	停止按钮	X000	I0.0	KM1	控制 M1	Y001	Q0.1
SB2	启动按钮	X001	I0.1	KM2	控制 M2	Y002	Q0.2
FR1	热继电器	X002	I0.2				
FR2	热继电器	X003	I0.3				

2）画出 PLC 控制的硬件接线图。PLC 控制的硬件接线图包括主电路和控制电路，在改造过程中，主要是将控制电路修改为由 PLC 控制。在设计本任务的接线图时，可将其分成三部分：第一部分是主电路和 PLC 的电源接线，第二部分为 2 个按钮、2 个热继电器输入信号，第三部分为 2 个接触器线圈输出信号，如图 4-18 所示。

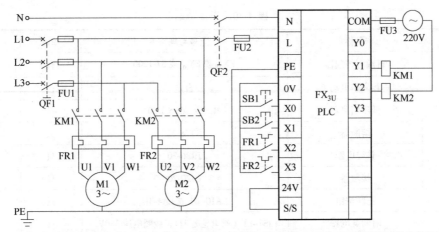

图 4-18　三相异步电动机点动顺序启动 M2 连续运转电路 FX-PLC 控制的硬件接线图

3）编写程序。根据 I/O 分配表以及 PLC 改造后的硬件接线图可知：

① 当按下启动按钮 SB2 时，输入继电器 X001 动合触点接通→$\begin{cases}定时器\ T0\ 开始计时\\输出继电器\ Y001\ 置\ 1\end{cases}$→

KM1 线圈得电→主触点闭合→电动机 M1 点动运行。

② 2s 后定时器 T0 动合触点闭合→输出继电器 Y002 置 1 并自保持→电动机 M2 连续运行。

③ 松开 SB2→X001 动合触点分断→Y001 置 0→KM1 线圈失电释放→M1 停转，M2 继续运行。

④ 按下停止按钮 SB1→输入继电器 X000 动断触点分断→输出继电器 Y002 置 0→M2 停止运行。

具体梯形图如图 4-19 所示。

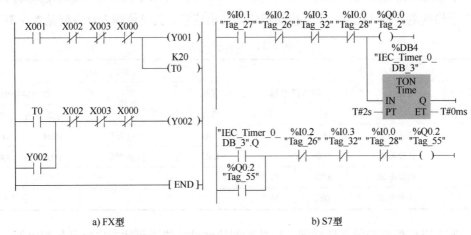

a) FX 型　　　　　　　　　　　b) S7 型

图 4-19　三相异步电动机点动顺序启动 M2 连续运转 PLC 控制梯形图

确定了设计方案后，用专用通信电缆 RS-232/RS-422 转换器将 PLC 的编程接口与计算机的串口相连接，然后利用计算机编程软件将程序写入 PLC 中。

4）根据硬件接线图进行实物接线。

5）软件程序与硬件实物联合通电调试（见表 4-32）。

表 4-32　通电调试操作内容

调试内容	LDE 指示灯状态		接触器 KM 状态		电动机状态
① 按住启动按钮 SB2	Y001	亮	KM1 线圈	得电	M1 启动
② T0 计时，2s 后	Y002	亮	KM2 线圈	得电	M2 启动并保持
③ 松开 SB2	Y001	灭	KM1 线圈	失电	M1 停止运行
	Y002	亮	KM2 线圈	得电	M2 继续运行
④ 按下停止按钮 SB1	Y001	灭	KM1 线圈	失电	M1、M2 停止运行
	Y002	灭	KM2 线圈	失电	

四、清理现场

清除 PLC 程序，还原计算机；断开电源，拆除接线；整理工器具，清扫地面。

任务 4-5　两台电动机顺序启动顺序停止控制电路的 PLC 改造与装调

技能鉴定考核要求

同任务 4-1。

一、操作前的准备

继电器-接触器控制两台电动机顺序启停电路原理图如图 4-20 所示。工具清单及消耗材料见表 4-20，元件清单见表 4-30。

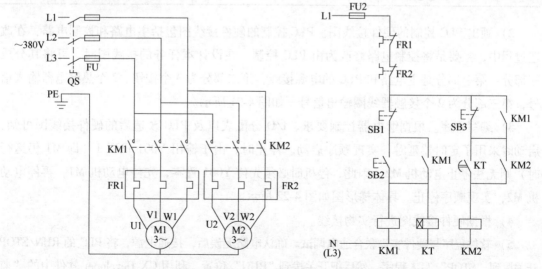

图 4-20　继电器-接触器控制两台电动机顺序启停电路原理图

二、继电器-接触器控制电气电路原理图分析

这是一个顺序启动顺序停止的三相异步电动机控制电路。

启动时，合上 QS→按下 SB2→KM1 线圈得电吸合并自锁→电动机 M1 正转并连续运行，同时时间继电器 KT 线圈得电计时→5s 到 KT 常开触点闭合→接触器 KM2 线圈得电吸合自锁→电动机 M2 正转并连续运行，实现自动顺序启动。

停机时，按下 SB3，由于 SB3 被 KM1 常开触点的闭合锁住无法断开 KM2 电路，电动机 M2 无法先停止。只有按下 SB1→KM1 线圈失电释放→电动机 M1 先停止，再按下 SB3→KM2 线圈失电→电动机 M2 才可停转，实现顺序停止。

三、PLC 改造的操作步骤和过程

操作步骤如下：列出 PLC 的 I/O 分配表→画出 PLC 控制的硬件接线图→编写梯形图并写入 PLC 中→完成线路的安装检测→通电实现软硬件联合调试→整理考场。

1）分配输入输出点数，写出 I/O 分配表。从电路原理图可以看到，本任务包含 3 个按钮、2 个热继电器输入信号，2 个接触器线圈输出信号，具体的 I/O 分配见表 4-33。

表 4-33　I/O 分配表

输入（I）				输出（O）			
元件代号	作用	输入继电器		元件代号	作用	输出继电器	
		FX	S7			FX	S7
SB1	M1 停止按钮	X001	I0. 1	KM1	M1 控制	Y001	Q0. 1
SB2	M1 启动按钮	X002	I0. 2	KM2	M2 控制	Y002	Q0. 2
SB3	M2 停止按钮	X003	I0. 3				
FR1	热继电器	X004	I0. 4				
FR2	热继电器	X005	I0. 5				

2）画出 PLC 控制的硬件接线图。PLC 控制的硬件接线图包括主电路和控制电路，在改造过程中，主要是将控制电路修改为由 PLC 控制。在设计本任务的接线图时，可将其分成三部分：第一部分是主电路和 PLC 的电源接线，第二部分为 3 个按钮、2 个热继电器输入信号，第三部分为 2 个接触器线圈输出信号，如图 4-21 所示。

3）编写程序。根据继电器控制要求、I/O 分配表以及 PLC 改造后的硬件接线图可知：启动时采用了定时器延时，实现顺序启动。停止时，由于输出 Y001 仍置 1（即 M1 仍运行时）则无法停止电动机 M2。因此，停机时必须先使 Y001 置零，先停电动机 M1，再停电动机 M2，实现顺序停止。具体梯形图如图 4-22 所示。

4）根据硬件接线图进行实物接线。

5）软件程序与硬件实物联合通电调试。确认电路无误后，接通电源，将 PLC 的 RUN/STOP 开关拨到"STOP"写入程序，然后把开关拨到"RUN"位置，利用 GX Developer 软件中的"监控/测试"功能监视程序的运行情况，按照表 4-34 进行调试，观察运行情况并作好记录。

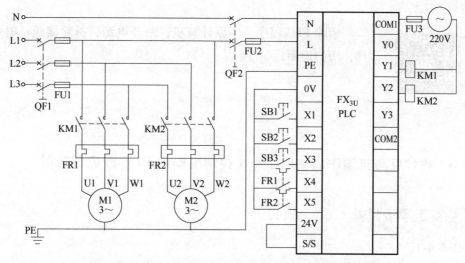

图 4-21　两台电动机顺序启动顺序停止 PLC 控制的硬件接线图

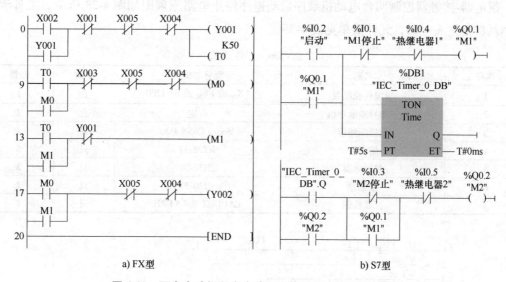

a) FX 型　　　　　　　　　　　b) S7 型

图 4-22　两台电动机顺序启动顺序停止 PLC 控制梯形图

表 4-34　通电调试操作内容

调试内容	LED 指示灯状态		接触器 KM 状态		电动机状态
① 按下启动按钮 SB2	Y001	亮	KM1 线圈	得电	M1 启动并保持
② T0 计时，5s 后	Y002	亮	KM2 线圈	得电	M2 启动并保持实现顺序启动
③ 按下 M2 停止按钮 SB3	Y002	仍亮	KM2 线圈	得电	M2 不停止
④ 按下 M1 停止按钮 SB1	Y001	灭	KM1 线圈	失电	M1 停止运行
⑤ 按下 M2 停止按钮 SB3	Y002	灭	KM2 线圈	失电	M2 停止运行实现顺序停止

四、清理现场

清除 PLC 程序，还原计算机；断开电源，拆除接线；整理工器具，清扫地面。

任务 4-6　两台电动机顺序启动逆序停止控制电路的 PLC 改造与装调

技能鉴定考核要求

同任务 4-1。

一、操作前的准备

继电器-接触器控制两台电动机顺序启动逆序停止电路原理图如图 4-23 所示。工具清单及消耗材料见表 4-20，元件清单见表 4-35。

表 4-35　元件清单

序号	名称	型号与规格	单位	数量
1	可编程控制器	FX_{2N} 或 FX_{3U} 或 S7-1200	台	1
2	三相异步电动机	自定	台	2
3	低压断路器	Multi9 C65N D20	只	1
4	熔断器	RT28-32	只	5
5	热继电器	JR36-20	只	2
6	接触器	CJ20-20	只	2
7	三联按钮	LA10-3H 或 LA4-3H	只	2

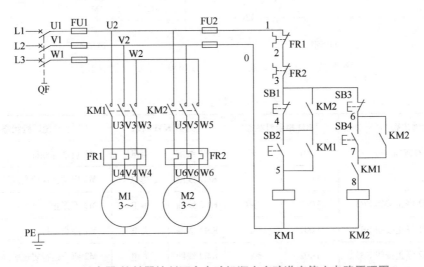

图 4-23　继电器-接触器控制两台电动机顺序启动逆序停止电路原理图

二、继电器-接触器控制电气电路原理图分析

启动时，合上 QF→按下启动按钮 SB2→KM1 吸合→M1 启动→再按下 SB4→KM2 吸合→M2 启动（由于 KM1 常开辅助触点的作用，逆序则无法启动）。

停机时，先按下 SB3→KM2 释放→M2 停止→再按下 SB1→KM1 释放→M1 停止（由于 KM2 常开辅助触点的作用，顺序则无法停止）。

三、PLC 改造的操作步骤和过程

操作步骤如下：列出 PLC 的 I/O 分配表→画出 PLC 控制的硬件接线图→编写梯形图并写入 PLC 中→完成线路的安装检测→通电实现软硬件联合调试→整理考场。

1）分配输入输出点数，写出 I/O 分配表。从电路原理图可以看到，本任务包含 4 个按钮、2 个热继电器输入信号，2 个接触器线圈输出信号，其具体的 I/O 分配见表 4-36。

表 4-36　I/O 分配表

输入（I）				输出（O）			
元件代号	作用	输入继电器		元件代号	作用	输出继电器	
		FX	S7			FX	S7
FR1	M1 的过载保护	X000	I0.0	KM1	M1 控制	Y001	Q0.1
FR2	M2 的过载保护	X001	I0.1	KM2	M2 控制	Y002	Q0.2
SB1	M1 停止按钮	X002	I0.2				
SB2	M1 启动按钮	X003	I0.3				
SB3	M2 停止按钮	X004	I0.4				
SB4	M2 启动按钮	X005	I0.5				

2）画出 PLC 控制的硬件接线图。PLC 控制的硬件接线图包括主电路和控制电路，在改造过程中，主要是将控制电路修改为由 PLC 控制。在设计本任务的接线图时，可将其分成三部分：第一部分是 PLC 的电源电路及两台电动机控制主电路（包括热继电器过载保护），第二部分为 4 个按钮和 2 个热继电器输入信号，第三部分为 2 个接触器线圈输出信号，如图 4-24 所示。

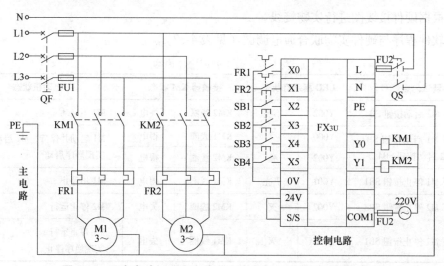

图 4-24　两台电动机顺序启动逆序停止 PLC 控制的硬件接线图

3）使用计算机或编程器编写程序。根据继电器控制要求、I/O 分配表以及 PLC 改造后的硬件接线图可知：

① 启动时，先按下 SB4→X005 闭合→因 Y000 断开→Y001 无法置 1→M2 无法先启动。

按下 SB2 时→输入继电器 X003 接通→输出继电器 Y000 置 1 并保持→接触器 KM1 线圈得电吸合并自锁→电动机 M1 正转连续运行。（无法逆序启动）

按下 SB4→输入继电器 X005 动合触点闭合→输出继电器 Y001 置 1 并保持→接触器 KM2 线圈得电吸合并自锁→电动机 M2 正转连续运行。

② 停止时，先按下停止按钮 SB1→X002 分断→因 Y001 动合触点自保持→输出继电器 Y000 无法置 0→M1 无法停止。（无法顺序停止）

按下 SB3→输入继电器 X004 动断触点断开→输出继电器 Y001 置 0→KM2 失电释放→电动机 M2 停止→再按下停止按钮 SB1→输出继电器 Y000 置 0→KM1 失电释放→电动机 M1 才能停止，实现了顺序启动逆序停止。

具体梯形图如图 4-25 梯形图所示。利用编程器或计算机编程软件将程序写入 PLC 中。

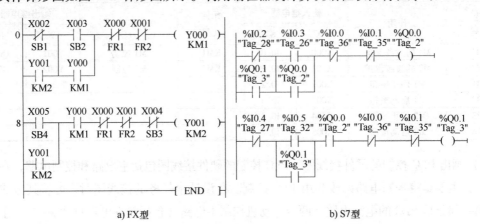

a) FX型   b) S7型

图 4-25　两台电动机顺序启动逆序停止 PLC 控制梯形图

4）根据硬件接线图进行实物接线。

5）软件程序与硬件实物联合通电调试（见表 4-37）。

表 4-37　通电调试操作内容

调试内容	LED 指示灯状态		接触器 KM 状态		电动机状态
① 按下 M2 启动按钮 SB4	Y002	不亮	KM2 线圈	失电	M2 不启动
② 按下 M1 启动按钮 SB2，再按下 M2 启动按钮 SB4	Y000	亮	KM1 线圈	得电	M1 启动并保持，M2 启动并保持实现顺序启动
	Y002	亮	KM2 线圈	得电	
③ 按下 M1 停止按钮 SB1	Y001	仍亮	KM1 线圈	得电	M1 不停止
④ 按下 M2 停止按钮 SB3	Y002	灭	KM2 线圈	失电	M2 停止运行
⑤ 按下 M1 停止按钮 SB1	Y001	灭	KM1 线圈	失电	M1 停止运行实现逆序停止

四、清理现场

清除 PLC 程序，还原计算机；断开电源，拆除接线；整理工器具，清扫地面。

任务 4-7　三台电动机顺序启动同时停止控制电路的 PLC 改造与装调

技能鉴定考核要求

同任务 4-1。

一、操作前的准备

继电器-接触器控制三台电动机顺序启动同时停止电气原理图如图 4-26 所示。工具清单及消耗材料见表 4-20，元件清单见表 4-38。

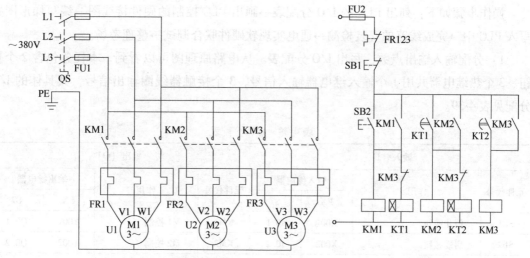

图 4-26　继电器-接触器控制三台电动机顺序启动同时停止电气原理图

表 4-38　元件清单

序号	名称	型号与规格	单位	数量
1	可编程控制器	FX$_{2N}$ 或 FX$_{3U}$ 或 S7-1200	台	1
2	三相异步电动机	自定	台	3
3	低压断路器	Multi9 C65N D20	只	1
4	熔断器	RT28-32	只	4

（续）

序号	名称	型号与规格	单位	数量
5	热继电器	JR36-20	只	3
6	接触器	CJ20-20	只	3
7	三联按钮	LA10-3H 或 LA4-3H	只	1
8	时间继电器	JS7-4A（通电延时型），线圈电压380V	只	2

二、继电器-接触器控制电气电路原理图分析

1）启动时，合上 QS→按下启动按钮 SB2→接触器 KM1 线圈得电吸合并自锁→电动机 M1 运行并保持，时间计电器 KT1 得电计时→5s 到→接触器 KM2 线圈得电吸合并自锁→电动机 M2 运行并保持，时间计电器 KT2 得电计时→5s 到→接触器 KM3 线圈得电吸合并自锁→电动机 M3 运行并保持→KM3 常闭触点断开切除时间计电器 KT1、KT2。

2）停机时，按停止按钮 SB1→交流接触器 KM1、KM2、KM3 线圈失电→电动机 M1、M2、M3 停止运行。

三、PLC 改造的操作步骤和过程

操作步骤如下：列出 PLC 的 I/O 分配表→画出 PLC 控制的硬件接线图→编写梯形图并写入 PLC 中→完成线路的安装检测→通电实现软硬件联合调试→整理考场。

1）分配输入输出点数，写出 I/O 分配表。从电路原理图可以看到，本任务包含 2 个按钮、3 个热继电器共用 1 个输入继电器输入信号，3 个接触器线圈输出信号，其具体的 I/O 分配见表 4-39。

表 4-39　I/O 分配表

输入（I）				输出（O）			
元件代号	作用	输入继电器		元件代号	作用	输出继电器	
		FX	S7			FX	S7
SB1	停止按钮	X001	I0.1	KM1	M1 控制	Y001	Q0.1
SB2	启动按钮	X002	I0.2	KM2	M2 控制	Y002	Q0.2
FR	M1、M2、M3 的过载保护	X003	I0.3	KM3	M3 控制	Y003	Q0.3

2）画出 PLC 控制的硬件接线图。PLC 控制的硬件接线图包括主电路和控制电路，在改造过程中，主要是将控制电路修改为由 PLC 控制。在设计本任务的接线图时，可将其分成三部分：第一部分是 PLC 的电源接线及电动机控制主电路，第二部分为 3 个按钮和热继电器输入信号，第三部分为 3 个接触器线圈输出信号，如图 4-27 所示。

3）编写程序。根据继电器控制要求、I/O 分配表以及 PLC 改造后的硬件接线图可知，具体梯形图如图 4-28 所示。

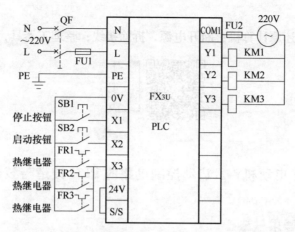

图 4-27　三台电动机顺序启动同时停止 PLC 控制的硬件接线图

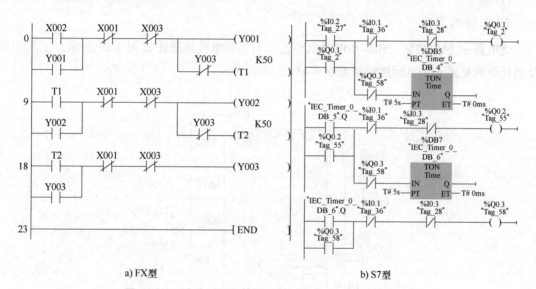

a) FX型

图 4-28　三台电动机顺序启动同时停止 PLC 控制梯形图

4）根据硬件接线图进行实物接线。

5）软件程序与硬件实物联合通电调试（见表 4-40）。

表 4-40　通电调试操作内容

调试内容	LED 指示灯状态		接触器 KM 状态		电动机状态
① 按下启动按钮 SB2	Y001	亮	KM1 线圈	得电	M1 启动并保持
② T1 计时，5s 后	Y002	亮	KM2 线圈	得电	M2 启动并保持
③ T2 计时，5s 后	Y003	亮	KM3 线圈	得电	M3 启动并保持
④ 按下停止按钮 SB1	Y001、Y002、Y003	灭	KM1、KM2、KM3 线圈	失电	M1、M2、M3 停止运行

四、清理现场

清除 PLC 程序，还原计算机；断开电源，拆除接线；整理工器具，清扫地面。

任务 4-8　三相异步电动机丫-△启动控制电路的 PLC 改造与装调

技能鉴定考核要求

同任务 4-1。

一、操作前的准备

继电器-接触器控制三相异步电动机丫-△启动电路电气原理图如图 4-29 所示。工具清单及消耗材料见表 4-20，元件清单见表 4-41。

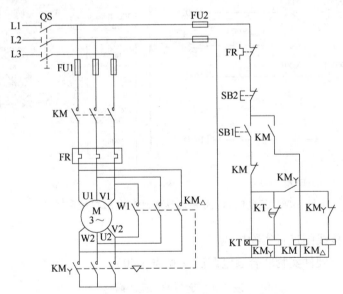

图 4-29　继电器-接触器控制三相异步电动机丫-△启动电路电气原理图

表 4-41　元件清单

序号	名称	型号与规格	单位	数量
1	可编程控制器	FX_{2N} 或 FX_{3U} 或 S7-1200	台	1
2	三相异步电动机	自定	台	1
3	低压断路器	Multi9 C65N D20	只	1

（续）

序号	名称	型号与规格	单位	数量
4	熔断器	RT28-32	只	5
5	热继电器	JR36-20	只	1
6	接触器	CJ20-20	只	3
7	三联按钮	LA10-3H 或 LA4-3H	只	1

二、继电器-接触器控制电气电路原理图分析

启动时，合上 QS→按下启动按钮 SB1→$\left\{\begin{array}{l}\text{时间继电器 KT 线圈得电,}\\ \text{接触器 KM}_Y\text{线圈得电吸合自锁并对 KM}_\triangle\text{互锁}\end{array}\right.$→KM

线圈得电吸合→电动机Y联结启动，同时时间继电器 KT 计时→5s 到→KT 常闭延时断开触点断开→KM$_Y$ 线圈失电复位→KM$_\triangle$ 线圈得电吸合→电动机△联结运行。

任何情况下，按下停止按钮 SB2→所有线圈均失电释放→电动机停止运行。

三、PLC 改造的操作步骤和过程

操作步骤如下：列出 PLC 的 I/O 分配表→画出 PLC 控制的硬件接线图→编写梯形图并写入 PLC 中→完成线路的安装检测→通电实现软硬件联合调试→整理考场。

1）分配输入输出点数，写出 I/O 分配表。从电路原理图可以看到，本任务包含 2 个按钮、1 个热继电器输入信号，3 个接触器线圈输出信号，其具体的 I/O 分配见表 4-42。

表 4-42　I/O 分配表

输入（I）				输出（O）			
元件代号	作用	输入继电器		元件代号	作用	输出继电器	
		FX	S7			FX	S7
FR	热继电器	X000	I0.0	KM	电动机正转控制	Y000	Q0.0
SB1	启动按钮	X001	I0.1	KM$_\triangle$	电动机Y联结	Y001	Q0.1
SB2	停止按钮	X002	I0.2	KM$_Y$	电动机△联结	Y002	Q0.2

2）画出 PLC 控制的硬件接线图。PLC 控制的硬件接线图包括主电路和控制电路，在改造过程中，主要是将控制电路修改为由 PLC 控制。本任务中输入信号为 2 个按钮、1 个热继电器，输出信号为 3 个接触器线圈，如图 4-30 所示。西门子 S7-PLC 控制的接线简图如图 4-31 所示。

3）使用计算机或编程器编写程序。根据电路电气原理图、I/O 分配表以及 PLC 改造后的硬件接线图，编写出的具体梯形图如图 4-32 所示。

确定了设计方案后，用专用通信电缆 RS-232/RS-422 转换器将 PLC 的编程接口与计算机的串口相连接，然后利用计算机编程软件将程序写入 PLC 中。

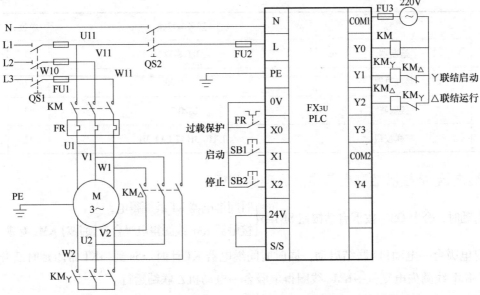

图 4-30　三相异步电动机丫-△启动 FX-PLC 控制的硬件接线图

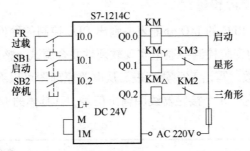

图 4-31　三相异步电动机丫-△启动 S7-PLC 控制的接线简图

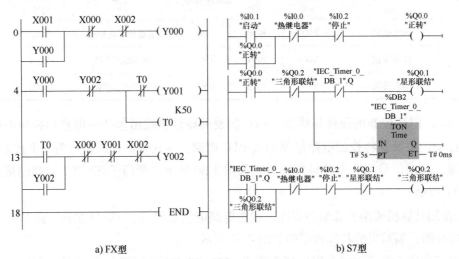

a) FX型　　　　　　　　　　　　　　　　b) S7型

图 4-32　三相异步电动机丫-△启动 PLC 控制梯形图

4）根据硬件接线图进行实物接线。

5）软件程序与硬件实物联合通电调试。确认电路无误后，接通电源，将 PLC 的 RUN/STOP 开关拨到"STOP"写入程序，然后把开关拨到"RUN"位置，利用 GX Developer 软件中的"监控/测试"功能监视程序的运行情况，按照表 4-43 进行调试，观察运行情况并作好记录。

表 4-43　通电调试操作内容

调试内容	LED 指示灯状态		接触器 KM 状态		电动机状态
① 按下启动按钮 SB1	Y000	亮	KM 线圈	得电	电动机 Y 联结启动并保持
	Y001	亮	KM_Y 线圈		
② 定时器计时，5s 时间到后	Y000	亮	KM 线圈	得电	电动机 △ 联结运行并保持
	Y001	灭	KM_Y 线圈	失电	
	Y002	亮	KM_△ 线圈	得电	
③ 按下停止按钮 SB2	Y000	灭	KM 线圈	失电	电动机停止运行
	Y001	灭	KM_Y 线圈		
	Y002	灭	KM_△ 线圈		

四、清理现场

清除 PLC 程序，还原计算机；断开电源，拆除接线；整理工器具，清扫地面。

附 4　继电器-接触器控制系统的 PLC 改造考核评分表（见表 4-44）

表 4-44　继电器-接触器控制系统的 PLC 改造考核评分表

序号	考核项目	考核要求	评分标准	配分	扣分	得分
1	PLC 选型	正确选择 PLC 型号	正确选择 PLC 型号，型号中未体现 PLC 品牌、点数、类型，或不完整，每处扣 0.5 分	2 分		
2	识绘图	根据控制改造要求做到： 1. 正确完成 I/O 分配表的填写 2. 正确画出 PLC 控制系统电气原理图 3. 设计 PLC 改造控制程序，正确设计梯形图	1. PLC 的 I/O 分配表、I/O 接线图绘制正确，但绘制不规范，扣 1~3 分 2. PLC 接线图主电路未画，扣 2 分；输入电源未画，扣 1 分。最多扣 4 分 3. 输入/输出地址遗漏或搞错，每处扣 0.5 分 4. 梯形图有错或画法不规范，每处扣 1 分	5 分		

（续）

序号	考核项目	考核要求	评分标准	配分	扣分	得分
3	线路安装	根据绘制的电气原理图完成接线	1. 正确选择导线并套上正确文字格式的线号管，选择不合理每处扣0.5分 2. 接线错误，每处扣1分，最多扣5分 3. 接线不规范，每处扣1分，最多扣2分	6分		
4	PLC程序编写与系统调试	1. 掌握程序的编写 2. 将程序正确、熟练地输入PLC 3. 通电调试后能满足控制要求 4. 测试完毕，正确清除PLC程序，安全关机	1. 完全不会程序设计，扣15分 2. 按下启动按钮，系统完全不能运行，扣15分 3. 按下启动按钮，PLC没有输出信号，扣4分；PLC有输出信号但接触器未工作，扣3分；PLC有输出信号，接触器已工作，但电动机未启动，扣2分 4. 电动机能启动，但控制不符合考核要求，每处扣2分 5. 按下停止按钮，电动机不能停止，扣4分 6. 三相异步电动机没有过载保护，扣2分 7. 测试完毕，不会清除PLC程序，扣2分	15分		
5	安全文明生产	操作过程符合国家、部委、行业等权威机构颁发的电工作业操作规程、电工作业安全规程与文明生产要求	1. 考试开始10min后或者在接线调试期间发现元器件损坏，扣2分 2. 违反安全操作规程，扣2分 3. 操作现场工器具、仪表、材料摆放不整齐，扣2分 4. 劳动保护用品佩戴不符合要求，扣2分 5. 考试结束，没安全关机、不拆线，扣2分	2分		
6	超时扣分	在规定时间内完成	仅未完成I/O连接不得延时。若程序未完成编写和下载、运行，经考评员同意可以适当延时。每超时5min扣2分，依此类推			
合计				30分		

否定项：若考生作弊、发生重大设备事故（短路影响考场工作、设备损坏或多个元器件损坏等）和人身事故（触电、受伤等），则应及时终止其考试，考生该试题成绩记为零分

说明：以上各项扣分最多不超过该项所配分值

评分人：	年 月 日	核分人：	年 月 日

自动控制

5.1 自动控制基本知识

1. 何谓自动控制？
2. 自动控制系统的基本组成是什么？
3. 开环控制系统和闭环控制系统各是什么意思？

自动控制的基本知识见表 5-1。

表 5-1 自动控制的基本知识

项目	内容
概述	自动控制是指在没有人的直接参与下，控制系统能够自动地完成人为规定的各种动作，而且能够克服各种干扰，对生产过程、工艺参数进行自动的调节与控制 在机电控制技术方面，随着微电子技术和计算机技术的迅速发展，自动控制从过去的集成电路、步进电动机和三维数控机床，发展到现在的超大规模集成电路、新型伺服电动机和大型多功能数控机床、加工中心、机器人等机电一体化的高新设备
自动控制系统的组成	自动控制系统一般是由给定元件、检测元件、比较环节、放大元件、执行元件、控制对象和反馈环节等部件组成。系统的作用量和被控制量有输入量、反馈量、扰动量、输出量和各中间变量 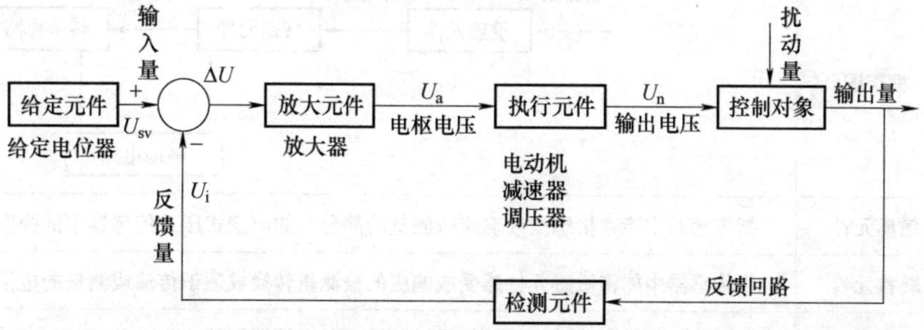
开环控制系统	开环控制系统：输出量并不影响系统的控制信号，它具有结构简单、成本低、系统稳定性好等优点。由于开环控制系统无反馈环节，系统将不能自动进行补偿。当控制系统受到各种无法预计的扰动因素的影响时，将会直接影响系统输出量的稳定，因此无法满足某些技术要求，这是开环控制系统的缺点

（续）

项目	内容
闭环控制系统	闭环控制系统：系统的部分或全部输出量通过反馈环节返回并作用于输入量，形成闭合电路。由于闭环控制系统引入了反馈环节，系统可以依靠负反馈环节对自身参数的变化等扰动因素自动进行调节补偿，因此具有抗干扰能力强和系统精度高的优点。但是，闭环控制系统要增加检测元件、反馈环节、比较环节、调节器等，从而使系统结构复杂、成本提高，甚至造成不稳定，这是闭环控制系统的缺点

5.2 传感器技术

前置作业

1. 传感器的定义是什么？传感器由哪几部分组成？
2. 传感器的分类方式及种类有哪些？其主要的性能指标有哪些？
3. 电感式传感器所测的对象包括哪些？电容式传感器所测的对象包括哪些？
4. 光电开关的分类以及所测对象的区别有哪些？

5.2.1 传感器的定义及组成

现代信息技术的三大支柱是传感器技术、通信技术和计算机技术，它们分别构成信息系统的"感官""神经"和"大脑"，因此，传感器技术是信息社会的重要基础技术。传感器是获取自然或生产领域中信息的关键器件，是现代信息系统和各种装备不可缺少的信息采集工具。传感器主要由敏感元件和转换元件等组成，见表5-2。

表5-2 传感器的组成

框架图	被测量 → 敏感元件 → 非电量 → 转换元件 → 电参量 → 转换电路 → 电量，辅助电源
敏感元件	指传感器中能直接感受或响应被测量的部分，如应变式压力传感器中的弹性膜片就是敏感元件
转换元件	指传感器中能将敏感元件感受或响应的被测量转换成适于传输或测量的电信号的部分
转换电路	主要将传感器中输出的微弱信号进行放大、运算调制等
辅助电源	主要为信号调理转换电路以及传感器的工作提供必需的电源
输出信号	通常是电量（电信号），它便于传输、转换、处理、显示等，且是计算机唯一能够直接处理的信号。电量有很多形式，如电压、电流、电阻、电感、电容、频率等，输出信号的形式由传感器的原理确定

5.2.2　传感器的分类及基本特性

1. 传感器的分类

目前传感器主要有三种分类方法，分别是按测量原理分类、按被测量分类以及按输出信号性质分类，详见表 5-3。

表 5-3　传感器的分类

按测量原理分类	这种分类方法是以工作原理来划分的，将物理、化学、生物等学科的原理、规律和效应作为分类的依据，据此可将传感器分为电阻式、电感式、电容式、阻抗式、磁电式、热电式、压电式、光电式、超声式、微波式等类别
按被测量分类	这种方法是根据被测量的性质进行分类的，如被测量分别为温度、湿度、压力、位移、流量、加速度、光，则对应的传感器分别为温度传感器、湿度传感器、压力传感器、位移传感器、流量传感器、加速度传感器、光电传感器
按输出信号性质分类	这种分类方法可将传感器分为输出开关量的开关式传感器、输出模拟量的模拟式传感器和输出脉冲或代码的数字式传感器

2. 传感器的基本特性

传感器的基本特性主要是指输入与输出之间的关系，它有静态、动态之分。

1）静态特性是指当输入量为常量或变化极慢时，即被测量各个值处于稳定状态时的输入与输出关系。它主要通过以下四种性能来描述：灵敏度、线性度、迟滞以及重复性。传感器的静态特性见表 5-4。

表 5-4　传感器的静态特性

名称	意义	公式
灵敏度	线性传感器的灵敏度就是其静态特性的斜率，而非线性传感器的灵敏度则是其静态特性曲线某点处切线的斜率	灵敏度 K 是指达到稳定状态时，输出增量与输入增量的比值，即 $$K = \frac{\Delta y}{\Delta x}$$
线性度	线性度是传感器输出量与输入量之间的实际关系曲线偏离直线的程度，又称非线性误差	线性度是在垂直方向上最大偏差 $\left| \Delta y_{max} \right|$ 与最大输出 y_{max} 的百分比，即被测量为零时传感器的指示值： $$\gamma_L \% = \frac{\left| \Delta y_{max} \right|}{y_{max}}$$
迟滞	迟滞现象是传感器在正向行程（输入量增大）和反向行程（输入量减小）期间输出、输入曲线不重合的程度	$$\gamma_H \% = \pm \frac{\Delta h_{max}}{y_{max}} \times 100\%$$ 式中，Δh_{max} 为输出值在正、反行程中的最大差值，y_{max} 为输出满量程值
重复性	重复性表示传感器在输入量按同一方向作全量程连续多次变动时所得到的特性曲线的不一致程度	$$\gamma_x \% = \frac{\left| \Delta m_{max} \right|}{y_{max}} \times 100\%$$ 式中，Δm_{max} 为输出最大不重复误差，取多次测试的重复误差 Δm_1、Δm_2 中最大的，y_{max} 为满量程输出值

2）动态特性是指传感器在测量快速变化的输入信号情况下，输出对输入的响应特性。在工程实践中，检测的是大量随时间变化的动态信号，这就要求传感器不仅能精确地测量信号的幅值大小，而且还能显示被测量随时间变化的规律，即正确地再现被测量波形。传感器测量动态信号的能力用动态特性来表示。

5.2.3 光电开关

1. 光电开关的概念

光电开关又叫光电传感器，是光电接近开关的简称。它利用被检测物对光束的遮挡或反射，由同步回路选通电路，从而检测物体的有无。被测物体不限于金属，所有能反射光线的物体均可被检测。光电开关常见的有对射式、反射式、漫反射式、光纤式等，具体见表5-5。

表 5-5　光电开关概览

种类	结构组成	特征	选用
对射式光电开关  发射器　接收器	由发射器和接收器组成，在结构上两者是相互分离的，在光束被中断的情况下会产生一个开关信号	辨别不透明的反光物体；有效距离大；不易受干扰，可以可靠、合适地用在野外或者有灰尘的环境中；装置的消耗高，两个单元都必须敷设电缆	主要用于检测不透明物体
漫反射式光电开关 	当开关发射光束时，目标产生漫反射。发射器和接收器构成单个的标准部件。当有足够的组合光返回接收器时，开关状态发生变化	作用距离的典型值一直到3m	主要应用于被检测物体表面光亮或其反光率极高的场所
镜面反射式光电开关 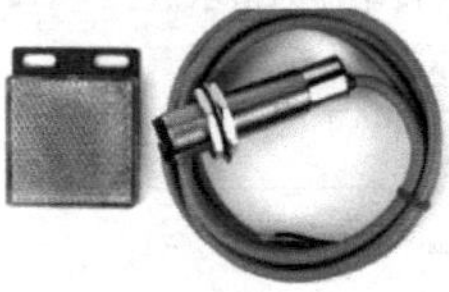	由发射器和接收器构成的情况是一种标准配置。从发射器发出的光束在对面的反射镜被反射，即返回接收器，当光束被中断时会产生一个开关信号的变化	辨别不透明的物体；借助反射镜部件，形成高的有效距离范围；不易受干扰，可以可靠、合适地用在野外或者有灰尘的环境中	用于检测非透明物体
槽式光电开关 	通常是标准的U字形结构，其发射器和接收器分别位于U型槽的两边，并形成一光轴。当被检测物体经过U型槽且阻断光轴时，光电开关就产生了检测到的开关量信号	槽式光电开关比较安全可靠	比较适合检测高速运动的物体，并且它能分辨透明与半透明物体

（续）

种类	结构组成	特征	选用
光纤式光电开关	采用塑料或玻璃光纤的传感器来引导光线，以实现被检测物体不在相近区域的检测	通常光纤传感器分为对射式和漫反射式 对射光纤 两根线，两个探头相对感应	可以对距离远的被检测物体进行检测

光电开关将输入电流在发射器上转换为光信号射出，接收器再根据接收到的光线的强弱或有无对目标物体进行探测。多数光电开关选用的是波长接近可见光的红外光波。

2. 光电开关的使用注意事项

为使光电开关能够正常可靠地工作，应注意使用的环境条件。光电开关的使用注意事项见表 5-6。

表 5-6　光电开关的使用注意事项

项目	光电开关应注意使用的环境条件
避免强光源	光电开关在环境照度较高时，一般都能稳定工作。但应回避将传感器光轴正对太阳光、白炽灯等强光源。在不能改变传感器（接收器）光轴与强光源的角度时，可在传感器上方四周加装遮光板或套上遮光长筒
防止相互干扰	防止这种干扰最有效的办法是发射器和接收器交叉设置，超过 2 组时还应拉开组距。当然，使用不同频率的机种也是一种好办法
镜面角度影响	当被检测物体有光泽或有光滑金属面时，一般反射率都很高，有近似镜面的作用。这时应将发射器与被检测物体安装成有 10°~20° 的夹角，以使其光轴不垂直于被检测物体，从而防止误动作
排除背景物影响	使用反射式扩散型发射器、接收器时，有时由于被检测物离背景物较近，光电开关或者背景是光滑面等反射率较高的物体而可能会使光电开关不能稳定检测。因此可以改用距离限定型发射器、接收器，或者采用远离背景物、拆除背景物、将背景物涂成无光黑色，或设法使背景物粗糙、灰暗等方法加以排除
自诊断功能使用	在安装或使用时，有时可能会由于台面或背景影响以及使用振动等原因而造成光轴的微小偏移、透镜沾污、积尘、外部噪声、环境温度超出范围等问题。这些问题有可能会使光电开关偏离稳定工作区。这时可以利用光电开关的自诊断功能而使其通过 STABLITY 绿色稳定指示灯发出通知，以提醒使用者及时对其进行调整
消除台面影响	发射器与接收器在贴近台面安装时，可能会出现台面反射的部分光束照到接收器而造成工作不稳定。可使接收器与发射器离开台面一定距离并加装遮光板

5.2.4　接近开关

接近开关是一种无须与运动部件进行直接机械接触即可以操作的位置开关。当物体接近开关的感应面达到动作距离时，不需要机械接触及施加任何压力即可使开关动作，从而驱动直流电器或给计算机（PLC）装置提供控制指令。它在自动控制系统中可作为限位、计数、定位控制和自动保护环节。

1. 接近开关的分类

接近开关的作用是当某物体与接近开关接近并达到一定距离时，能发出信号。它不需要外力施加，是一种无触点式主令电器。它的用途已远远超出行程开关所具备的行程控制及限位保护。接近开关可用于高速计数、检测金属的存在、测速、液位控制、检测零件尺寸以及用作无触点式按钮等，应用较为广泛。接近开关的类型、工作原理及用途见表5-7。

表 5-7　接近开关的类型、工作原理及用途

类型	工作原理与用途
电感式接近开关	由电感线圈和电容及晶体管组成振荡器，并产生一个交变磁场，当有金属物体接近这一磁场时，就会在金属物体内产生涡流，从而导致振荡停止，这种变化通过后级放大处理后转换成晶体管开关信号输出。常用于检测各种金属物体
电容式接近开关	当有物体移向接近开关时，不论它是否为导体，由于它的接近，总要使电容的介电常数发生变化，从而使电容量发生变化，使得和测量头相连的电路状态也随之发生变化，由此便可控制开关的接通或断开。常用于检测各种导电或不导电液体或固体
光电接近开关	将发光器件与光电器件按一定方向装在同一个检测头内，当有反光面（被检测物体）接近时，光电器件接收到反射光后便有信号输出，由此便可检测到有物体接近。常用于检测所有不透光物质
磁性接近开关	它是利用磁场信号来控制的一种开关元件。当无磁时，电路断开；若有磁性物质接近玻璃管时，在磁场的作用下，两个簧片会被磁化而相互吸合在一起，从而使电路接通。当磁性物质消失后，因没有外磁力的影响，两个簧片又会因自身所具有的弹性而分开，断开电路。常用于通过磁场来控制电路的通断
高频振荡型接近开关	这种传感器由检测元件、检波单元、放大单元、整形和输出单元等组成。检测元件由检测线圈和高频振荡器组成，加电后检测线圈产生交变的电磁场，当金属物体接近电磁场时，金属表面的磁通密度发生变化而产生感应电流——涡流，涡流产生的磁通总是与检测线圈的磁通方向相反。由于涡流的作用，使检测线圈能耗增加，品质系数下降，振幅降低，以至振荡器停振。反之，当金属物体远离这个作用区时，振荡器又开始振荡。检测电路检测到振荡器的状态变化后，将状态变化转换为一个开关量信号

2. 接近开关的使用注意事项

① 请勿将电感式接近开关置于 0.02T 以上的磁场环境下使用，以免造成误动作。

② 为了保证不损坏接近开关，在接通电源前应检查接线是否正确，核定电压是否为额定值。

③ 为了使接近开关长期稳定工作，请务必进行定期维护，包括被检测物体和接近开关的安装位置是否有松动或移动，接线和连接部位是否接触不良，是否有金属粉尘黏附等。

④ DC 二线制接近开关具有 0.5~1mA 的静态泄漏电流，在一些对泄漏电流要求较高的场合，可改用 DC 三线制接近开关。

⑤ 直流型接近开关使用感性负载时，请务必在负载两端并接续流二极管，以免损坏接近开关的输出级。

5.2.5 旋转编码器

1. 编码器的概念

编码器是将信号或数据进行编制，转换为可用以通信、传输和存储的信号形式的设备。它也是传感器的一种，主要用于测量机械运动的角位移，通过角位移可计算出机械运动的位置、速度等。旋转编码器是一种集光、机、电为一体的数字化检测装置，具有分辨率高、精度高、结构简单、体积小、使用可靠、易于维护、性价比高等优点，在数控机床及机械附件、机器人、自动装配机以及自动生产线等领域得到广泛的应用。

按照工作原理，编码器可以分为增量式和绝对式两类，用于检测旋转量、旋转角度、旋转位置、速度等。它们的比较见表 5-8。

表 5-8 增量式编码器与绝对式编码器的比较

增量式编码器	绝对式编码器
① 一般用来测试速度与方向 ② 也可用于角度测量，但在角度测量时，若电源出现故障，所有的位置信息将丢失，需找零 ③ 分辨率通过每转多少脉冲表示	① 可以传送在一转中每一步的唯一的位置信息 ② 位置信息一直可用，即使在断电或电源出现故障时 ③ 一般用于角度测量、位置检测及往复运动

2. 增量式编码器

增量式编码器又称为脉冲盘式编码器。编码器每旋转一定角度会发出一个脉冲，即输出脉冲随角位移的增加而累加（增量位移）。增量式编码器一般与 PLC 的高速计数器配合使用。增量式光电编码器主要由光源、码盘、检测光栅、光电检测器件和转换电路组成。

增量式编码器根据通道数目的不同，可分为单通道增量式编码器、双通道增量式编码器和三通道增量式编码器，其特点及应用见表 5-9。

表 5-9　增量式编码器的特点及应用

通道数	特点及应用	示意图及输出信号
单通道	编码器码盘只有一圈光栅，编码器有一对光电扫描系统，输出一通道脉冲信号，后续设备根据单位时间检测到的脉冲数及编码器的分辨率计算出角速度及线速度。可以测试速度，不能测试旋转方向	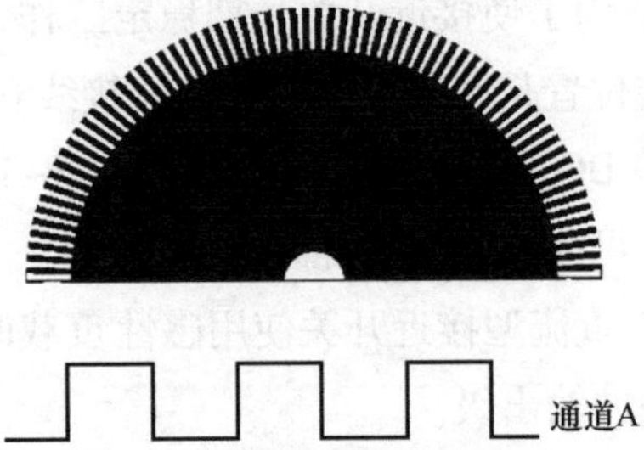 通道A
双通道	编码器码盘有 2 圈光栅，并且以 90° 相位差排列，编码器有 2 对光电扫描系统，输出 2 通道脉冲信号，由于 A、B 两相相差 90°，可通过比较 A 相在前还是 B 相在前，以判别编码器的正转与反转。可以测试速度与旋转方向	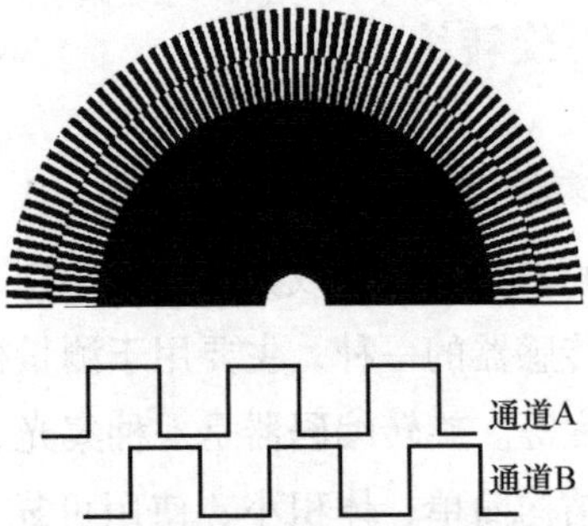 通道A 通道B
三通道	在双通道编码器的基础上增加了一个零位信号，用于基准点定位。一般测长度使用该信号，测速一般不使用该信号。可以测试速度、旋转方向以及定位	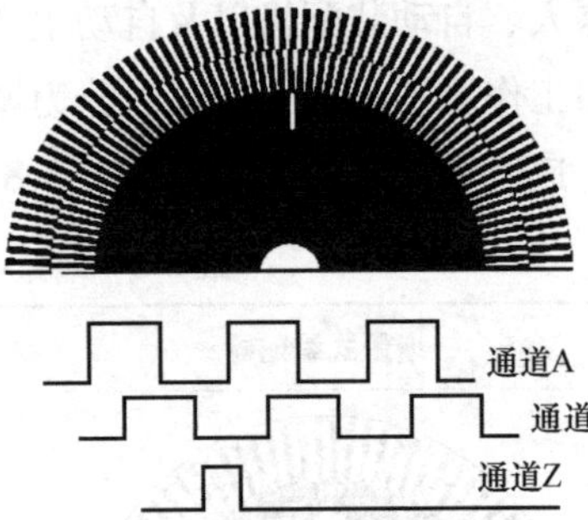 通道A 通道B 通道Z

3. 增量式编码器选用时应注意的事项

1）根据信号传输距离选型时要考虑输出信号类型。

2）配线需要延长时，应在 10m 以下。

3）编码器接线时，应在电源断开状态下进行。

4）避免受到振动，振动会导致误脉冲的产生。

5.2.6　磁性开关

磁性开关简介见表 5-10。

表 5-10 磁性开关简介

磁性开关概述	磁性开关可以由永久磁铁和干簧管构成，用来检测气缸活塞的位置，即检测活塞的运动行程。干簧管是利用磁场信号来控制的一种开关元件。磁性开关可分为有接点型和无接点型两种，一般分为有接点磁簧管型与无接点晶体型，其中无接点晶体型包括无接点 NPN 型、无接点 PNP 型以及无接点抗强磁型	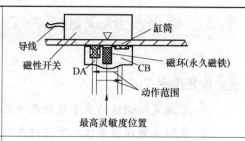
有接点磁簧管型磁性开关	工作原理：当随气缸移动的磁环靠近感应开关时，感应开关的两根磁簧片被磁化而使触点闭合，产生电信号；当磁环离开磁性开关后，舌簧片失磁，触点断开，电信号消失。这样可以检测到气缸的活塞位置从而控制相应的电磁阀动作。其示意图见右图 	外部接线图 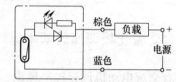 应用：内部为两片磁簧管组成的机械触点，交直流电源通用
无接点晶体型磁性开关	工作原理：通过对内部晶体管的控制，来发出控制信号。当磁环靠近感应开关时，晶体管导通，产生电信号；当磁环离开磁性开关后，晶体管关断，电信号消失  无接点 NPN 与 PNP 型：只能用于直流电源，多为三线式；二者在继电器回路使用时应注意接线的差异；配合 PLC 使用时应注意正确选型；只能用于直流电源，专用于 MCK 系列焊接夹紧缸	① 无接点 NPN 型： 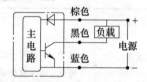 ② 无接点 PNP 型： 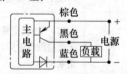 ③ 抗强磁型： 
使用注意事项	① 安装时，不得让开关受过大的冲击力，如将开关打入、抛扔等，会损坏开关 ② 不能让磁性开关处于水或冷却液中使用 ③ 绝对不要用于有爆炸性、可燃性气体的环境中 ④ 在周围有强磁场、大电流（如电焊机等）的环境中应选用耐强磁场的磁性开关，或移至远离大电流的地方 ⑤ 用于高温高压场所时应选金属材料的器件 ⑥ 磁性开关在使用时注意使磁铁与外壳之间的有效距离在 10mm 左右	

5.3　交流变频调速系统

1. 交流变频调速的基本原理是什么？
2. 交流变频调速系统有哪些种类？
3. 不同型号的三菱变频器各有什么特性？

5.3.1　交流变频调速的基本原理与分类

随着交流电动机调速控制理论、电力电子技术、以微处理器为核心的全数字化控制等关键技术的发展，交流电动机的变频技术正逐步成熟。目前，变频调速技术的应用已扩展到工业生产、生活的各个领域。交流变频调速的基本原理与分类见表5-11。

表 5-11　交流变频调速的基本原理与分类

调速原理	$$n = (1 - s)\frac{60f_1}{p}$$ 式中，n 为转子转速；f_1 为电源频率；p 为磁极对数；s 为转差率。 可见，在 s 变化不大的情况下，调节电动机电源频率，其转速 n 大致随之呈正比变化。若均匀改变电动机电源的频率 f_1，则可以平滑地改变电动机的转速
交流变频调速的分类	（1）交-交变频调速：将频率固定的交流电源直接变换成频率连续可调的交流电源。其主要优点是没有中间环节、变换率高，但其连续可调的频率范围较窄。主要用于功率较大的低速拖动系统中 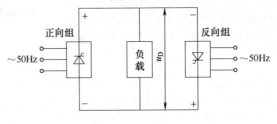 （2）交-直-交变频调速：先将频率固定的交流电整流后变成直流电，再经过逆变电路，把直流电逆变成频率连续可调的三相交流电。由于把直流电逆变成交流电较易控制，因此在频率调节范围上就有明显优势。按储能方式分为电压型（整流后靠电容来滤波）和电流型（整流后靠电感来滤波），现大都使用电压型。按调压方式分为脉幅调制（PAM）（输出电压大小通过改变直流电压来实现）和脉宽调制（PWM）（输出电压大小通过改变输出脉冲的占空比来实现） 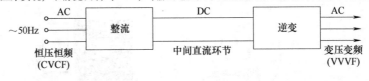

5.3.2　三菱变频器的介绍（见表 5-12）

表 5-12　三菱变频器介绍

型号	功能与性能	参数
FR-S500 系列（紧凑型、多功能）	采用数字式旋钮，操作极其方便；紧凑型设计，节省安装空间；自动转矩提升，应用于负载不太重、起动性能要求不高的场合；独立 RS-485 通信口；内置 PID 控制功能，15 段可变速选择	FR-S520E：3 相 220V 输入，0.4~3.7kW FR-S540E：3 相 380V 输入，0.4~3.7kW FR-S520SE：单相 220V 输入，0.4~1.5kW；第 2 个 S 表示单相输入
FR-E500 系列（经济型、高性能、小功率）	通用矢量控制，提升低速段输出转矩；内置 PID 控制功能，内置制动晶体管，15 段可变速选择；内置 RS-485 通信口，可加装通信选件卡	FR-E520：3 相 220V 输入，0.4~7.5kW FR-E540：3 相 380V 输入，0.4~7.5kW FR-E520S：单相 220V 输入，0.4~2.2kW；S 表示单相输入
FR-F500（L）系列（风机、水泵用）	采用最适磁通控制方式，优化节能性能；内置 PID 控制功能；变频器/工频切换和多泵循环运行功能；内置 RS-485 通信口	FR-F540：三相 380V 输入，0.75~55kW FR-F540L：75~530kW
FR-F500J 系列（小功率风机用）	使用上类似 S500 系列 120% 60s 过载能力，额定电流同 F500，标准带 RS-485 口三角波功能	FR-F540J：三相 380V 输入，0.4~15kW，轻负载用
FR-A700（L）系列（高性能、多功能）	高性能及先进的功能；先进磁通矢量控制功能；低速时的转矩能力（0.3Hz，200%）提升；扩展能力强，可同时选用三个内置选件卡；简单的操作及维护柔性 PWM，实现更低噪声运行；内置 RS-485 通信口，可插扩展卡；符合标准 PID 等多种功能，适合各种应用场合	FR-A720：3 相 220V 输入，0.4~55kW FR-A740：3 相 380V 输入，0.4~500kW

5.3.3　变频器的构成原理

变频器是由计算机控制大功率开关器件将工频交流电变为频率和电压可调的三相交流电的电气设备，可实现电动机的变速运行。它由主电路和控制电路两大部分组成。

1）主电路：由整流及滤波电路（把工频电源的交流电变换成直流电且对直流电进行平滑滤波）、逆变电路（把直流电变换成各种频率的交流电）、制动电阻和制动单元构成。

2）控制电路：包括计算机控制系统、键盘与显示、内部接口及信号检测与传递、供电电源和外接控制端子等，用于对主电路的控制。

变频器的构成如图 5-1 所示。变频器控制电路网络接口的功能说明见表 5-13。变频器控制电路输出端子与输入端子的功能说明分别见表 5-14 和表 5-15。

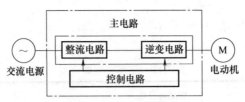

图 5-1　变频器的构成

表 5-13　变频器控制电路网络接口的功能说明

种类	接口名称	功能说明
RS-485	PU 接口	通过 PU 接口，可进行 RS-485 通信 标准规格：EIA-485（RS-485） 传输方式：多站点通信 通信速率：4800~38400bit/s 距离：500m
USB	USB 接口	与计算机通过 USB 连接后，可以实现 FR Configurator 的操作 ● 接口：USB1.1 标准 ● 传输速度：12Mbit/s ● 连接器：USB 迷你-B 连接器（插座为迷你-B 型）

表 5-14　变频器控制电路输出端子的功能说明

种类	端子记号	端子名称	功能说明	
继电器	A、B、C	继电器输出（异常输出）	指示变频器因保护功能动作时输出停止的接点输出。异常时，B-C 间不导通（A-C 间导通）；正常时，B-C 间导通（A-C 间不导通）	
集电极开路	RUN	变频器正在运行	变频器输出频率大于或等于启动频率（初始值为 0.5Hz）时为低电平，已停止或正在直流制动时为高电平	
集电极开路	FU	频率检测	输出频率大于或等于任意设定的检测频率时为低电平，未达到时为高电平	
集电极开路	SE	集电极开路输出公共端	端子 RUN、FU 的公共端子	
模拟	AM	模拟电压输出	可以从多种监示项目中选一种作为输出。变频器复位中不被输出。输出信号与监示项目的大小成比例	输出项目：输出频率（初始设定）

表 5-15　变频器控制电路输入端子的功能说明

项目	编号	端子名称	功能说明	
接点输入	STF	正转起动	STF 信号 ON 时为正转，OFF 时为停	STF、STR 信号同时 ON 时，变成停止指令
接点输入	STR	反转起动	STR 信号 ON 时为反转，OFF 时为停止指令	STF、STR 信号同时 ON 时，变成停止指令
接点输入	RH、RM、RL	多段速度选择	用 RH、RM 和 RL 信号的组合可以选择多段速度	

（续）

项目	编号	端子名称	功能说明
接点输入	MRS	输出停止	MRS 信号 ON（20ms 或以上）时，变频器输出停止 电磁制动器停止电动机时，用于断开变频器的输出
	RES	复位	用于解除保护电路动作时的报警输出。使 RES 信号处于 ON 状态 0.1s 或以上，然后断开 初始设定为始终可进行复位。但进行了 Pr.75 的设定后，仅在变频器报警发生时可进行复位。复位时间约为 1s
	SD	接点输入公共端（漏型）（初始设定）	接点输入端子（漏型逻辑）的公共端子
		外部晶体管公共端（源型）	源型逻辑时，当连接晶体管输出（即集电极开路输出），例如连接 PLC 时，将晶体管输出用的外部电源公共端接到该端子，可以防止因漏电引起的误动作
		DC 24V 电源公共端	DC 24V、0.1A 电源（端子 PC）的公共输出端子 与端子 5 及端子 SE 绝缘
	PC	外部晶体管公共端（漏型）（初始设定）	漏型逻辑时，当连接晶体管输出（即集电极开路输出），例如连接 PLC 时，将晶体管输出用的外部电源公共端接到该端子，可以防止因漏电引起的误动作
		接点输入公共端（源型）	接点输入端子（源型逻辑）的公共端子
		DC 24V 电源	可作为 DC 24V、0.1A 的电源使用
频率设定	10	频率设定用电源	作为外接频率设定（速度设定）用电位器的电源使用（按照 Pr.73 模拟量输入选择）
	2	频率设定（电压）	如果输入为 DC 0~5V（或 0~10V），在 5V（10V）时为最大输出频率，输入、输出成正比。通过 Pr.73 进行 DC 0~5V（初始设定）和 DC 0~10V 输入的切换操作
	4	频率设定（电流）	若输入为 DC 4~20mA（或 0~5V，0~10V），在 20mA 时为最大输出频率，输入、输出成正比。只有 AU 信号为 ON 时端子 4 的输入信号才会有效（端子 2 的输入将无效）。通过 Pr.267 进行 4~20mA（初始设定）和 DC 0~5V、DC 0~10V 输入的切换操作 电压输入（0~5V/0~10V）时，请将电压/电流输入切换开关切换至"V"
	5	频率设定公共端	频率设定信号（端子 2 或 4）及端子 AM 的公共端子。请勿接大地

5.3.4 变频器使用注意事项

FR-E700 系列变频器虽然是高可靠性产品，但周边电路的连接方法错误以及运行、使用方法不当也会导致产品寿命缩短或损坏，运行前请务必重新确认下列注意事项：

1）电源及电动机接线的压接端子推荐使用带绝缘套管的端子。

2）电源一定不能接到变频器输出端子（U、V、W）上，否则将损坏变频器。

3）接线时请勿在变频器内留下电线切屑。

4）为使电压降在2%以内，请用适当规格的电线进行接线。

5）不要使用变频器输入侧的电磁接触器启动/停止变频器。变频器的启动与停止请务必使用启动信号（STF、STR信号的ON、OFF）进行。

实训六　自动控制应用模块

任务　三相交流异步电动机变频器控制系统的装调

📋 技能鉴定考核要求

1. 根据控制要求绘制三相异步电动机变频器控制电路，正确完成变频调速电路的安装和接线。

2. 按下起动按钮后电动机按控制要求运行。方式设置：手动时，要求按下手动起动按钮，完成一次工作过程；自动时，要求按下自动按钮，能够重复循环工作过程。有必要的电气保护环节。

3. 根据硬件接线图完成系统接线并通电试运行，调试电路时其运行效果符合电动机控制要求。

4. 安全文明操作。

5. 考核时间为60min。

三相交流异步电动机的变频器控制要求如图5-2所示。

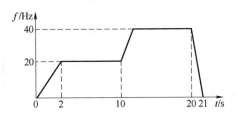

图5-2　速度曲线

一、操作前的准备

工具准备单见表5-16，材料准备单见表5-17。

表5-16　工具准备单

序号	名称	型号与规格	单位	数量
1	通用电工工具	验电笔、钢丝钳、螺丝刀（一字形和十字形）、电工刀、尖嘴钳、剥线钳、压接钳等	套	1
2	万用表	MF47	块	1
3	兆欧表	型号自定，500V	台	1
4	钳形电流表	0~50A	块	1

表 5-17　材料准备单

序号	名称	型号与规格	单位	数量
1	三相电动机	自定	台	1
2	变频器	与电动机配套	台	1
3	可编程控制器	FX$_{2N}$ 或自定	台	1
4	转换开关	0~50A	个	1
5	三联按钮	LA10-3H 或 LA4-3H	个	1
6	连接导线等	自定	m	若干

二、具体考核要求

按下起动按钮后，电动机按图 5-2 所示速度曲线运行。

1）技术要求：

① 工作方式设置：手动时，按下手动按钮，完成一次工作过程；自动时，按下自动按钮，能够重复循环工作过程。

② 有必要的电气保护和互锁环节。

2）电路设计：根据任务要求，设计电路。

3）安装与接线：按接线图在模拟配线板上正确安装；元器件在配线板上布置要合理，安装要准确、紧固；导线要紧固、美观，且要进入走线槽；导线要有端子标号，引出端要用别径压端子。

4）正确设置变频器参数，按照被控设备的动作要求进行模拟调试，直至达到设计要求。

三、操作过程

1）参数设定。按项目描述设定相关参数，见表 5-18。

表 5-18　相关参数的设定

参数号	设定值	功能	参数号	设定值	功能
Pr. 79	3	组合操作模式 1	Pr. 5	40	速度 2
Pr. 1	50	上限频率	Pr. 20	20	加减速基准频率
Pr. 2	0	下限频率	Pr. 7	2	加速时间
Pr. 3	50	基底频率	Pr. 8	1	减速时间
Pr. 4	20	速度 1			

2）运行状态与接线端子对照表见表 5-19。

表 5-19　运行状态与接线端子对照表

速度	参数号	速度端子状态		
		RM（Y2）	RH（Y1）	STF（Y0）
20Hz	Pr. 4	0	1	1
40Hz	Pr. 5	1	0	1

注："1"表示外接开关接通，"0"表示外接开关断开。

3）三相异步电动机 PLC-变频器控制系统接线图如图 5-3 所示，根据接线图进行实物接线。

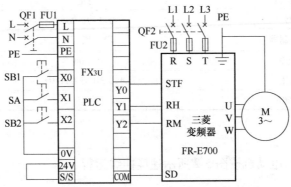

图 5-3　三相异步电动机 PLC-变频器控制系统接线图

4）确定 PLC 的 I/O 分配表（见表 5-20）。

表 5-20　PLC 的 I/O 分配表

输入（I）		输出（O）	
外接元件	输入端子	外接元件	输出端子
起动按钮 SB1	X0	变频器 STF 端子	Y0
手、自动转换开关 SA	X1	变频器 RH 端子	Y1
停止按钮 SB2	X2	变频器 RM 端子	Y2

5）编写程序（见表 5-21）。

表 5-21　梯形图及其说明

梯形图	说明
（见梯形图：0 X000 X002 —(Y000)，T1 Y000，X001）	1. 启动 SB1（X000），Y000 输出保持，变频器处于正转状态 2. 启动 20s 后，停止 Y000 输出 3. 转换开关 SA 接通，启动 X001，重复循环工作过程
（见梯形图：6 Y000 T1 K100 (T0)，T0 K100 (T1)，T0 (Y001)，20 T0 T1 (Y002)，23 [END]）	4. Y000 进入正转状态后，Y001 输出保持，变频器以 20Hz 运行 5. 定时器 T0 进行前 10s 计时，T1 进行后 10s 计时 6. 完成前 10s 过程，（T0）切换到 Y002 输出保持，变频器以 30Hz 运行 7. 完成后 10s 工作时，T1 停止 Y002 的输出

6）变频器设置参数，PLC 写入程序，确认接线无误，通电试运行（见表 5-22）。

表 5-22　通电试运行

操作内容	PLC 输出信号指示灯状态		变频器输入信号端子状态		电动机状态
① 按下起动按钮 SB1	Y000	亮	STF	ON	电动机以 20Hz 的速度正转运行
	Y001	亮	RH		
② 定时器 T0 计时，10s 时间到后	Y000	亮	STF	ON	电动机切换 40Hz 的速度继续正转运行
	Y001	灭	RH	OFF	
	Y002	亮	RM	ON	
③ T0 定时 10s 时间到后，定时器 T1 开始计时，10s 时间到后（如果转换开关 SA 未闭合，手动模式下）	Y000	灭	STF	OFF	工作过程结束，电动机停止运行
	Y001	灭	RH		
	Y002	灭	RM		
④ T0 定时 10s 时间到后，定时器 T1 开始计时，10s 时间到后（如果转换开关 SA 闭合，自动模式下）	Y000	亮	STF	ON	电动机重复以 20Hz 的速度正转循环运行
	Y001	亮	RH	ON	
	Y002	灭	RM	OFF	
⑤ 按下停止按钮 SB2	Y000	灭	STF	OFF	电动机停止运行
	Y001	灭	RH		
	Y002	灭	RM		

四、清理现场

清除参数；清除 PLC 程序；断开电源，拆除接线；整理工器具，清扫地面。

6.1　职业道德与《中华人民共和国劳动法》

 前置作业

1. 职业道德与《中华人民共和国劳动法》涵盖的范畴有哪些？
2. 怎样才算办事公道？
3. 何谓文明生产？

职业道德与《中华人民共和国劳动法》见表6-1。

表 6-1　职业道德与《中华人民共和国劳动法》

职业道德	职业道德是指从事一定职业劳动的人们，在长期的职业活动中形成的行为规范。职业道德是一种非强制性的约束机制。职业道德的重要内容是指员工强化职业责任、爱岗敬业。在市场经济条件下，职业道德具有促进人们的行为规范化的社会功能，最终将对企业起到提高竞争力的作用。事业成功的人往往具有较高的职业道德，职业道德是人生事业成功的重要条件。职业道德通过协调员工之间的关系，对企业起着增强企业凝聚力的作用。工作认真负责是衡量员工职业道德水平的一个重要方面。人的内心信念也属于职业道德范畴。在企业的经营活动中，激励作用、规范行为、遵纪守法等都是职业道德功能的表现。职工对企业诚实守信应该做到的是维护企业信誉，树立质量意识和服务意识。维护企业信誉是企业诚实守信的内在要求。市场经济条件下，通过诚实合法劳动，实现利益最大化，是符合职业道德规范中关于诚实守信的要求的。职业道德最终将对企业起到提高竞争的作用。养成爱护企业设备的习惯，是体现职业道德和职业素质的一个重要方面
职业纪律	职业纪律是从事这一职业的员工应该共同遵守的行为准则，它包括的内容有劳动纪律、组织纪律、财经纪律、群众纪律、保密纪律、宣传纪律、外事纪律等基本纪律，以及各行各业的特殊纪律。职业纪律的特点是具有明确的规定性和一定的强制性
爱岗敬业	爱岗就是热爱自己的岗位，敬业就是尊敬自己的事业。其具体要求是：树立职业理想，努力提高职业技能，强化职业责任，全心全意为人民服务。对待职业和岗位，一职定终身、绝对不改行并不是爱岗敬业所要求的。在市场经济条件下，多转行多跳槽的观念是不符合爱岗敬业要求的
勤劳节俭	勤劳，是指辛勤劳动，努力生产物质财富和精神财富。勤劳是中华民族的传统美德。节俭，指的是生活俭省，有节制。节俭，是一种美德，更是一种优秀的传统文化，是提升思想道德素质的一个途径。其现代意义在于：勤劳节俭是促进经济和社会发展的重要手段。勤劳节俭有利于企业持续发展，勤劳节俭符合可持续发展的要求。如企业只提倡勤劳，不提倡节俭，也是不正确的
办事公道	办事公道是指从业人员在进行直接活动时要做到追求真理、坚持原则、不计个人得失。坚持办事公道，要努力做到公正公平。在日常工作中，对待不同对象，态度应真诚热情、一视同仁。企业员工在生产经营活动中真诚相待、一视同仁、互相借鉴、取长补短、男女平等、友爱亲善，都是符合团结合作要求的。企业创新要求员工努力做到大胆地试、大胆地闯，敢于提出新问题

（续）

文明生产	文明生产的内部条件主要指生产有节奏、均衡生产、物流安排科学合理。生产环境的整洁卫生是文明生产的重要方面。职工上班时要按规定穿整洁的工作服，夏天天气炎热时只穿背心是不符合着装整洁要求的。从业人员在职业交往活动中，适当化妆或戴饰品是符合仪表端庄具体要求的。上班前做好充分准备，工作中集中注意力，爱惜企业的设备、工具和材料，下班前做好安全检查，对自己所使用的工具，每天都要清点数量、检查完好性，工具使用后按规定放置到工具箱中，搞好工作现场的环境卫生，是文明生产、工作认真负责的具体表现。它与只是领导说什么就做什么、草率敷衍的工作态度形成鲜明对比。那些为了及时下班，直接拉断电源总开关的做法都不是文明生产的行为
劳动法	劳动者享有平等就业和选择职业的权利、取得劳动报酬的权利。用人单位应当按月以货币形式支付给劳动者本人工资，不得克扣或无故拖欠劳动者工资。劳动者在法定节假日和婚丧假期间以及依法参加社会活动期间，用人单位应当依法支付工资。劳动者享有休息休假的权利。劳动者应当完成劳动任务，提高职业技能，执行劳动安全卫生规程，遵守劳动纪律和职业道德。禁止用人单位招用未满16周岁的未成年人。用人单位未按照劳动合同约定支付劳动报酬或者是提供劳动条件的，劳动者可以随时通知用人单位解除劳动合同。在试用期内，劳动者可以随时通知用人单位解除劳动合同。劳动者解除劳动合同，应当提前30日以书面形式通知用人单位。劳动者患病或者负伤，在规定的医疗期内的，用人单位不得解除劳动合同
安全操作规程	严格执行安全操作规程的目的是保证人身和设备的安全以及企业的正常生产。不同行业安全操作规程的具体内容是不同的，严格执行安全操作规程是维持企业正常生产的根本保证。每位员工都必须严格执行安全操作规程，单位的领导在严格执行安全操作规程工作上更应起表率作用。电工工具的种类很多，要分类保管，不能拿到什么工具就用什么工具，或只保管好贵重的工具，更不能抱着价格低的工具就多买一些，丢了也不可惜的思想。切忌电工工具不全时，冒险带电作业
质量管理	对每个职工来说，质量管理的主要内容有岗位的质量要求、质量目标、质量保证措施和质量责任等。岗位的质量要求通常包括操作、工作内容、工艺规程及参数控制等

6.2 电工仪器的使用

前置作业

1. 直流单臂电桥和直流双臂电桥的作用各是什么？
2. 直流单、双臂电桥的工作原理各是怎样的？
3. 信号发生器的功能是什么？
4. 怎样用示波器调节出方波？

6.2.1 直流单臂电桥和直流双臂电桥的使用方法及使用注意事项

电桥是常用仪器，它的主要特点是灵敏度和准确度高，分为直流电桥和交流电桥两大类。直流电桥主要用于测量电阻，根据结构不同，又可分为单臂电桥（见表6-2）和双臂电桥（见表6-3）两种。交流电桥主要用于测量电容、电感和阻抗等参数。万用阻抗电桥兼有直流电桥和交流电桥的功能。I×R 数字测量仪则是一种高性能的自动阻抗测量电桥。

表 6-2　直流单臂电桥

项目	内容
结构特点	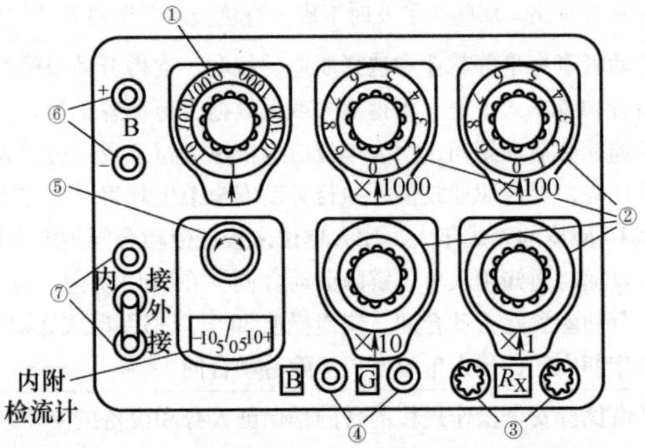 直流单臂电桥又称惠斯通电桥，是一种精密测量中值电阻（1Ω~1MΩ）的直流平衡电桥。通常用来测量各种电机、变压器及电器的直流电阻。常用的是 QJ23 型携带式直流单臂电桥。上图是 QJ23 型直流单臂电桥的面板
面板说明	①为比率臂转换开关，共分 7 挡，分别是 0.001、0.01、0.1、1、10、100 和 1000 ②为比较臂转换开关，由 4 组可调电阻串联而成，每组均有 9 个相同的电阻，分别为 9 个 1Ω、9 个 10Ω、9 个 100Ω、9 个 1000Ω。调节面板上的 4 个读数盘，可得到 0~9999Ω 范围内任意一个电阻值（其最小步进值为 1Ω） ③为被测电阻接线端钮 ④为按钮。B 为电源开关，G 为检流计支路开关。电桥不用时，应将 G 锁住（顺时针旋转），以免检流计受振损坏 ⑤为检流计机械调零旋钮 ⑥为外接电源接线端钮 ⑦为检流计短路片及内、外接端钮。当使用机内检流计时，短路片应与"外接"端连接；当使用外接检流计时，短路片应与"内接"端连接。外接检流计从"外接"端与公共端接入
工作原理	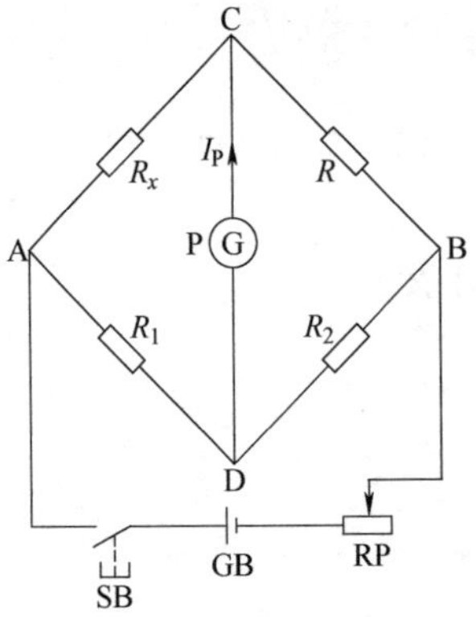 设 R_x 是待测电阻，其他三个是已知标准电阻，且可调其阻值。只调 R 或调 R_1 和 R_2 的比值，就可使 C、D 两点电位相等，电桥无输出，通过检流计的电流 I_P 为零（指针不偏转），这种状态称为电桥的平衡，有 $$R_x R_2 = R_1 R \quad （对臂电阻乘积相等）$$ 即 $R_x = \dfrac{R_1}{R_2} R$ R_1 和 R_2 称为比率臂，R 称为比较臂，选定比率臂的比率 $\dfrac{R_1}{R_2}$，调比较臂 R，使检流计的电流 I_P 为零，电桥平衡，通过 $R_x = \dfrac{R_1}{R_2} R$ 即可求得 R_x 的值。将 R 微调 ΔR，检流计偏转为 ΔI_P，则电桥灵 敏度 $S = \Delta I_P \dfrac{\Delta R}{R}$

（续）

项目	内容
测量步骤	① 将单臂直流电桥检流计锁扣打开，调节机械调零旋钮，使检流计指针指向零 ② 接上被测电阻 R_x，根据 R_x 阻值范围选择适当倍率，使最高倍率（×1000）示数不为零为宜 ③ 测量时，先按下电源按钮"B"，再按下检流计按钮"G"，若检流计指针偏向"＋"，则应增大比较臂电阻；若指针偏向"－"，则应减小比较臂电阻。调解平衡过程中不能把检流计按钮按死，待调到电桥接近平衡时，才可将检流计按钮锁定进行细调，直至指针调零，电桥达到平衡 ④ 根据比率臂和比较臂，按下式计算被测电阻 R_x 的值：$R_x =$ 比率臂比率×比较臂电阻

R_x 值	被测电阻	$1\sim10\Omega$	$10\sim100\Omega$	$100\sim1000\Omega$	$1\sim10k\Omega$	$10\sim100k\Omega$	$100k\Omega\sim1M\Omega$
	比率臂	0.001	0.01	0.1	1	10	100

项目	内容
使用注意事项	① 测量前先将检流计指针调零 ② 注意测量范围。直流单臂电桥以测量 $1\Omega\sim1M\Omega$ 电阻为宜。用粗短导线将被测电阻牢固地接至标有"Rx"的两个接线端钮之间，尤其是测量小电阻时（如小于 0.1Ω 时），引线电阻和接触电阻皆不可忽略，避免带来很大的测量误差 ③ 根据被测电阻的大小，选择适当的桥臂比率。在选择比率臂比率时，应使比较臂的 4 档电阻都能用上，这样容易把电桥调到平衡，保证测量结果的有效数字，提高其测量精度。比率臂比率选择见表中 R_x 值一栏 ④ 电流线路接通后，按钮不可长时间按下，以免标准电阻因长时间通过电流而使阻值改变 ⑤ 测量电感线圈的直流电阻时，应先按下电源按钮，再按检流计按钮；测量结束，应先断开检流计按钮，再断开电源，以免被测线圈的自感电动势造成检流计的损坏 ⑥ 发现电池电压不足时应及时更换，否则将影响检流计的灵敏度。外接电源时，应符合说明书上规定的电压值。若长时间不用，应取出电池 ⑦ 电桥使用完毕，应先切断电源，然后拆除被测电阻，还要将检流计锁扣锁上，以防搬动过程中振坏检流计。对于没有锁扣的检流计，应将按钮断开，它的常闭触点会自动将检流计短路，从而使可动部分得到保护 ⑧ 测量高阻值（大于 $1M\Omega$）电阻时，因电路中电流较小，平衡点不明显，可使用外接电源和高灵敏度检流计，但外接电压应按规定选择，过高会损坏桥臂电阻

表 6-3　直流双臂电桥

项目	内容
结构图	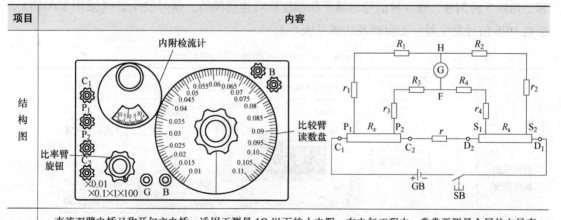
用途	直流双臂电桥又称开尔文电桥，适用于测量 1Ω 以下的小电阻。在电气工程中，常常要测量金属的电导率、分流器的电阻值、电机或变压器绕组的电阻值等，在用直流单臂电桥测量这些小阻值电阻时，接线电阻和接触电阻会给测量结果带来不可忽视的误差。直流双臂电桥正是为了消除和减小这种误差而设计的。左图为 QJ103 型直流双臂电桥面板图。调节比率臂和比较臂转盘使电桥平衡，则被测电阻 $R_x =$ 比率臂比率×比较臂电阻

（续）

项目	内容
工作原理	电路中的 R_x 为待测电阻，R_s 为比较臂的标准电阻。R_1、R_2、R_3、R_4 组成电桥双臂电阻，且阻值较大（$10 \sim 10^3 \Omega$）。设桥路中 P_1、P_2、S_1、S_2 处的导线电阻和接触电阻分别为 r_1、r_3、r_4、r_2，当它们作为附加电阻加入 R_1、R_2、R_3、R_4 桥臂电阻中时，因 $R_1 \sim R_4$ 远大于 $r_1 \sim r_4$（$10^{-5} \sim 10^{-2} \Omega$），且 r/R（r 为导线电阻和接触电阻，R 为桥臂电阻）很小，故其影响可忽略不计。至于 C_1、C_2、D_1、D_2 处的导线电阻和接触电阻（总称附加电阻），因在电桥的外电路上，与电桥平衡无关。设 r 为 C_2、D_2 间附加电阻的总和，且 C_2 和 D_2 间用短而粗的导线连接，使 $r \rightarrow 0$。试验表明，只要适当调节 R_1、R_2、R_3、R_4 和 R_s 的阻值，就可以消除 r 对测量结果的影响。直流双臂电桥中，被测电阻 R_x 与 R_3 串联后组成电桥的一个桥臂；标准电阻 R_s 与 R_4 串联后组成电桥的另一个桥臂，它相当于直流单臂电桥的比较臂；R_1、R_2 组成电桥的比率臂。$R_1 \sim R_4$ 均可调节且在结构上做成 R_1 和 R_3、R_2 和 R_4 同步调节，即始终保持 $R_1 = R_3$、$R_2 = R_4$。在此条件下，忽略 r 的影响，然后仿照直流单臂电桥的推导方法，可得到直流双臂电桥的平衡条件与直流单臂电桥相同，即：$R_x = \dfrac{R_1}{R_2} R_s$
使用注意事项	使用直流双臂电桥与直流单臂电桥的方法基本相同，但应注意： ① 直流双臂电桥有 4 个接线端，即 P_1、P_2、C_1、C_2，其中 P_1、P_2 是电位端钮，C_1、C_2 是电流端钮。被测电阻的电流端钮和电位端钮应与双臂电桥的对应端钮正确连接。当被测电阻没有专门电位端钮和电流端钮时，要设法引出 4 根线与双臂电桥连接，并用内侧的一对导线接到电桥的电位端钮上，两对接头线不能绞在一起，接线图如右图所示 ② 连接导线应尽量短而粗，导线接头要除尽污物，应接触良好，并且要连接牢靠，尽量减少接触电阻，以提高测量精度 ③ 直流双臂电桥工作电流很大，测量时"B"按钮不要锁定，且使用电池测量时，操作速度要快，以避免耗电过多。测量结束后，应立即切断电源

6.2.2 信号发生器

信号发生器是一种精密的测试仪器。它可以连续地输出正弦波、方波、矩形波、锯齿波和三角波 5 种信号，这 5 种信号的频率和幅度均可连续调节。信号发生器（采用 UTG1000A 系列 DDS 信号发生器）的组成及功能见表 6-4。

表 6-4 信号发生器的组成及功能

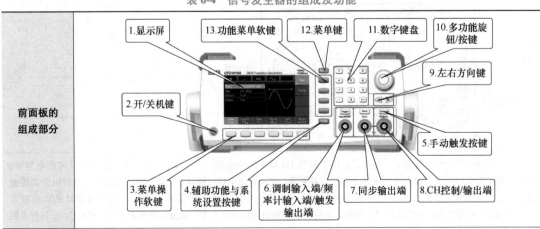

（续）

前面板各部分的功能	1. 显示屏：显示通道的输出状态、功能菜单和其他重要信息，有友好的人机交互界面 2. 开/关机键：启动或关闭仪器。按此键背光灯亮，显示屏显示开机界面后再进入功能界面 3. 菜单操作软键：通过软键标签的标识对应地选择或查看标签的内容 4. 辅助功能与系统设置按键：按此按键可弹出三个功能标签——通道设置、频率计、系统及子标签 5. 手动触发按键：设置触发，闪烁时执行手动触发 6. 调制输入端/频率计输入端/触发输出端：在 AM、FM、PM 或 PWM 信号调制时，当调制源选择外部时，通过外部调制输入端输入调制信号；在开启频率计功能时，通过此接口输入待测信号；在启用通道信号手动触发时，通过此端口输出手动触发信号 7. 同步输出端：此按键控制是否开启同步输出 8. CH 控制/输出端：可通过按 Channel 键（手动触发按键）快速开启/关闭通道输出，也可以通过按 Utility 键（辅助功能与系统设置按键）弹出标签后再通过 3、13 两组软键来设置 9. 左右方向键：在参数设置时，通过左右移动来切换数字的位 10. 多功能旋钮/按键：用于改变数字（顺时针旋转数字增大）或作为方向键使用，可用于功能选择、参数设置和选定确认 11. 数字键盘：包括用于输入所需参数的数字键 0~9、小数点"."、符号键"+/−"。小数点"."可以快速切换单位 12. 菜单键：弹出三个功能标签——波形、调制、扫频，按对应功能菜单软键可获得相应的功能 13. 功能菜单软键：快捷选中功能菜单
后面板的组成部分	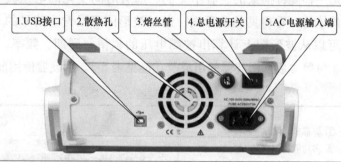
后面板各部分的功能	1. USB 接口：通过此 USB 接口来与上位机连接 2. 散热孔：为保证仪器正常工作，请勿堵塞散热孔 3. 熔丝管：AC 输入电流超过 2A 时，熔丝会熔断来切断 AC 输入以保护仪器 4. 总电源开关：置"I"时，给仪器通电；置"O"时，断开 AC 输入 5. AC 电源输入端：额定输入值为 100~240V，45~440Hz。电源熔丝的规格为 250V/T2A
功能界面	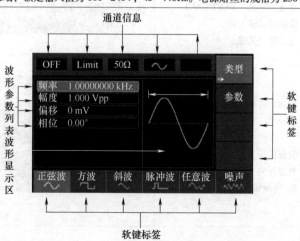

（续）

功能界面	1. 通道信息： 1）左边"ON"或"OFF"为通道开关信息 2）"Limit"标识表示输出幅度限制，高亮为有效，灰色为无效。输出端的匹配阻抗为 $1\Omega \sim 1k\Omega$ 可调 3）右边为当前有效波形 2. 软键标签：用于标识功能菜单和操作当前的功能 1）屏幕右方的标签：如高亮显示为已选中 2）屏幕下方的子标签：显示内容属于屏幕右方的类型标签的下级目录，操作对应按键选中子标签 3. 波形参数列表：以列表的方式显示当前波形参数，列表选中区域（高亮显示）为可编辑状态，可通过菜单操作软键、数字键盘、左右方向键、多功能旋钮的配合进行参数设置 4. 波形显示区：显示该通道当前设置的波形形状（左边为波形的参数列表） 注意：系统设置时没有波形显示区，此区域被扩展成参数列表

6.2.3 示波器的使用

示波器是一种能将抽象的、看不见的、随着时间变化的电压波形，显示为具体的、看得见的波形图，通过波形图可以看清信号的特征，并且可以从波形图上计算出被测电压的幅值、周期、频率、脉冲宽度及相位等参数。示波器的组成及功能见表 6-5。示波器使用前的调试见表 6-6。

表 6-5　示波器的组成及功能

前面板介绍	① 屏幕显示区域 ② 多功能旋钮（Multipurpose） ③ 控制菜单键 ④ 功能菜单软键 ⑤ 探头补偿信号连接片和接地端 ⑥ 触发控制区（TRIGGER） ⑦ 水平控制区（HORIZONTAL） ⑧ 垂直控制区（VERTICAL） ⑨ 模拟通道输入端 ⑩ 电源软开关键	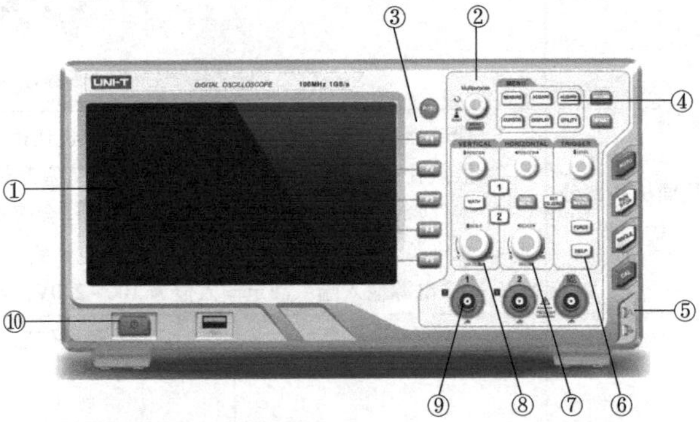
后面板介绍	① Pass/Fail Out：通过/失败检测功能输出端，同时支持 Trig_out 输出 ② 安全锁孔 ③ 电源开关 ④ AC 电源输入插座	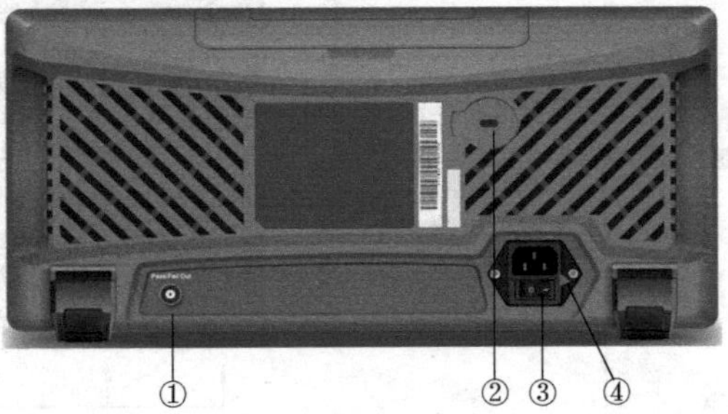

（续）

垂直 控制区		① 按下 **1** 和 **2** 可显示垂直通道操作菜单，可打开或关闭通道显示波形 ② 按下 **MATH** 可打开数学运算功能菜单，可进行加、减、乘、除运算，FFT 运算，逻辑运算，高级运算 ③ 为垂直移位旋钮，可移动当前通道波形的垂直位置，屏幕下方的垂直位移值相应变化。按下该旋钮可使通道显示位置回到垂直中点 ④ 为垂直档位旋钮，可调节当前通道的垂直档位，屏幕下方的档位标识相应变化。垂直档位步进为 1—2—5
水平 控制区		① **HORI MENU** 为水平菜单按键，显示视窗扩展和释抑时间 ② 为水平移位旋钮，可移动当前通道波形的水平位置，屏幕上方的水平位移值相应变化。按下该旋钮可使通道显示位置回到水平中点 ③ 为水平时基旋钮，可调节当前通道的时基档位。调节时可以看到屏幕上的波形水平方向上被压缩或扩展，同时屏幕下方的时基档位标识相应变化。时基档位步进为 1—2—5
触发 控制区		① 为触发电平调节旋钮，可调节当前触发通道的触发电平值，屏幕右上角的触发电平值相应变化。按下该旋钮可使触发电平快速回到触发信号 50% 的位置 ② **TRIG MENU** 显示触发操作菜单内容 ③ **FORCE** 为强制触发键，按下该键强制产生一次触发 ④ **HELP** 显示示波器内置帮助系统内容 ⑤ **SET TO ZERO** 用于将触发电平、触发位置和通道位置同时居中
功能按键	**AUTO**	自动设置：按下该键，示波器将根据输入的信号自动调整垂直刻度系数、扫描时基以及触发模式，直至显示最合适的波形
	RUN STOP	运行/停止：按下该键运行或停止波形采样。运行（RUN）状态下，该键绿色背光灯点亮；停止（STOP）状态下，该键红色背光灯点亮
	SINGLE	单次触发：按下该键将示波器的触发模式设置为"单次"
	CAL	校正信号切换：长按该键可以切入校正信号到通道或切出（为了防止误操作导致外部高电压反向进入烧坏校准信号电路，该功能仅在 2mV/div～5V/div 时有效）

（续）

功能按键	 PrtSc	截屏：按下该键可将屏幕波形以 BMP 格式快速保存到 USB 存储设备中
	 Multipurpose	多功能旋钮（Multipurpose）：菜单操作时，按下某个菜单软键后，转动该旋钮可选择该菜单下的子菜单，然后按下旋钮（即 Select 功能）可选中当前选择的子菜单
	 MEASURE	按下该键进入测量设置菜单，可设置测量信源、所有参数测量、定制参数、测量统计、测量指示器等
	 ACQUIRE	按下该键进入采样设置菜单，可设置示波器的获取方式、深存储、快采开关
	 STORAGE	按下该键进入存储界面，可存储的类型包括设置、波形，可存储到示波器内部或外部的 USB 存储设备中
	 CURSOR	按下该键进入光标测量菜单，可手动通过光标测量波形的时间或电压参数
	 DISPLAY	按下该键进入显示设置菜单，可设置波形显示类型、显示格式、持续时间等
	 UTILITY	按下该键进入辅助功能设置菜单，可以进行自校正、系统信息、语言设置、菜单显示、波形录制、通过测试、方波输出、频率计、系统升级、背光亮度、输出选择等设置或操作
	 DEFAULT	按下该键使示波器进行恢复出厂设置操作
	 RECORD	按下该键直接打开波形录制菜单
功能界面	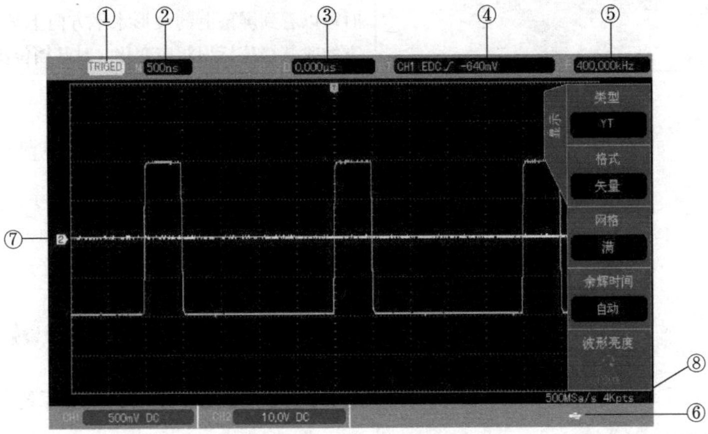	
界面简介	① 触发状态标识：包括 TRIGED（已触发）、AUTO（自动）、READY（准备就绪）、STOP（停止）、ROLL（滚动） ② 时基档位：表示屏幕波形显示区域水平轴上一格所代表的时间。使用示波器前面板水平控制区的 SCALE 旋钮可以改变此参数 ③ 水平位移：显示波形的水平位移值。调节示波器前面板水平控制区的 POSITION 旋钮可以改变此参数 ④ 触发信息：显示当前触发源、触发类型、触发斜率、触发耦合、触发电平等触发信息。触发源有 CH1~CH2、市电、EXT 等；触发类型有边沿、脉宽、视频、斜率等；触发斜率有上升、下降、上升下降三种，例如图中的标识为上升沿触发；触发耦合有直流、交流、高频抑制、低频抑制、噪声抑制 5 种 ⑤ 频率计：显示当前触发通道的频率信息 ⑥ USB 标识：在 USB 接口连接上 U 盘等 USB 存储设备时显示此标识 ⑦ 通道垂直状态标识：显示通道激活状态、通道耦合、带宽限制、垂直档位、探头衰减系数 ⑧ 采样率/存储深度：显示示波器当前档位的采样率和存储深度	

表6-6　示波器使用前的调试

(1) 电源接通	示波器的额定供电电压为 AC 100~240V，45~440Hz。使用附件中的电源线或者其他符合所在地标准的电源线，将示波器电源输入连接至合乎额定标准的供电网络。打开机器后部电源插孔下方的电源开关，示波器将正式通电。此时示波器前面板左下角的电源软开关键 的绿色待机状态灯将亮起
(2) 开机启动	在第一步机器完成通电操作后，按下电源软开关键 ，绿色待机状态灯将熄灭，同时前面板的部分按键将发生亮灯反应。约 1s 后屏幕点亮并出现 LOGO 画面，LOGO 画面再持续约 4s 后，示波器将进入正常工作界面
(3) 功能检查	示波器进入正常工作界面后，找到操作面板右下方的 按键。长按 按键至听到继电器切换声音后松开，然后按 按键，信号自动调理完成后屏幕上将在上、下半屏分别出现两个通道一致的 1kHz、3V（峰峰值）方波信号。再次按下 按键，则内部参考输入断开，通道才能处于正常外部输入状态
(4) 10×无源探头补偿	假定示波器已开机并进行过 30min 的预热操作，在使用无源高阻探头（标准配件）的 10× 档进行信号测量前，必须对探头进行补偿操作，以保证测量结果的准确。调整探头补偿，按如下步骤进行： ① 将探头菜单衰减系数设定为 10×，探头上的开关置于 10×，并将示波器探头与 CH1 通道连接。如使用探头钩形头，应确保与探头接触可靠。将探头探针与示波器的探头补偿信号连接片相连，接地夹与探头补偿信号连接片的接地端相连，打开 CH1 通道，然后按 按键 ② 观察显示的波形 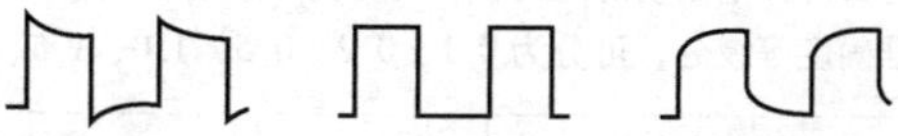 补偿过度　　补偿正确　　补偿不足  ③ 如显示波形"补偿不足"或"补偿过度"（见上图），用非金属手柄的调笔调整探头上的可调卡口，直到屏幕显示的波形"补偿正确"（见上图）。探头补偿信号的位置示意如左图所示 警告：为避免使用探头在测量高电压时被电击，请确保探头的绝缘导线完好，并且连接高压电源时请不要接触探头的金属部分

6.3 常用电工仪表的使用

📝**前置作业**

1. 指示仪表按工作原理分为几类？
2. 试述功率表的工作原理。
3. 试述用万用表测量电阻的方法。
4. 试述钳形电流表的使用方法。
5. 试述兆欧表的使用注意事项。

6.3.1 电工仪表的基本知识

在电工测量中，测量各种电量、磁量及电路参数的仪器仪表统称电工仪表。电量指电流、电压、功率、电能、频率、电阻、电感、电容以及时间常数和损耗角等。磁量主要指磁场以及物质在磁场磁化下的各种磁特性，如磁场强度、磁通、磁感应强度、磁通势、磁导率、磁滞和涡流损耗等。电测量和磁测量又可统称为电磁测量或电气测量。

电工仪表根据其在进行测量时得到被测量数值的方式不同分为指示仪表、比较仪表和数字仪表三大类。下面重点介绍电工指示仪表。电工指示仪表的基本知识见表6-7。

表6-7　电工指示仪表的基本知识

项目	内容						
指示仪表的分类	指示仪表先将被测量按一定的函数关系，转换为可动部分的角位移，从而使指针发生偏转的角度大小反映被测量的数值。它由测量线路和测量机构构成。指示仪表的分类如下： ① 按测量对象分，可以分为电流表、电压表、功率表、电能表、功率因数表、频率表、相位表、电阻表（欧姆表）、兆欧表（绝缘电阻表）及万用表等 ② 按工作电流性质分，可分为直流表、交流表及交直流两用表 ③ 按使用方式分，可分为安装式（配电盘式）、便携式等 ④ 按工作原理分，可分为磁电系、电磁系、电动系、感应系、静电系、整流系等 ⑤ 按使用环境条件分，可以分为 A、A1、B、B1、C 五个组 ⑥ 按防御外界电磁场的能力分，可分为 Ⅰ、Ⅱ、Ⅲ、Ⅳ四个等级 ⑦ 按准确度等级分，可分为 0.1、0.2、0.5、1.0、1.5、2.5、5.0 七级						
准确度等级	准确度等级	0.1	0.2	0.5	1.0	1.5	2.5	5.0
	基本误差（%）	±0.1	±0.2	±0.5	±1.0	±1.5	±2.5	±5.0
	0.1、0.2级仪表作为标准表（又称范型仪表） 0.5、1.0、1.5级仪表多用于实验室 1.5、2.5、5.0级仪表则用于电气工程测量							

（续）

项目	内容
常用电工仪表的工作原理	① 磁电系：由固定永久磁铁和活动通电线圈两部分组成。根据通电线圈在磁场中受电磁力的作用而偏转的原理制成。特点是准确度和灵敏度高，刻度均匀，功率消耗小，过载能力小，只能测直流 ② 电磁系：由固定线圈和轴上的可动铁片组成。分吸引型和排斥型两种。根据电磁相互作用原理制成。其磁场是由被测电流产生的，易受外磁场影响。特点是交直流两用，可测大电流，标尺刻度不均匀 ③ 电动系：由固定线圈和可动线圈构成。它利用通电的固定线圈代替永久磁铁，不但可以做成交直流两用且准确度较高的电压表、电流表，还可以做成功率表和功率因数表等。优点是准确度高，交直流两用，能构成多种类仪表，电动系功率表刻度标尺均匀。缺点是仪表易受外磁场影响，功耗大，过载能力小，电动系电流表、电压表刻度不均匀 ④ 感应系：如电能表，它由驱动元件、转动元件、制动元件、积算机构等组成。感应系仪表是利用电磁感应的原理制作的，由载流线圈产生交变磁场，使可动部分导体中产生感应电流，感应电流又和交变磁场相互作用，产生驱动力矩，使仪表工作
直流电流表和电压表	<table><tr><td>直流电流表</td><td>扩大量程电流测量电路</td><td>直流电压表</td><td>扩大量程电压测量电路</td></tr><tr><td></td><td>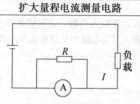</td><td></td><td>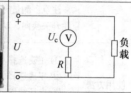</td></tr></table>　　直流电流表和电压表一般由磁电系测量机构构成。由于磁电系测量机构中通电的可动线圈导线很细，而且电流还要通过游丝，所以允许直接通过的电流很小，它本身只能用作微安表或毫安表。为了测量较大电流，必须采用分流器。磁电系电流表通常由测量机构和分流器并联构成 　　测量直流电流通常采用磁电系电流表。电流表必须与被测电路串联，否则就会烧毁电表。此外，测量直流电流时还要注意仪表的极性。直流电流的测量可采用直接测量法或间接测量法来完成 　　流过测量机构的电流与被测电压成正比，偏转角就可以反映被测电压的大小。标尺可以做成电压刻度，这就成了一只简单的电压表。电压表必须与被测电路并联，否则就会烧毁电表。磁电系测量机构允许通过的电流是很小的，所以它只能直接测量很低的电压。为了扩大量程，一般采用附加电阻和磁电系测量机构相串联。电压的测量通常采用直接测量，即将电压表直接并联在被测支路的两端，则电压表的示数就是被测支路两点间的电压值
交流电流表和电压表	 　　测量交流电流主要采用电磁系电流表，进行精密测量时使用电动系仪表，电流表必须与被测电路串联。通常交流电流的测量采用间接测量法，即先用电压表测出电压后，再利用欧姆定律换算成电流。若被测电流很大，可配以电流互感器来扩大量程 　　测量交流电压主要采用电磁系电压表。电压表必须与被测电路并联，否则将会烧毁电表。在测量范围内将电压表直接并入被测电路即可。测量 600V 以上的电压时，一般要配以电压互感器降压后再测量
功率表的工作原理	功率表又称瓦特表，用 W 表示。功率表是测量某一时刻发电设备、供电设备所发出、传送、消耗的电能（即功率）的指示仪表。功率表大多由电动系测量机构构成。电动系功率表具有两组线圈，一组与负载串联，叫电流线圈，反映出流过负载的电流，另一组与负载并联，叫电压线圈，反映出负载两端的电压，所以适用于用来测量功率 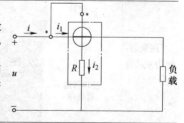
三相有功功率的测量	① 一表法：仅适用于测量三相对称负载的有功功率。此时，用一个单相功率表测得一相功率，由于三个单相功率相等，因此乘以 3 即得三相负载的总功率 ② 二表法：适用于三相三线制供电系统的功率测量。此时，不论负载是否对称，也不论负载是星形联结还是三角形联结，二表法都适用。下图中两功率表的读数并无实际物理意义。用两只单相功率表来测量三相功率，三相总功率为两个功率表的读数之和

（续）

项目	内容
三相有功功率的测量	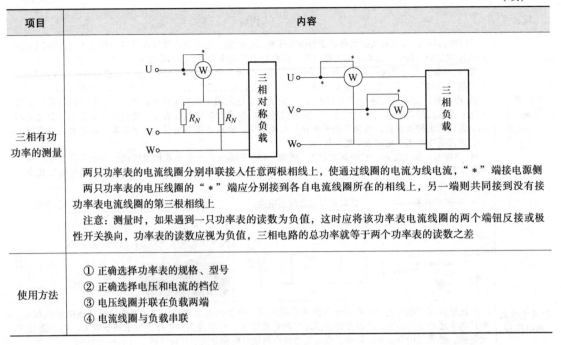 两只功率表的电流线圈分别串联接入任意两根相线上，使通过线圈的电流为线电流，"＊"端接电源侧 两只功率表的电压线圈的"＊"端应分别接到各自电流线圈所在的相线上，另一端则共同接到没有接功率表电流线圈的第三根相线上 注意：测量时，如果遇到一只功率表的读数为负值，这时应将该功率表电流线圈的两个端钮反接或极性开关换向，功率表的读数应视为负值，三相电路的总功率就等于两个功率表的读数之差
使用方法	① 正确选择功率表的规格、型号 ② 正确选择电压和电流的档位 ③ 电压线圈并联在负载两端 ④ 电流线圈与负载串联

6.3.2 万用表的使用

万用表可用于多功能、多量程的测量，一般可以测量直流电压、直流电流、交流电压和直流电阻，有的还可以测量交流电流、电感、电容、音频电平等。

1. 万用表的使用与基本物理量的测量方法（见表6-8）

表6-8 万用表的使用与基本物理量的测量方法

| 万用表的结构及检查 | 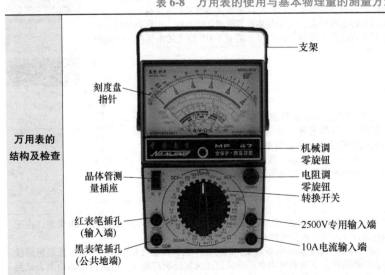 | ① 检查合格证及外观有无破损
② 检查表笔：红表笔插正极孔"＋"，黑表笔插负极孔"－"
③ 测量前，指针应在机械零位，否则，应进行机械调零
④ 测量电阻前，应进行电阻调零（但注意时间要短，以减小电池消耗）。每变换一次欧姆档应重新进行电阻调零。若电阻调零旋钮已无法使指针达到电阻零位，则说明万用表内电池电压已经太低，应更换新的电池
⑤ 测量完毕，应将转换开关转到 OFF 档或交流电压最高量程档 |

（续）

正确选档	测量档位的选择包括测量对象（交流电压、直流电压、直流电流、直流电阻）的选择和量程（档位大小）的选择，测量前根据测量的对象及其大小作粗略估计，将转换开关转到需要的位置上。测量电压、电流时，最好使指针在量程的 1/2~2/3 范围，读数较为准确。若不知被测量大小时，应从电压或电流的最大档进行试测，然后再减小至合适量程
读数	应在表针稳定后所指示的对应标尺上读数。读数时应使视线、指针、刻度线成一垂直线
测量电阻	① 测量电阻时必须切断被测电路的电源，最好将被测电路从原电路断开一端 ② 预估被测电阻的大小，选择档位，然后进行电阻调零 ③ 用表笔与电阻的两端紧密接触（注意两只手不与电阻两端相接），观察指针摆动，直到指针稳定不动后，即测出电阻的数值，正确读数。如果档位不合适，更换档位后重新电阻调零和测试
测量交、直流电压	① 万用表面板上的插孔（或接线柱）有极性标记，一般情况下红表笔接正（+）极，黑表笔接负（-）极。测量直流电压时，要注意正负极性；测量交流电时，与极性无关 ② 用万用表测量交、直流电压时，根据被测电压大小，将转换开关转到合适的量程。量程选择应使指针的偏转在满刻度的 1/2~2/3 范围（此时被测数较准确），然后将表笔与被测电压两端并联。如果被测直流电压极性预先不知道，应先将转换开关转到直流电压最大量程，然后将表笔轻触被测电压两端。若表针正方向（向右）偏转，则红表笔所指一端为正；若表针反方向（向左）偏转，则红表笔所指一端为负。交流电压和直流电压的判断：如果用交流电压档测量指针有指示，而用直流电压档测量指针无指示的为交流电压；如果用交流电压档测量指针有指示，用直流电压档测量指针也有指示的为直流电压
测直流电流	① 一般的万用表只能测直流电流的毫安级，但有些万用表能测直流 5A ② 测量直流电流时，一定要注意表笔的极性，红表笔为"+"，黑表笔为"-"，在测试板上将两支表笔接在电池与电阻的串联电路两端；未知被测电流大小之前，应从最大量程档开始，然后逐档减少至适当的量程，再进行读数

2. 二极管、发光二极管、双向二极管、晶体管的检测方法（见表 6-9）

表 6-9　二极管、发光二极管、双向二极管、晶体管的检测方法

项目	检测方法
二极管	① 检查二极管标称型号与电路图标称型号的一致性，型号为 2CP12 或 1N4007 ② 用万用表 $R×1k$ 档测正、反电阻，应为一小一大，阻值小的黑表笔为阳极，表示这是一个好管 ③ 正、反电阻均很大则为断路 ④ 正、反电阻均很小则为击穿
发光二极管	① 检查发光二极管灯珠是否有破损，尺寸是否与电路标称值一致，直径应为 $\phi3mm$ ② 用万用表 $R×100$ 档或 $R×1k$ 档测量发光二极管的正、反向电阻值，正常时，正向电阻值（黑表笔接正极时）为几百欧，反向电阻值为 ∞（无穷大）。在测量正向电阻值时，较高灵敏度的发光二极管管内会发微光，否则为坏管 特别提醒： ① 测量发光二极管时要区分正负极，长引脚为正极 ② 指针式万用表的欧姆档由于输出电流较大，一般测量正确时可使部分小功率的发光二极管点亮

（续）

项目	检测方法
双向 二极管	把万用表转换开关置于 $R×1k$ 档，测量双向二极管的正、反向电阻。如果测得的双向二极管的正、反向电阻均为无穷大，则双向二极管是好的；反之，双向二极管是坏的 特别提示：常用万用表中，黑表笔对应万用表内部电源正极（+），红表笔对应万用表内部电源负极（−）
晶体管	① 观察法：常用晶体管的封装有一定的规律。对于小功率金属封装晶体管，从左到右依次为 e、b、c；对于中小功率管，塑料平面朝向自己，引脚朝下，从左到右依次为 e、b、c ② 万用表测试法 判断晶体管的基极：将万用表调至 $R×1k$ 或 $R×100$ 档位，用黑表笔接触晶体管的某一引脚，红表笔分别接触另外两只引脚，如测得电阻值都很小，则黑表笔接触的那一引脚就是晶体管的基极，同时可知此晶体管为 NPN 型。若用红表笔接触晶体管的某一引脚，黑表笔分别接触另外两只引脚，如测得电阻值也都很小，则红表笔接触的那一引脚就是 PNP 型晶体管的基极 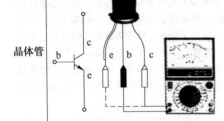 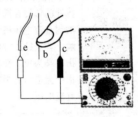 a) NPN型晶体管的判别　　b) PNP型晶体管的判别　　c) 集电极和发射极的判别 判断晶体管的发射极和集电极：以 NPN 型晶体管为例。确定基极后，假定其余两只引脚中的一只是集电极，另一只是发射极，将万用表的黑表笔接到假设的集电极上，红表笔接到假设的发射极上，用手把假设的集电极和已测得的基极捏起来（但不要相碰），观察万用表并记录读数。然后再做相反假设，即把原来假设为发射极的引脚假设为集电极，重复上述测试并记录读数。比较两次读数，读数小的一次假设是正确的 上述检测方法对检测大功率晶体管来说基本上适用，通常使用 $R×10$ 或 $R×1$ 档检测大功率晶体管

3. 晶闸管、双向晶闸管、单结晶体管的检测方法（见表 6-10）

表 6-10　晶闸管、双向晶闸管、单结晶体管的检测方法

晶闸管的检测	① 晶闸管极性的判断：晶闸管的三个引脚只用观察法判别是不够的，需用万用表 $R×1k$ 或 $R×100$ 档来判别。根据单向晶闸管的内部结构可知，G、K 之间相当一个二极管，G 为二极管正极，K 为负极，所以分别测量各引脚之间的正、反电阻。如果测得其中两引脚之间的电阻较大（如 90kΩ），对调两表笔，再测这两个引脚之间的电阻，阻值又较小（如 2.5kΩ），这时万用表黑表笔接的是 G 极，红表笔接的是 K 极，剩下的一个是 A 极 ② 晶闸管触发能力的判断：对 1 ~ 10A 的晶闸管，可用万用表的 $R×1$ 档，红表笔接 A 极，黑表笔接 K 极，表针不动。然后使红表笔在与 A 极相接的情况下，同时与控制极 G 接触，此时可从万用表的指针上看到晶闸管的 A-K 之间的电阻值明显变小，指针停在几欧到十几欧处，晶闸管因触发处于导通状态。给 G 极一个触发电压后离开，仍保持红表笔接 A 极、黑表笔接 K 极，若晶闸管处于导通状态不变，则表明晶闸管是好的；否则，晶闸管可能是损坏的

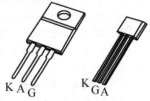

K A G　　K G A

（续）

双向晶闸管的检测	① 检查双向晶闸管标称值与电路图标称值是否一致 ② 判定 T_2 极。双向晶闸管的结构与符号如右图所示。它属于 N、P、N、P、N 5 层器件，3 个电极依次为 T_1、T_2、G。G 极与 T_1 极靠近，距 T_2 极较远，因此 G-T_1 之间的正、反向电阻都很小。用万用表 R×1 档检测任意两脚之间的电阻时，只有 G-T_1 之间呈现低阻，正、反向电阻仅为几十欧，而 T_2-G、T_2-T_1 之间的正、反向电阻均呈无穷大。这表明，只要测出其一脚与其他两脚都不通，就肯定此脚是 T_2 极 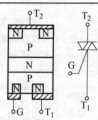 ③ 区分 G 极和 T_1 极。找出 T_2 极之后，先假定剩下两脚中某一脚为 T_1 极，另一脚为 G 极，把黑表笔接 T_1 极，红表笔接 T_2 极，电阻为无穷大。接着用红表笔把 T_2 与 G 短路，给 G 极加上负触发信号，证明管子已经导通，导通方向为 T_1→T_2。再把红表笔尖与 G 极脱开（但仍接 T_2），如果电阻值保持不变，就表明管子在触发之后仍能维持导通状态。把红表笔接 T_1 极，黑表笔接 T_2 极，然后使 T_2 与 G 短路，给 G 极加上正触发信号，在黑表笔与 G 极脱开后若阻值不变，说明管子经触发后在 T_2→T_1 方向上也能维持导通状态，因此具有双向触发性质。这样就可区分出 G 极和 T_1 极 若按照上述假定方式去检测，都不能使双向晶闸管导通，则说明管子已损坏 特别提示： ① 采用 TO220 封装的双向晶闸管，T_2 极通常与小散热板连通，据此亦可确定 T_2 极 ② 规定用 R×1 档检测，而不用 R×10 档，这是因为 R×10 档的电流较小，检查 1A 的双向晶闸管还比较可靠，但在检查 3A 或 3A 以上的双向晶闸管时，管子很难维持导通状态，一旦脱开 G 极即自行关断，电阻值又变成无穷大
单结晶体管的检测	① 观察法：如 BT33 型单结晶体管，将底面面向自己，旋转管子使侧边的凸起在左边，最靠近凸起的引脚为发射极 E，靠近 E 的为基极 B_1，较远的为基极 B_2 ② 测量法：使用万用表 R×100 或 R×1k 档，先假设一脚为 E 极，用黑表笔固定在假设的 E 极上，然后用红表笔分别测另外两脚。若测得两次均为导通，则再用红表笔固定在假设的 E 极上，黑表笔分别测另外两极。若测得两次均为无穷大，则可确定假设脚为 E 极。两次导通的测量中，电阻大的一次，红表笔接的就是 B_1 极 特别提醒：上述判别 B_1、B_2 的方法，不一定对所有的单结晶体管都适用，有个别管子的 E-B_1 间的正向电阻值较小。不过，准确地判断两个基极 B_1 和 B_2，在实际使用中并不特别重要。即使 B_1、B_2 颠倒了，也不会使管子损坏，只影响输出脉冲的幅度。当发现输出的脉冲幅度偏小时，只要将原来假定的 B_1、B_2 调换一下就可以了

6.3.3 钳形电流表的使用

钳形电流表是能在不断开电路的情况下测量电气线路或设备运行电流的一种仪表。钳形电流表的使用见表 6-11。

表 6-11 钳形电流表的使用

指针式钳形电流表图片	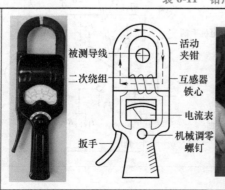		

（续）

分类	钳形电流表根据结构及用途分为互感器式和电磁系两种。常用的互感器式钳形电流表由电流互感器和整流系仪表组成，它只能测量交流电流。电磁系仪钳形电流表可动部分的偏转与电流的极性无关，因此它可以交直流两用。钳形电流表按测量结果显示不同又分为指针式和数字式
钳形电流表工作原理	电流互感器的铁心为钳形结构，它分为固定部分和活动部分，其中的活动部分与扳手联动。当握紧扳手时，铁心张开，将通有被测电流的导线放入钳口中，这样被测电流的导线不必切断就可以穿过铁心的缺口，然后放松手使铁心闭合。被测载流导线相当于电流互感器的一次绕组，绕在钳形电流表铁心上的线圈相当于电流互感器的二次绕组，则二次绕组中便将出现感应电流，送入整流系电流表，使指针偏转，指示出被测电流值（电流表的标度值是按一次电流刻度的）。量程转换开关及切换电路可实现钳形电流表的多量程电流测量
测前检查	① 根据被测线路或电气设备的电压，选择钳形电流表的额定电压等级。测量低压设备的电流用低压钳形电流表，测量高压线路电流用高压钳形电流表 ② 使用前应检查钳形电流表有无合格证，外观表面是否清洁、无破损，钳口处应该闭合密缝、无污物或锈迹，并开合把手几次，运动应灵活；还要检查指针是否在零位，如不在零位，应机械调零至零位
钳形电流表的使用方法	① 使用前调零；使用钳形电流表的人员应与带电设备保持足够的安全距离，避免接触和靠近邻近的带电部分；穿戴好相应的安全防护用具并在专人监护下进行。 ② 测量前先估算被测线路电流的大小，选择合适量程档。如无法估算，先从最大量程档开始，测量时发现量程不合适，必须将导线退出钳口，变换量程后，再重新测量。每次更换量程应均应如此 ③ 测量时，被测导线置于钳口内中心位置，并与表垂直，钳口应完全密缝，如有"嗡嗡"声可开合几次，使钳口密缝。尤其是测量大电流后再测量小电流前，应将钳口开合几次消磁，以使测量值更准确 ④ 为获得较准确的读数，仪表指针应在刻度盘 1/2～2/3 处为宜。表针稳定后，在所指示的对应标尺上读数。读数时应使视线、指针、刻度线成一垂直线 ⑤ 若已用最小量程档，表针指示值仍很小，为获得较准确读数，条件允许情况下可采用扩大量程法测量，即将导线多绕几圈，再套在钳口上测量，实际的电流值应用读数除以所绕的导线圈数 ⑥ 测量完毕，一定要注意把量程转换开关调到交流电流最大量程档或 OFF 档上，以免下次使用时，由于疏忽未选择量程就进行测量，而造成损坏钳形电流表的事故

6.3.4　兆欧表的使用（见表 6-12）

表 6-12　兆欧表的使用

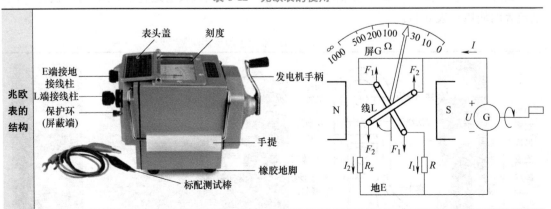

（续）

作用与分类	兆欧表也叫绝缘电阻表，俗称摇表，作用是测量电气设备或线路的绝缘电阻。电气设备在使用中，为确保设备和人身安全，防止绝缘材料因发热、受潮、污染、老化等原因造成绝缘电阻下降，使设备漏电或短路，需常对电气设备或线路作绝缘检查，发现有隐患及时排除。常用兆欧表的电压等级有 500V、1000V、2500V 几种，特殊用途的还有 250V、5000V、10000V 几种。其测量的单位为 $M\Omega$（兆欧）
工作原理	手摇兆欧表测量机构如上图所示。与摇表表针相连的有两个线圈，F_1 同表内的附加电阻 R 串联，F_2 和被测电阻 R_x 串联，然后一起接到手摇发电机上。当摇动发电机时，两个线圈中同时有电流通过，在两个线圈上产生方向相反的转矩，使表针偏转某一角度。这个偏转角度取决于两个电流的比值，附加电阻是不变的，所以电流值大小仅取决于被测绝缘电阻 R_x 的大小
测量前检查	① 正确选用兆欧表的规格和型号。低压线路、设备应选用 500V 或 1000V 的兆欧表，高压线路、设备选用 2500V 的兆欧表。不能用高压兆欧表测低电压设备，电压选得过高，可能在测试中损坏设备绝缘 ② 使用前检查。检查是否有合格证，外观和引线是否良好，应无破损、无脏污。两根引线不能绞缠在一起，应分开单独连接，且为绝缘良好的单根多股软铜线，以免影响测量结果 ③ 进行开路试验和短路试验。先将线、地两端开路，摇动手柄达额定转速（约 120r/min），看指针是否接近"∞"；然后将线、地端短接，轻轻摇动手柄，看指针是否指到"0"。否则，要维修后再用
接线方法及摇测	① 做好安全防护。将被测设备停电、验电、放电，设专人监护，将被测设备表面清理擦拭干净 ② 正确接线。摇表有接线柱"E"（地）、"L"（线路）和"G"（保护环或屏蔽端）。测电气设备两绕组间的绝缘电阻时，将"L"和"E"分别接两绕组的接线端（见图1）；测量电气设备导电部分的对地绝缘电阻时，"L"接电气设备的导电部分，"E"接外壳（见图2）；当测量电缆的绝缘时，为了消除因表面漏电产生的误差，"L"接线芯，"E"接外壳，"G"接线芯和外壳之间的绝缘层（见图3）；测量普通绝缘导线的绝缘电阻时，"L"接线芯，"E"接绝缘导线的保护外壳（见图4） ③ 均匀地摇动手柄。兆欧表应放置平稳，摇动手柄起始应慢些（防止被测绝缘已损坏出现短路而损坏兆欧表），然后逐渐增加转速，让转速均匀保持在 120r/min，允许有 ±20% 的变动，但不要超过 ±25%。注意兆欧表输出的高压。摇测 1min 左右，待摇至指针稳定后，读出数据。停止时则从快到慢至停止 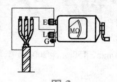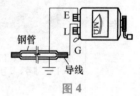 　　　图1　　　　　　　　图2　　　　　　　　图3　　　　　　　　图4
摇测大容量设备时的注意事项	① 注意被测电路中的电容。测量电解电容的介质绝缘电阻时，按电容耐压的高低选用兆欧表。要注意兆欧表上的正负极性。正极接"L"，负极接"E"，不可反接；否则，会使电容击穿。其他电容不用考虑极性。测试时应由两人负责，"L"端应采用测试棒，测试读完数据后，先移除测试棒，然后再停止兆欧表的发电机手柄的转动。被测电容没有放电之前，不可用手去触及被测电容的测量部分，或进行拆除导线的工作，以防止电容放电，危及人员安全或损坏兆欧表。因此，大电容设备的绝缘电阻测量完毕后，必须先将被测电容对地充分放电 ② 摇测大容量设备，测吸收比以及正确读出数值的方法： a）摇测大容量设备前应先将设备进行放电，并且"L"端最好采用测试棒进行 b）摇测时，应有一段充电时间，设备的容量越大，充电时间越长，一般以摇动摇柄 1min 后指针稳定后再读数。读数时还应继续摇动手柄，将测试棒移除后方可停止摇动手柄，并对被测设备充分放电 c）摇测大容量电气设备的吸收比时，其方法与摇测绝缘电阻一样，应将摇测 60s 的读数与摇测 15s 的读数相比。当其值大于或等于 1.3 时，方为合格
绝缘要求	低压线路中，两导线间或导线对地间绝缘电阻不小于 $0.5M\Omega$，低压电动机的相间和相地绝缘电阻不小于 $0.5M\Omega$ 为合格；否则，需进行干燥处理。Ⅰ类电动工具的绝缘电阻不小于 $2M\Omega$，Ⅱ类电动工具的绝缘电阻不小于 $7M\Omega$，Ⅲ类电动工具的绝缘电阻不小于 $1M\Omega$

想一想

6.4　常用电工工具的使用

　　1. 常用电工工具的正确使用方法是怎样的？

　　2. 试述常用电工工具的使用注意事项。

　　工欲善其事，必先利其器。工作时能安全、正确地使用常用电工工具是提高劳动生产效率、降低事故率的有力保障。常用电工工具的使用方法和注意事项见表 6-13。

表 6-13　常用电工工具的使用方法及注意事项

名称	图片及规格	使用方法和注意事项
螺丝刀	规格：50mm、100mm、150mm和200mm等，或Ⅰ号、Ⅱ号、Ⅲ号	一字：电工常用的是 ϕ5mm×100mm 和 ϕ5mm×150mm 十字：规格有Ⅰ号（用于 ϕ2~2.5mm）、Ⅱ号（用于 ϕ3~5mm）、Ⅲ号（用于 ϕ6~8mm）和Ⅳ号（用于 ϕ10~12mm）。电工常用的是 ϕ5mm×100mm 和 ϕ5mm×150mm 螺丝刀使用注意事项： ① 选用螺丝刀时应该选用与螺钉规格一致的螺丝刀 ② 螺丝刀压紧螺钉的槽口后旋拧
尖嘴钳	规格：100mm、150mm	① 用途：剪小金属、夹小元器件、弯曲单股线形 ② 结构：头尖，有铁柄、绝缘柄两种，电工常用的是耐压 500V 绝缘柄尖嘴钳 ③ 使用注意事项：应保证绝缘柄绝缘良好；单根剪线以防短路
钢丝钳	规格：150mm、175mm、200mm等	① 用途：弯绞、钳夹导线，松紧螺母，剪削导线或绝缘层，铡口还可剪硬钢丝。电工用耐压为 500V 绝缘柄的钢丝钳 ② 结构：由钳头和钳柄组成，钳柄分铁柄和绝缘柄两种，电工用绝缘柄的。钳头由钳口、齿口、刀口和铡口组成 ③ 使用注意：低压带电操作时，绝缘柄绝缘应良好；剪导线时要单根剪，并错开切口；平时不得当手锤使用

（续）

名称	图片及规格	使用方法和注意事项
斜口钳	规格：100mm、125mm、150mm	用途：剪金属线、电子板底线。钳柄有铁柄、管柄、绝缘柄三种，电工用耐压为 500V 绝缘柄的 使用注意事项：与钢丝钳相同
锤子	115mm 290mm 25mm	用途：作敲击工具 种类：有斩口锤、圆头锤、什锦锤 锤子握法：分紧握法和松握法两种 安全知识： ① 检查锤与锤柄是否牢固，不牢固时应打入斜楔尖紧固 ② 使用中如有碎片飞溅，应戴护目镜 ③ 使用大锤时，站立位置正确，掌钎人应站在侧面，不准正对打锤人，不应戴手套打锤
锉刀		种类：平锉、圆锉、三角锉、方锉等 作用：从零件表面锉掉多余的金属，使零件的形状和表面粗糙度达到要求。锉削平面时，锉刀的运动应平直。为使锉刀在工件上保持平衡，必须使右手的压力随锉刀的推前而逐渐增加，左手的压力则相反。锉削回程时不加压力，并应稍微抬起，以免磨钝锉齿或划伤工件表面
剥线钳	规格（长度）：140mm、180mm，常用 180mm 的	结构：手柄是绝缘的，耐压为 500V 用途：剥削小直径导线绝缘层，适用于直径为 0.6mm、1.2mm、1.7mm、2.2mm 的铝、铜线 剥线钳进行硬铜线的剥皮的操作方法：确定要剥削的导线绝缘皮的长度，右手握住钳柄，左手将导线放入钳口相应的刃口槽中，右手将钳柄向内一握，导线的绝缘层被钳剥离 剥线钳使用注意事项与钢丝钳相同
手锯		① 用途：锯金属、竹、木、塑料等 ② 组成：由锯弓、锯条组成 ③ 锯弓分固定式和可调式两种 ④ 锯条根据锯齿的牙距大小分粗齿、中齿、细齿三种。常用的规格为长 300mm。粗齿用于加工软材、缝长工件；细齿用于加工硬材、管材、角铁、薄板等工件 ⑤ 锯条的安装：锯齿的齿尖方向要向前，不能反装；细紧程度要适当，若过紧，锯条因受力而失去弹性，锯割时稍弯曲就会崩断；若过松，锯割时易弯曲造成折断，且锯缝易歪斜 ⑥ 锯割姿势： a）站立：左前脚与台钳轴线呈 30°，右后脚呈 75°，两脚跟相距约 300mm，前脚稍弯，后脚伸直，身稍前倾 b）身体运动：身与锯一起向前，锯弓推至 2/3 行程时身停前进，两手继续向前推锯到头，之后身后移顺势拉回手锯

（续）

名称	图片及规格	使用方法和注意事项
千分尺	锁紧装置 固定刻度 测力装置 测砧 测微螺杆 固定 可动 套筒 刻度 微分筒 0.01mm 0~15mm 隔热装置 25mm量程的千分尺测量面应保持1~2mm间隙 使用完毕，保管 固紧螺钉不能拧紧 千分尺是一种精度较高的精确量具	① 使用前的准备： a）确认量具最大量程能够满足被测物尺寸要求，并合理选用适当量程 b）确认量具是否满足尺寸精度要求 c）当前日期是否在校准有效期内 d）量具能否归零 e）确认量具测量面没有变形、损坏，刻度无磨损 f）测量前用酒精将测量面、滑动面的油迹及污垢擦拭干净，并检查零位是否正确 g）确认套筒、定压装置等可活动组件转动顺畅 ② 使用注意事项： a）测量工件时必须确保测量面与工件贴平，不能用千分尺测量粗糙的表面 b）量测时左手捏千分尺隔热装置位置，不得直接捏尺身处 c）测量时左手托平千分尺并与被测工件面垂直，右手先转动微分筒，至测微螺杆与被测工件之间还有5mm时，改为转动测力装置至听到手轮摩擦声（响1~3下） d）测量中读数不容易读取时，先把锁紧装置固定后再读取 ③ 读数：读数时要求与刻度垂直、正视，不得斜看 千分尺读数=固定套筒读数+微分筒读数+估读数 ④ 保养：千分尺在使用完后必须清理干净并放回盒内，长期不用时应上一层防锈油
电工刀	规格（长度）：大号115mm， 中号105mm，小号95mm	① 用途：剖削、切割电线绝缘、界纸、木头、绳索、竹片等 ② 使用注意事项：刀口锋利，注意安全；使用时刀口朝外；削导线绝缘时刀面与导线呈小角度，以免割伤电线芯 ③ 使用安全知识： a）电工刀用完后随时折进刀柄 b）用时应注意避免伤手，不得传递未折入刀柄的刀 c）刀柄无绝缘保护，不能用于带电作业，以免触电
喷灯		① 分类：分为汽油喷灯和煤油喷灯 ② 用途：喷射火焰加热工件，常用于电缆头制作 ③ 结构：由火焰喷头、喷油针孔、预热燃烧盘、放油调节阀、加油阀、打气阀、筒体和手柄等组成 ④ 使用方法： a）加油：加至3/4为宜，封紧盖，擦净外壳，检查确认不漏油 b）预热：燃烧盘内用棉纱蘸点煤油，在避风处用火柴点燃，将喷头烧热，使燃料汽化 c）喷火：打气3~5次，打开油阀，喷出油雾即可喷火，继续打气直到火焰呈蓝色

（续）

名称	图片及规格	使用方法和注意事项
喷灯		d) 熄火：先关进油阀，直到火熄，旋松油盖放清油桶内的压缩空气再拧紧盖 ⑤ 喷灯使用时的安全注意事项： a) 严禁汽油喷灯装煤油或煤油喷灯装汽油，也不能用混合油 b) 漏油漏气的喷灯禁止使用；点火时人应站在喷嘴侧面，禁止灯对灯点火或到炉灶上点火；不得在易燃物、带电导线、带电设备、变压器、油断路器附近点火 c) 喷灯工作时应注意火焰与带电体之间的安全距离：10kV 以下不得小于 1.5m，10kV 以上不得小于 3m d) 火力正常时切勿多打气；火力不足时先用通针疏通喷嘴，倘若仍有污物阻塞应停止使用 e) 使用中经常检查油量是否过少（不小于 1/4）、灯体是否过热、安全阀是否有效，防止爆炸 f) 使用前检查底部，若发现外凸就不能使用 g) 喷灯使用后应擦干净，放在安全地方
手电钻		① 结构：由电动机、减速器、手柄、钻夹头、电源线组成 ② 用途： a) 手电钻只具备旋转方式，特别适合在需要很小力的材料上钻孔，配用麻花钻对金属、木材、塑料等钻孔 b) 冲击钻有旋转和冲击两重钻孔，能够产生比电钻更强的冲击力，主要用于天然的石头和混凝土钻孔 ③ 手电钻携带时不能手提电源线 ④ 注意区分 36V 和 220V 两种手电钻 ⑤ 根据不同场所选用不同类别（Ⅰ、Ⅱ、Ⅲ类）手电钻 Ⅰ类：不仅依靠基本绝缘，还将金属外壳接地或接零，绝缘电阻≥2MΩ Ⅱ类：双重绝缘或加强绝缘，不需接地，外壳标有"回"形符号，绝缘电阻≥7MΩ Ⅲ类：使用安全电压≤50V 正常场所：应用Ⅱ类工具，可用Ⅰ类工具代替 潮湿、金属构架场所：应用Ⅱ类或Ⅲ类工具，可用Ⅰ类工具代替 金属容器：应用Ⅲ类工具，可用Ⅱ类工具代替 ⑥ 手电钻电源引线要求：电源引线应用多股铜芯橡胶护套电缆或护套软线，其中绿/黄双色线只能做接地线和保护接零线使用，绝缘电阻≥1MΩ ⑦ 钻夹头用来装夹直径 13mm 以下的钻头 ⑧ 电钻使用时钻头要锋利，不宜用力过猛；转速突然下降时，要即降压力；钻孔突然刹停时要即断电源；钻孔快穿时压力应减少 ⑨ 冲击电钻装卸钻头注意：装卸钻头时，必须用钻头钥匙，不能用其他工具敲打夹头

（续）

名称	图片及规格	使用方法和注意事项
活扳手	固定钳口　开口调节螺母 握把 活动钳口　固定销 250mm	① 用途：可以拧几种规格的螺母，如四方头或六方头，还用于螺纹管件的紧固、拆卸等 ② 固定钳口、活动钳口：夹紧工件 ③ 开口调节螺母：调节扳手开口大小 ④ 握把：力臂 ⑤ 固定销：防止开口调节螺母脱落 ⑥ 使用方法：用相互平行的固定钳口和活动钳口将对称多边形工件固定住，通过朝活动钳口方向旋转握把，拆卸或紧固工件 ⑦ 安全使用注意事项： 　a）应按螺栓或管件大小选用适当的活扳手 　b）使用时扳手开口要适当，防止打滑，以免损坏管件或螺栓，或造成人员受伤 　c）不应套加力管使用，不准把扳手当榔头用 　d）使用扳手要用力顺扳，不准反扳，以免损坏扳手 　e）扳手用力方向 1m 内不准站人 　f）活动部分保持干净，用后擦洗
电烙铁		① 作用：锡焊热源 ② 种类：分外热式和内热式两种 　a）外热式由烙铁头、烙铁芯、外壳、木柄、电源引线、插头组成，规格为 25~300W、220V 　b）内热式由烙铁头、烙铁芯、弹簧夹、连接杆、手柄、电源引线、插头组成，规格为 20~50W、220V ③ 握法：反握法、正握法、握笔法（焊接半导体器件用握笔法） ④ 选用： 　a）焊接集成电路、晶体管及其他受热易损元器件，应选用 20W 内热式或 45W 外热式 　b）焊接导线及同轴电缆应用 50W 内热式或 45~75W 外热式 　c）焊接较大元器件，如大电解引线脚、金属底盘接地焊片等，选用大于或等于 100W 的电烙铁 ⑤ 烙铁头处理： 　a）把烙铁头锉成需要的形状，接上电源，待温度升到能熔化锡时将松香涂在烙铁头上，再上一层锡，使刃面挂锡就可用 　b）烙铁头因过热发生烧死不上锡时，应把氧化层锉去后上松香再挂锡后才可使用；保持烙铁头清洁 ⑥ 锡焊材料：焊料和焊剂 　a）焊料包括松香锡丝和纯锡 　b）焊剂有松香、松香酒精溶液（松香 40%，酒精 60%）、焊锡膏、盐酸（加锌）和氯化锌。电子件多用松香 ⑦ 安全知识： 　a）使用前应检查确认电源线完好，电烙铁金属外壳必须接地 　b）使用中电烙铁不得靠近可燃物品 　c）不准甩动使用中的电烙铁，以免焊锡溅出伤人 　d）暂时不用时应把烙铁头用金属架架起

（续）

名称	图片及规格	使用方法和注意事项
绝缘拉杆		① 用途：操作高压隔离开关或跌落式开关 ② 试验期限：一年一次 ③ 保管：垂直存放，架在支架上或吊挂在室内，不要与墙壁接触；专人负责管理 ④ 运输：装入特制工具袋内 ⑤ 使用： a）电压等级应相符，$U_N \geqslant U_{工作}$ b）核对试验周期，应未过期；一年验一次 c）外观正常、清洁，无灰尘，无毛刺、裂纹；连接部分牢固 d）戴绝缘手套、穿绝缘靴、穿长袖衣服，设专人监护 e）无特殊防雨装置的绝缘拉杆，不允许在下雨时进行室外操作
低压验电器	笔式验电器 螺丝刀式验电器 正确握法 错误握法	① 种类：笔式、螺丝刀式 ② 结构：由氖管、电阻、弹簧、笔身和笔尖构成 ③ 验电范围：60~500V ④ 使用注意事项： a）检查低压验电器是否完好 b）先找一个已知电源验证验电器是否正常 c）不能用手触及验电器前端的金属部分 d）雷雨天不宜使用低压验电器 e）螺丝刀式验电器的金属杆应加绝缘套管。验电时手指触及笔尾金属体，氖管背光朝自己，以便于观察。笔尖应缓慢接近带电体，只有氖管不亮时才可与带电体相接触
高压验电器		① 结构：由金属钩、氖管、氖管窗（或发声组件）、固定螺钉、保护环和把柄构成 ② 使用注意事项：应使用电压等级相符合且经国家安全检验机构检验合格的验电器；验电时应带电压等级相符合的绝缘手套、穿绝缘鞋并设专人监护；验电器使用前应在确有电源处测试证明验电器确实良好方可使用；验电时，人体与带电体应保持足够的安全距离（10kV 以上高压的安全距离应在 0.7m 以上）；验电时应逐相验电；应防止发生相间短路或相对地短路事故；室外使用时，在雨雾较大或湿度较大的情况下，不宜使用，以防发生危险；使用时注意手握部分不得超过护环；年检半年一次 ③ 使用前检查：检查外观；检查电压等级是否相符；检查试验日期是否过期；检查自检按钮是否正常；穿劳保用品，设监护人，在确实有电处试笔；先验出线，后验进线，验电进出线六次不发光为无电
携带式接地线		① 结构：主要由带有透明护套的多股软铜导线和接线夹组成，软铜导线的截面积不应少于 $25mm^2$ ② 保养：使用完毕，放在干燥通风、避免阳光直射的场所，避免接触酸、碱、油等腐蚀品

（续）

名称	图片及规格	使用方法和注意事项
携带式接地线		③ 作用：携带式接地线是临时接地线，是用来防止在停电检修设备或线路上工作时突然来电，消除停电设备或线路可能产生的感应电压以及泄放停电设备或线路剩余电荷，避免造成人身触电事故的安全用具。临时接地线应一年检验一次 ④ 使用：使用前应检查产品合格证、耐压等级、各部分是否完整、绝缘是否有损坏、导线是否有断股 ⑤ 装拆临时接地线前，应两穿三戴，并设专人监护。先验明确无电后，方进行挂接临时接地线。接地线距离身体不少于 30cm。临时接地线的连接要使用专用线夹固定。装设时，应先接接地端，后接线路或设备端；应装在可能来电的方向（电源侧），对于部分停电检修的设备，要装在被检修设备的两侧。拆除时，顺序相反，即先拆除线路或设备端，后拆除接地端
绝缘手套、绝缘靴		绝缘手套、绝缘靴（鞋）由特殊橡胶制成，绝缘靴内有衬布，外部上漆，与水鞋不同 ① 作用：是辅助安全用具；防止因基本安全用具绝缘不良产生接触电压或跨步电压造成伤害 ② 试验期限：半年一次 ③ 保管：专人负责管理，专门存放在干燥通风场所，不得与油类接触，手套、靴应竖立倒放，立册登记 ④ 使用：耐压等级应不小于工作电压；核对试验期限确认未过期，半年一次；检查外观，表面清洁干燥，无外伤、裂纹、气泡、毛刺、划痕；外衣袖应套在手套内；绝缘手套和绝缘靴使用后应擦净、晾干，并在绝缘手套上洒一些滑石粉
梯子		① 作用：登高作业 ② 种类：电工常用梯子有竹梯、木梯和人字梯（含金属人字梯） ③ 使用注意事项： a）使用前要检查梯子确认其牢固可靠，能承受使用负重 b）竹梯与地面的角度以 65°~70° 为宜，无搭钩梯子应有人扶梯 c）竹梯应有防滑措施（如用橡胶、麻袋包梯脚，垫防滑垫等）。梯子不准垫高使用，上竹梯作业人员应勾脚站立 d）竹梯和人字梯使用时都不准站在最高层工作 e）人字梯使用时中间必须扎绳连系，作业时不得骑马式站立 f）带电作业及在带电体附近工作，不准使用金属梯 g）在电房搬梯时要两人放倒搬运，注意与带电体保持安全距离 ④ 高空作业的有关规定： 一般将超过 2m 以上的作业称为高空作业。高空作业的安全要求是扎好安全带，安全带吊绳须挂在安全、牢固的物体上，戴好安全帽，高处传递物件时不得抛掷，要用绳子吊传物件

（续）

名称	图片及规格	使用方法和注意事项
总述	电气安全用具使用注意事项	① 安全用具的电压等级若低于作业设备的电压等级，不可使用 ② 安全用具有缺陷不可使用 ③ 安全用具潮湿不可使用

6.5　电气安全

📝 **前置作业**

1. 触电有哪几种？哪一种危害较大？
2. 为预防触电通常采取什么措施？
3. 使触电者脱离低压电源的方法有哪些？
4. 单人徒手心肺复苏的操作要点是什么？

　　电在造福人类的同时，对人及物也构成很大的潜在危险，熟练掌握电气安全知识及技术对电气工作人员尤为重要。本节重点介绍触电与触电防护、保护接地与保护接零、漏电保护器、防雷及触电急救，供读者参考，以便在工作中做到安全用电、安全生产。

6.5.1　触电与触电防护

1. 触电概述（见表 6-14）

表 6-14　触电概述

触电	定义	触电是指电流流过人体时，对人体产生的生理和病理性的伤害	
	种类	电击：电流通过人体而造成的病理、生理效应	直接接触电击
			间接接触电击
		电伤：电流的热效应、化学效应或机械效应对人体外表造成的局部伤害	电灼伤
			电烙印
			皮肤金属化

（续）

				单相触电
触电	方式	直接接触触电：人体直接触及或过分靠近电气设备及线路的带电导体而发生的触电		两相触电
				电弧伤害
		间接接触触电：当电气设备绝缘损坏而发生接地故障时（碰壳），人体触及其带电的金属外壳而发生的触电		接触电压触电：人体的两个部位同时接触到具有不同电位的两处造成的触电
				跨步电压触电：电气设备接地故障时，在接地电流入地点电位分布区行走的人，两脚间所承受的电位差引起的触电
	高压电场、静电、高频电磁场、雷电等都会对人体造成伤害			
触电伤害程度的影响因素	电流	一般环境取 30mA 为安全电流（触电时间在 1s 内）；高度危险场所取 10mA 为安全电流；高空或水面则应考虑电击二次伤害，取 5mA 为安全电流		感知电流：平均为 1mA
				摆脱电流：平均为 10mA
				致命电流：一般为 50mA（通电 1s 以上）
	时间	电流通过人体的持续时间		电流通过人体的持续时间越长越危险
	途径	电流通过人体的途径		电流通过心脏、中枢神经、呼吸系统最危险
	频率	电流频率		30~300Hz 危害最大，超过 1000Hz 危险性会显著减小，20Hz 及直流电对人体危害极小
	状况	人体状况		与性别、年龄、健康状况、精神状态和人体电阻等有关

2. 触电防护

在触电防护上，人们常用安全电压、绝缘防护、屏护、间距、安全标志、接地与接零、漏电保护、安全工具、触电急救等方式。触电防护方式见表 6-15。

表 6-15　触电防护方式

方式	概念	原理	特点与应用
安全电压	为了防止触电事故而由特定电源供电时采用的电压系列，一般不超过交流 50V（有效值，50~500Hz）	加在人体上，在一定时间内不致造成伤害的电压。一般环境中，1s 安全电流按 30mA 考虑，人体电阻取 1~2kΩ，则安全电压范围为 0.03 ×（1000 ~ 2000）V＝30~60V 我国规定的 5 个安全电压等级为 42V、36V、24V、12V、6V	手提照明灯、危险环境和特别危险环境的携带式电动工具，如无特殊安全结构或安全措施，应采用 42V 或 36V 安全电压。在金属容器内、隧道内、矿井内、特别潮湿的场所应采用 24V 或 12V 安全电压。当电气设备采用 24V 以上的安全电压时，仍必须采取防止直接接触的防护措施

（续）

方式	概念	原理	特点与应用
绝缘防护	使用绝缘材料将带电导体封护或隔离起来，使电气设备及线路能正常工作，防止人身触电	电工技术上将电阻率在$10^9\Omega\cdot m$以上的材料称为绝缘材料。缘材料的耐热等级如下： ① Y级耐热，90℃ ② A级耐热，105℃ ③ E级耐热，120℃ ④ B级耐热，130℃ ⑤ F级耐热，155℃ ⑥ H级耐热，180℃ ⑦ C级耐热，180℃以上	常用绝缘材料：气体绝缘材料、液体绝缘材料和固体绝缘材料 气体绝缘材料：空气、氮气、氢气、二氧化碳、六氟化硫等 液体绝缘材料：变压器油、断路器油、硅油、蓖麻油等 固体绝缘材料：无机固体，如玻璃、云母、石棉、大理石、硫黄等；有机固体，如纸、麻、蚕丝、橡胶、塑料等
屏护	用防护装置将带电部位、场所或范围隔离开来	可防止： ① 意外碰触或过分接近带电体 ② 防止绝缘强度不够且间距不足 ③ 保护电气设备不受机械损伤	① 遮栏：常用于室内高压配电装置 ② 栅栏：常用于室外配电装置 ③ 围墙：常用于室外落地安装的变配电设施 ④ 保护网：防止高处坠落物或上下碰触事故
间距	即安全距离，是为防止发生触电事故或短路故障而规定的	带电体之间、带电体与地面及其他设施之间、工作人员与带电体之间必须保持的最小距离或最小空气间隙	是根据电压高低、设备状况和安装方式来确定的规程，凡从事电气设计、安装、巡视、维修及带电作业的人员都必须严格遵守
安全标志	便于人们识别、警惕危险因素，防止人们偶然触及或过分接近带电体而发生触电，它是一种防护安全用具	对标志的要求： ① 文字简明扼要，图形清晰，色彩醒目 ② 标准统一或符合习惯，以便管理 常用标志举例： 图1　　图2　　图3	① 图1："禁止合闸，有人工作"标示牌。合闸后可送电到已停电检修（施工）点或设备的开关和刀闸操作把手上，应悬挂此标示牌 ② 图2："禁止攀登，高压危险"标示牌。室外构架上工作时，在工作人员上下用的梯子邻近的其他可能误登的带电构架上，应悬挂此标示牌 ③ 图3："止步，高压危险"标示牌。在工作地点两旁和对面间隔的遮栏上和禁止通行的过道上，应悬挂此标示牌

6.5.2　保护接地与保护接零（见表 6-16）

表 6-16　保护接地与保护接零

方式	说明		原理示意图
接地与工作接地	接地是指从电网运行或人身安全的需要出发，人为地把电气设备的某一部位与地做良好的电气连接 工作接地是指为保证电力网在正常情况或事故情况下能可靠工作而将电气回路中某一点进行接地，如电源中性点接地		
保护接地	以人身安全为目的，将电气装置中平时不带电，但可能因绝缘损坏而带上危险的对地电压的外露可导电部分与大地作电气连接		
TT 系统	指电源中性点接地，而设备的外露可导电部分经各自的 PE 线分别直接接地的三相四线制低压供电系统		
保护接零	概念	把电气设备平时不带电的外露可导电部分与电源的中性线连接起来	
	原理	当电气设备发生故障时，电动机的金属外壳将相线与零线直接连通，形成单相接地故障或单相短路故障，使线路中的熔断器或其他过电流保护装置动作，从而切断电源	
	TN 系统	① TN-C 系统：电力系统有一点直接接地，电气装置的外露可接近导体通过保护线与该接地点相连接 ② TN-S 系统：整个系统的中性线 N 与保护线 PE 是分开的（三相五线系统，如 3 号设备） ③ TN-C-S 系统：系统中有一部分线路的中性线 N 与保护线 PE 是合一的（如 2 号设备）	
	要求	① 由同一台变压器供电的系统中，不宜将一部分设备保护接零，而将另一部设备保护接地，即不宜混用，否则零线断线后会扩大故障范围 ② 保护零线的统一标志为绿、黄相间颜色 ③ 重复接地就是在 TN 系统中，除电源中性点进行工作接地外，还在一定的处所把 PE 线或 PEN 线再行接地	

（续）

方式	说明	原理示意图
IT 系统	电力系统与大地隔离或电源的一点经高阻抗（如1000Ω）与大地连接，电气装置的外露可接近导体通过保护接地线与接地极连接，即过去的三相三线制供电系统的保护接地，有特殊要求时才用	

6.5.3 漏电保护、防雷及触电急救（见表6-17）

表 6-17 漏电保护、防雷及触电急救

漏电保护	意义和功能	① 当电气设备（线路）发生漏电或接地事故时，能在人尚未触及之前就切断电源 ② 当人体触及带电体时，能在 0.1s 内切断电源，减轻电流对人体的伤害 ③ 漏电保护器的功能：能自动断电、漏电报警等，可防止直接触电，也可防止间接触电
防雷	雷电特点	雷电是大自然分离和积累的电荷的放电现象。雷电放电具有电流大、电压高的特点，放电温度可达 26000℃，对建构筑物、电力系统、人畜有极大的破坏力及危害
	雷电类型	① 直击雷；②感应雷；③雷电波
	防雷装置	① 接闪器：用以接受雷云放电的金属导体称为接闪器。接闪器有避雷针、避雷线、避雷带、避雷网等。所有接闪器都要经过接地引下线与接地体相连，应可靠接地。防雷装置的工频接地电阻一般要求不超过 10Ω ② 避雷器：有阀型、管形、氧化锌避雷器和保护间隙几种类型 ③ 引下线：常用圆钢或扁钢制成，要求路线尽可能短。建筑物和构筑物的金属结构可用作引下线，但须连接可靠 ④ 接地装置：与一般接地装置相同
触电急救	简述	① 触电急救的要点：抢救迅速与救护得法 ② 触电急救的八字方针：迅速、就地、正确、坚持
	使触电者脱离低压电源的方法	方法：拉、拖（拽）、挑、切、垫 拉：就近拉开关，先拉负荷开关，后拉隔离开关 拖（拽）：戴绝缘手套，站在绝缘板上，将触电者拖离带电体 挑：用干燥的木棍、竹竿小心地将导线从触电者身上挑开 切：用绝缘工具将导线切断，断口要错开，同时要防止断口触及他人或金属物体 垫：用干燥的木板塞进触电者身下，使其与大地隔离，以切断触电回路，再想办法切断电源

（续）

触电急救	现场救护	单人徒手心肺复苏操作： ① 判断触电者是否有意识，呼唤触电者，拍打肩部，打 120 急救电话 ② 检查触电者，如没有心跳、呼吸并是假死，应立即用心肺复苏法进行抢救 ③ 将触电者平放仰卧（平躺），松开上衣和裤带，使胸、腹部能自由舒张 ④ 畅通气道，清理口腔异物、假牙 ⑤ 找准位置，先按压心脏 30 次，再人工呼吸 2 次，为一个循环，反复进行

想一想

附 录

一、单选题（第 1~160 题。请选择一个正确答案的字母填入括号内。每题 0.5 分，共 80 分）

1. 二极管加正向电压时，其正向电流是由（　　）形成的。

（A）多数载流子扩散　　　　　　　（B）多数载流子漂移

（C）少数载流子漂移　　　　　　　（D）少数载流子扩散

2. 二极管反偏时，以下说法正确的是（　　）。

（A）在到达反向击穿电压之前通过的电流很小，称为反向饱和电流

（B）在达到门限电压之前，反向电流很小

（C）二极管反偏一定截止

（D）在达到门限电压之前，反向电流很大

3. 晶体管的输出特性曲线可分为三个区，其中不包括（　　）。

（A）放大区　　　　（B）截止区　　　　（C）饱和区　　　　（D）击穿区

4. 晶体管的（　　）作用是晶体管最基本和最重要的特性。

（A）电压放大　　　　　　　　　　（B）电流放大

（C）功率放大　　　　　　　　　　（D）正向电阻小，反向电阻大

5. 放大电路的静态工作点偏高易导致信号波形出现（　　）失真。

（A）截止　　　　（B）饱和　　　　（C）交越　　　　（D）非线性

6. 兆欧表使用时其转速不能超过（　　）r/min。

（A）60　　　　（B）120　　　　（C）250　　　　（D）500

7. 当锉刀拉回时，应（　　），以免磨钝锉齿或划伤工件表面。

（A）轻轻划过　　　　（B）稍微抬起　　　　（C）抬起　　　　（D）拖回

8. 千分尺一般用于测量（　　）的尺寸。

（A）小器件　　　　（B）大器件　　　　（C）建筑物　　　　（D）电动机

9. 云母制品属于（　　）。

（A）固体绝缘材料　　　　　　　　（B）液体绝缘材料

（C）气体绝缘材料　　　　　　　　（D）导体绝缘材料

10. 电磁铁的铁心应该选用（　　）。

（A）软磁材料　　　（B）永磁材料　　　（C）硬磁材料　　　（D）永久磁铁

11. 如果触电者伤势较重，已失去知觉，但心跳和呼吸还存在，应使（　　　）。

（A）触电者舒适、安静地平躺

（B）周围不围人，使空气流通

（C）解开伤者的衣服以利呼吸，并速请医生前来或送往医院

（D）以上都是

12. 本安防爆型电路及其外部配线用的电缆或绝缘导线的耐压强度应选用电路额定电压的 2 倍，最低为（　　　）。

（A）500V　　　　（B）400V　　　　（C）300V　　　　（D）800V

13. 下列需要每年做一次耐压试验的用具为（　　　）。

（A）绝缘棒　　　（B）绝缘绳　　　（C）验电器　　　（D）绝缘手套

14. 凡工作地点狭窄、工作人员活动困难，周围有大面积接地导体或金属构架，因而存在高度触电危险的环境以及特别的场所，使用时的安全电压为（　　　）。

（A）9V　　　　　（B）12V　　　　（C）24V　　　　（D）36V

15. 劳动者的基本义务包括（　　　）等。

（A）执行劳动安全卫生规程　　　　（B）超额完成工作

（C）休息　　　　　　　　　　　　（D）休假

16. 盗窃电能的，由电力管理部门追缴电费并处应交电费（　　　）以下的罚款。

（A）三倍　　　　（B）十倍　　　　（C）四倍　　　　（D）五倍

17. 在市场经济条件下，职业道德具有（　　　）的社会功能。

（A）鼓励人们自由选择职业　　　　（B）遏制牟利最大化

（C）促进人们行为的规范化　　　　（D）最大限度地克服人们受利益驱动

18. 下列选项中属于企业文化功能的是（　　　）。

（A）体育锻炼　　　（B）整合功能　　　（C）歌舞娱乐　　　（D）社会交际

19. 职业道德是指从事一定职业劳动的人们，在长期的职业活动中形成的（　　　）。

（A）行为规范　　　（B）操作程序　　　（C）劳动技能　　　（D）思维习惯

20. 作为一名工作认真负责的员工，应该是（　　　）。

（A）领导说什么就做什么

（B）领导亲自安排的工作认真做，其他工作可以马虎一点

（C）面上的工作要做仔细一些，看不到的工作可以快一些

（D）工作不分大小，都要认真去做

21. 下列关于勤劳节俭的论述中，不正确的选项是（　　　）。

（A）企业可提倡勤劳，但不宜提倡节俭

（B）"一分钟应看成是八分钟"

（C）勤劳节俭符合可持续发展的要求

(D)"节省一块钱，就等于净赚一块钱"

22. 爱岗敬业作为职业道德的重要内容，是指员工（　　）。

（A）热爱自己喜欢的岗位　　　　　（B）热爱有钱的岗位

（C）强化职业责任　　　　　　　　（D）不应多转行

23. 下面所描述的事情中属于工作认真负责的是（　　）。

（A）领导说什么就是什么

（B）下班前做好安全检查

（C）为了提高产量，减少加工工序

（D）遇到不能按时上班的情况，请人代签到

24. 不符合文明生产要求的做法是（　　）。

（A）爱惜企业的设备、工具和材料

（B）下班前搞好工作现场的环境卫生

（C）工具使用后按规定放置到工具箱中

（D）冒险带电作业

25. 用电压表测得电路端电压为零，这说明（　　）。

（A）外电路断路　　　　　　　　　（B）外电路短路

（C）外电路上电流比较小　　　　　（D）电源内电阻为零

26. 全电路欧姆定律指出：电路中的电流由电源（　　）、内阻和负载电阻决定。

（A）功率　　　　（B）电压　　　　（C）电阻　　　　（D）电动势

27. 为使电炉上消耗的功率减小到原来的一半，应使（　　）。

（A）电压加倍　　（B）电压减半　　（C）电阻加倍　　（D）电阻减半

28. 一根导体的电阻为 R，若将其从中间对折合并成一根新导线，其阻值为（　　）。

（A）$R/2$　　　　（B）$R/4$　　　　（C）R　　　　（D）$R/8$

29. 在正弦交流电的解析式 $i = I_m \sin(\omega t + \varphi)$ 中，φ 表示（　　）。

（A）频率　　　　（B）相位　　　　（C）初相位　　　　（D）相位差

30. 变压器的器身主要由（　　）和绕组两部分所组成。

（A）定子　　　　（B）转子　　　　（C）磁通　　　　（D）铁心

31. 交流笼型异步电动机的起动方式有：星-三角起动、自耦减压起动、定子串电阻起动和软启动等。从起动性能上讲，最好的是（　　）。

（A）星-三角起动　　　　　　　　（B）自耦减压起动

（C）定子串电阻起动　　　　　　　（D）软启动

32. 断路器中过电流脱扣器的额定电流应该大于或等于线路的（　　）。

（A）最大允许电流　　　　　　　　（B）最大过载电流

（C）最大负载电流　　　　　　　　（D）最大短路电流

33. 熔断器用于三相异步电动机的（　　）。

（A）短路保护　　（B）过载保护　　（C）零压保护　　（D）失电压保护

34. 低压断路器的保护作用不包括（　　）。

（A）零压保护　　（B）短路保护　　（C）失电压保护　　（D）过载保护

35. 接触器的额定电压应不小于主电路的（　　）。

（A）短路电压　　（B）工作电压　　（C）最大电压　　（D）峰值电压

36. 热继电器按复位方式划分分为（　　）。

（A）机械复位式和电子复位式　　　　　（B）机械复位式和手动复位式

（C）自动复位式和手动复位式　　　　　（D）惯性复位式和电控复位式

37. 中间继电器可在电流（　　）以下的电路中替代接触器。

（A）5A　　　　　（B）10A　　　　　（C）15A　　　　　（D）20A

38. 行程开关的文字符号是（　　）。

（A）QS　　　　　（B）SQ　　　　　（C）KM　　　　　（D）SA

39. 控制变压器的容量一般比较小，常用于小功率电源系统和（　　）。

（A）整流整压设备　　　　　　　　　　（B）电工测量设备

（C）调压变压系统　　　　　　　　　　（D）自动控制系统

40. 控制两台电动机错时停止的场合，可采用（　　）时间继电器。

（A）通电延时型　　（B）断电延时型　　（C）气动型　　（D）液压型

41. 直流电动机能够进行快速的（　　）、制动和逆向运转。

（A）起动　　　　　（B）冲击　　　　　（C）过载　　　　　（D）加热

42. 直流电动机的换向器属于（　　）。

（A）附件　　　　　（B）定子　　　　　（C）转子　　　　　（D）可选插件

43. 复励直流电动机有并励和串励两个励磁绕组，若串励绕组产生的磁通势与并励绕组产生的磁通势方向相同，则称为（　　）。

（A）和复励　　　　（B）差复励　　　　（C）积复励　　　　（D）商复励

44. 直流电动机起动时，励磁回路的调节电阻应该（　　）。

（A）减半　　　　　（B）翻倍　　　　　（C）断路　　　　　（D）短接

45. 在大规模集成电路技术成熟以后，直流电动机的调速通常采用（　　）调速。

（A）晶闸管变流器　　　　　　　　　　（B）发电机-电动机

（C）改变电枢回路电阻　　　　　　　　（D）改变供电电压

46. 在直流电动机进行回馈调速时，所释放的动能转换的电能大部分会（　　）。

（A）驱动电动机　　　　　　　　　　　（B）线路电阻消耗

（C）电枢回路电阻消耗　　　　　　　　（D）返回电源

47. 直流电动机只将电枢绕组两头反接时，电动机的（　　）。

（A）转速下降　　　　　　　　　　　　（B）转速上升

（C）转向反转　　　　　　　　　　　　（D）转向不变

48. 绕线转子异步电动机转子串电阻起动时，起动电流减小，起动转矩（　　）。

（A）增大　　　　　（B）减小　　　　　（C）不变　　　　　（D）不定

49. 使用指针式万用表测试前，首先把万用表放置成水平状态，并观察表针是否处于（　　）。

（A）零点　　　　　（B）中间　　　　　（C）最右端　　　　　（D）最左端

50. 示波器中的（　　）经过偏转板时产生偏移。

（A）电荷　　　　　（B）高速电子束　　　　　（C）电压　　　　　（D）电流

51. 对于晶闸管输出型可编程控制器，其所带负载只能是额定（　　）电源供电。

（A）交流　　　　　（B）直流　　　　　（C）交流或直流　　　　　（D）低压直流

52. 使用钳形电流表测量时，为减小误差，测量时被测导线应位于钳口的（　　）。

（A）左端　　　　　（B）右端　　　　　（C）任意位置　　　　　（D）中央

53. 单结晶体管两个基极的文字符号是（　　）。

（A）C1、C2　　　　　（B）D1、D2　　　　　（C）E1、E2　　　　　（D）B1、B2

54. 开环差模电压放大倍数是指在（　　）情况下的差模电压放大倍数。

（A）正反馈　　　　　（B）负反馈　　　　　（C）无反馈　　　　　（D）任意

55. 基极电流 i_B 的数值较大时，易引起静态工作点 Q 接近（　　）。

（A）截止区　　　　　（B）饱和区　　　　　（C）死区　　　　　（D）交越失真

56. 共基极放大电路的信号由（　　）输入，（　　）输出。

（A）基极；发射极　　　　　　　　　　（B）发射极；集电极

（C）基极；集电极　　　　　　　　　　（D）集电极；发射极

57. 容易产生零点漂移的耦合方式是（　　）。

（A）阻容耦合　　　　　（B）变压器耦合　　　　　（C）直接耦合　　　　　（D）电感耦合

58. 若希望展宽频带，可以采用（　　）。

（A）直流负反馈　　　　　（B）直流正反馈　　　　　（C）交流负反馈　　　　　（D）交流正反馈

59. 单结晶体管触发电路的同步电压信号来自（　　）。

（A）负载两端　　　　　（B）晶闸管　　　　　（C）整流电源　　　　　（D）脉冲变压器

60. 集成运放输入电路通常由（　　）构成。

（A）共发射极放大电路　　　　　　　　　（B）共集电极放大电路

（C）共基极放大电路　　　　　　　　　　（D）差动放大电路

61. 串联型稳压电路的调整管接成（　　）电路形式。

（A）共基极　　　　　（B）共集电极　　　　　（C）共发射极　　　　　（D）分压式共发射极

62. LC 选频振荡电路达到谐振时，选频电路的相位移为（　　）度。

（A）0　　　　　（B）90　　　　　（C）180　　　　　（D）−90

63. 使单相半波可控整流电路感性负载接续流二极管，$\alpha = 90°$ 时，输出电压 U_d 为（　　）U_2。

（A）0.45　　　　（B）0.9　　　　（C）0.22 5　　　　（D）1.35

64. 单相桥式可控整流电路接阻性负载，晶闸管中的电流平均值是负载的（　　）倍。

（A）0.5　　　　（B）1　　　　（C）2　　　　（D）0.25

65. C6150 型车床主轴电动机转向的变化由（　　）来控制。

（A）按钮 SB1 和 SB2　　　　　　　　（B）行程开关 SQ3 和 SQ4

（C）按钮 SB3 和 SB4　　　　　　　　（D）主令开关 SA2

66. C6150 型车床控制电路中的中间继电器 KA1 和 KA2 的动断触头故障时会造成（　　）。

（A）主轴无制动　　　　　　　　　　（B）主轴电动机不能起动

（C）润滑油泵电动机不能起动　　　　（D）冷却泵电动机不能起动

67. C6150 型车床其他正常，而主轴无制动时，应重点检修（　　）。

（A）电源进线开关　　　　　　　　　（B）接触器 KM1 和 KM2 的常闭触头

（C）控制变压器 T　　　　　　　　　（D）中间继电器 KA1 和 KA2 的常闭触头

68. Z3040 型摇臂钻床主电路中有 4 台电动机，分别是主轴电动机、冷却泵电动机、液压泵电动机、（　　）。

（A）砂轮电动机　　　　　　　　　　（B）润滑油泵电动机

（C）通风电动机　　　　　　　　　　（D）摇臂升降电动机

69. Z3040 型摇臂钻床控制系统中安装（　　）个行程开关。

（A）2　　　　（B）3　　　　（C）4　　　　（D）5

70. Z3040 型摇臂钻床中（　　）的正反转具有接触器互锁功能。

（A）液压泵电动机　　　　　　　　　（B）主轴电动机

（C）冷却泵电动机　　　　　　　　　（D）通风电动机

71. Z3040 型摇臂钻床中摇臂不能夹紧的原因可能是（　　）。

（A）行程开关 SQ2 安装位置不当　　　（B）时间继电器定时不合适

（C）主轴电动机故障　　　　　　　　（D）液压系统故障

72. Z3040 型摇臂钻床中摇臂能正常升降，主轴箱和立柱能放松、不能夹紧的应检查修复（　　）。

（A）按钮 SB6 常开触头　　　　　　　（B）时间继电器 KT

（C）交流接触器 KM1　　　　　　　　（D）电磁阀 YA

73. I/O 设计具有完善的通道保护和多种形式的滤波电路，以抑制高频干扰，削弱各模块直接的干扰影响，所以 PLC 具有（　　）的特点。

（A）可靠性高

（B）抗干扰能力强

（C）编程简单、系统设计修改调试方便

（D）模块化结构、通用性强、维护简单、维修方便

74. 可编程控制器按硬件的结构形式不同可分为（　　）。

（A）小型和大型　　　　　　　　　　（B）整体式和模块式

（C）低档和高档　　　　　　　　　　（D）以上都是

75. FX₃ᵤ 系列可编程控制器输入用（　　）表示。

（A）I　　　　　（B）X　　　　　（C）Q　　　　　（D）Y

76. 可编程控制器信号采集功能有（　　）。

（A）模拟信号采集　（B）数字信号采集　（C）脉冲信号采集　（D）以上都是

77. PLC 中输入和输出继电器的触点可使用（　　）次。

（A）1　　　　　（B）10　　　　　（C）100　　　　　（D）无限

78. 可编程控制器的 I/O 模块采用光电耦合器的主要作用是（　　）。

（A）信号放大　　　　　　　　　　　（B）提高抗干扰能力

（C）信号处理　　　　　　　　　　　（D）电压信号转换

79. 用于存放由 PLC 生产厂家编写的程序的是（　　）。

（A）系统存储器　　　　　　　　　　（B）用户存储器

（C）内部数据存储器　　　　　　　　（D）工作数据存储器

80. 可编程控制器停止时，（　　）阶段不停止执行。

（A）输入采样　　　　　　　　　　　（B）用户程序执行

（C）存储器　　　　　　　　　　　　（D）输出刷新

81. 当控制两台电动机的顺序起动时，至少需要（　　）个接触器。

（A）1　　　　　（B）2　　　　　（C）3　　　　　（D）4

82. 以下属于多台电动机顺序控制的电路是（　　）。

（A）Y-△起动控制电路

（B）一台电动机正转后，另一台电动机反转的控制电路

（C）两处都能控制电动机起动和停止的控制电路

（D）一台电动机起动后过 10s 后才能停止的控制电路

83. 位置控制就是利用生产机械运动部件上的挡铁与（　　）碰撞来控制电动机的工作状态。

（A）按钮　　　　（B）位置开关　　　（C）断路器　　　　（D）接触器

84. 三相异步电动机的位置控制电路是由（　　）或相应的传感器来自动控制运行的。

（A）行程开关　　（B）倒顺开关　　　（C）刀开关　　　　（D）按钮开关

85. 三相异步电动机能耗制动控制电路在制动时，需要用继电器控制主电路的（　　）电路部分供电。

（A）直流电源　　　　　　　　　　　（B）整流桥

（C）二极管串电阻　　　　　　　　　（D）以上均可

86. 三相异步电动机电源反接制动的过程通常采用（　　）来控制。

（A）电压继电器　　（B）压力继电器　　（C）电流继电器　　（D）速度继电器

87. 三相异步电动机的各种电气制动方法中，最节能的制动方法是（　　）。

（A）能耗制动　　（B）再生制动　　（C）反接制动　　（D）机械制动

88. 同步电动机可采用的起动方法是（　　）。

（A）Y-△起动法　　　　　　　　（B）变频起动法

（C）转子串三级电阻起动　　　　（D）转子串频敏变阻器起动

89. M7130 型平面磨床采用三台电动机驱动，通常有砂轮电动机、（　　）、液压泵电动机。

（A）夹紧电动机　　　　　　　　（B）冷却泵电动机

（C）通风电动机　　　　　　　　（D）摇臂升降电动机

90. M7130 型平面磨床的控制电路由（　　）供电。

（A）直流 110V　　（B）直流 220V　　（C）交流 220V　　（D）交流 380V

91. M7130 型平面磨床中，（　　）工作后砂轮和工作台才能进行磨削加工。

（A）电磁吸盘 YH　　　　　　　（B）热继电器

（C）速度继电器　　　　　　　　（D）照明变压器

92. M7130 型平面磨床的砂轮电动机能正常运转，再按下起动按钮 SB3 后，液压泵电动机不能起动（交流接触器 KM2 正常但不吸合）的原因是（　　）。

（A）起动按钮 SB3 触头闭合时接触不良

（B）热继电器的常闭触头断开

（C）电源熔断器 FU1 烧断两个

（D）插接器 X1 损坏

93. M7130 型平面磨床中砂轮电动机的热继电器经常动作，轴承正常，砂轮进给量正常，则需要检查和调整（　　）。

（A）电磁吸盘 YH　　　　　　　（B）整流变压器

（C）热继电器　　　　　　　　　（D）液压泵电动机

94. C6150 型车床的主电路中有 4 台电动机，分别是（　　）、冷却泵电动机、快速移动电动机、润滑油泵电动机。

（A）砂轮电动机　　（B）主轴电动机　　（C）通风电动机　　（D）摇臂升降电动机

95. C6150 型车床控制电路由控制变压器、指示电路、（　　）、主轴制动器、冷却泵电路组成。

（A）主轴正反转　　　　　　　　（B）电磁吸盘电路

（C）整流电路　　　　　　　　　（D）摇臂升降控制电路

96. C6150 型车床的 4 台电动机中，配线最粗的是（　　）。

（A）快速移动电动机　　　　　　（B）冷却泵电动机

（C）主轴电动机　　　　　　　　（D）润滑油泵电动机

97. 采用 PLC 控制时，继电器控制电路的（　　）不再使用。

（A）交流接触器　　（B）时间继电器　　（C）热继电器　　　　（D）断路器

98. 中型 PLC 的 I/O 点数在（　　）之间。

（A）128~2048 点　　（B）256~2048 点　　（C）256~4096 点　　（D）512~4096 点

99. 可编程控制器输入单元可连接（　　）。

（A）指示灯　　　　　（B）蜂鸣器　　　　　（C）编码器　　　　　（D）数码管

100. FX$_{2N}$ 系列可编程控制器为继电器输出型，不可以（　　）。

（A）驱动额定电流下的直流负载　　　　　（B）直接驱动交流指示灯

（C）驱动额定电流下的交流负载　　　　　（D）输出高速脉冲

101. PLC 控制系统干扰的主要来源及途径为（　　）。

（A）电源的干扰　　　　　　　　　　　（B）信号线引入的干扰

（C）接地系统的干扰　　　　　　　　　（D）以上都是

102. （　　）指令是使操作保持断开的指令。

（A）RST　　　　　（B）SET　　　　　（C）SFT　　　　　（D）PLS

103. 三菱 PLC 编程输出线圈的梯形图符号为（　　）。

（A）–（/）–　　　（B）–（　）–　　　（C）–（R）–　　　（D）–（S）–

104. 三菱 PLC 编程语言 LD 是（　　）。

（A）功用块图编程　　　　　　　　　　（B）梯形图编程

（C）结构化文本编程　　　　　　　　　（D）指令表编程

105. 定时器的设定值可由用户存储器内的常数（　　）设定，也可以由指定的数据寄存器存储数据来设定。

（A）K　　　　　　（B）H　　　　　　（C）D　　　　　　（D）S

106. 三菱 FX$_{3U}$ 系列 PLC 的计数器指令是（　　）。

（A）T　　　　　　（B）D　　　　　　（C）C　　　　　　（D）N

107. 双线圈错误是当指令线圈（　　）使用时，会发生同一线圈接通和断开的矛盾。

（A）两次或两次以上　　　　　　　　　（B）七次

（C）八次　　　　　　　　　　　　　　（D）两次

108. 可编程控制器的接地（　　）。

（A）可以和其他设备共用接地　　　　　（B）采用单独接地

（C）可以和其他设备串联接地　　　　　（D）不需要接地

109. FX$_{3U}$ 系列 PLC 的通信口是（　　）模式。

（A）USB　　　　　（B）RS-485　　　　（C）RS-422　　　　（D）RS-232

110. 三菱 GX Developer PLC 编程软件应用于（　　）PLC 的编程。

（A）A 系列　　　　（B）Q 系列　　　　（C）FX 系列　　　　（D）以上都可以

111. 当三菱 GX Developer PLC 编程软件在监控状态时（　　）。

（A）不能下载程序　　　　　　　　　（B）可以编写程序

（C）不能仿真程序　　　　　　　　　（D）可以监控程序

112. 三菱 GX Developer PLC 编程软件的功能十分强大，集成了项目管理、（　　）、编译链接、异地读写等功能。

（A）程序键入　　　（B）模拟仿真　　　（C）程序调试　　　（D）以上都是

113. 不能用（　　）来控制变频器的运行和停止。

（A）交流接触器的触头　　　　　　　（B）控制面板上的操作键

（C）接线端子上的控制信号　　　　　（D）启动信号线

114. 根据下图所示的电动机正反转梯形图，下列指令正确的是（　　）。

（A）OR Y001　　　（B）LDI X000　　　（C）AND X001　　　（D）AND X002

115. （　　）是变频器的模拟量控制线。

（A）启动信号线　　　（B）电动信号线　　　（C）反馈信号线　　　（D）多档转速控制线

116. 不属于变频器定期维护范围的是（　　）。

（A）内部清扫　　　　　　　　　　　（B）电容器检查

（C）控制线路板检查　　　　　　　　（D）引出电缆检查

117. 在工业生产过程中，许多生产设备中会产生很高的静电而积聚形成很强的静电场，甚至损坏变频器，严重时应加装（　　）。

（A）接零保护　　　（B）静电消除器　　　（C）漏电断路器　　　（D）漏电保护装置

118. 变频起动方式比软启动器的起动转矩（　　）。

（A）大　　　　　　（B）小　　　　　　（C）一样　　　　　　（D）小很多

119. 西普 STR 系列软启动器中，（　　）是具有 RS-485 接口，可设置两套不同运行参数，任意选择。

（A）STR-A 系列　　　（B）STR-B 系列　　　（C）STR-C 系列　　　（D）STR-L 系列

120. 软启动器的（　　）可提供 500% 额定电流的电流脉冲，可在 $0.4 \sim 2s$ 范围内调整。

（A）软启动功能　　　　　　　　　　（B）突跳功能

（C）快速启动功能　　　　　　　　　（D）低速制动功能

121. 软启动器的功能调节参数有运行参数、启动参数和（　　）。

（A）电阻参数　　　（B）停机参数　　　（C）电子参数　　　（D）停止参数

122. 软启动器的（　　）避免了自由停机引起的转矩冲击。

（A）软启动功能　　　　　　　　　　（B）软停机功能

（C）快速启动功能　　　　　　　　　（D）低速制动功能

123. 根据下图所示的电动机顺序启动梯形图，下列指令正确的是（　　）。

（A）ORI Y001　　　（B）AND X002　　　（C）ANDI T20　　　（D）AND X001

124. 如果要求电动机可逆运行，可以在进线端装一个反转接触器，注意不要装在软启动器的（　　）。

（A）输入侧　　　（B）输出测　　　（C）电源侧　　　（D）电动机侧

125. 软启动器启动完成后，旁路接触器不吸合，其故障原因可能是（　　）。

（A）电动机断相　　　　　　　　（B）滤波板击穿短路

（C）控制电路接触不良　　　　　（D）启动时满负载启动

126. 如果软启动器使用环境较潮湿，应经常用（　　）对其烘干，驱除潮气。

（A）扇热器　　　（B）风机　　　（C）烘干机　　　（D）红外灯

127. （　　）光电开关采用专用集成电路和表面安装工艺制成，一般使用交流电源。

（A）放大器分离型　　　　　　　（B）放大器内藏型

（C）电源内藏型　　　　　　　　（D）电源分离型

128. 光电开关的发射器部分包含（　　）。

（A）定时器　　　（B）调制器　　　（C）发光二极管　　　（D）光电晶体管

129. FX$_{3U}$-64MT PLC 的 I/O 点数是（　　）。

（A）24 路输入，16 路输出　　　　（B）32 路输入，24 路输出

（C）32 路输入，32 路输出　　　　（D）64 路输入，64 路输出

130. （　　）是 PLC 输出模块出现的故障现象。

（A）传感器信号无法检测　　　　（B）输出指示灯亮但无法控制输出

（C）按钮信号无法控制 PLC　　　（D）以上都是

131. 软启动的晶闸管调压电路组件主要由（　　）、控制单元、限流器、通信模块等选配模块组成。

（A）动力底座　　　（B）Profibus 模块　　　（C）隔离器模块　　　（D）热过载保护模块

132. 采用变频器的（　　）中必须同时控制异步电动机定子电流的幅值和相位。

（A）压频比控制方式　　　　　　（B）转差频率控制方式

（C）矢量控制方式　　　　　　　（D）以上都不是

133. 根据下图所示的电动机自动往返梯形图，下列指令正确的是（　　）。

（A）LDI X002 　　（B）AND X003 　　（C）ORI Y002 　　（D）ANDI Y001

134. 软启动器也可以采用外控方法对电动机进行启动和停机控制，利用（　　）的闭合和断开作为启动与停止信号。

（A）STOP 和 COM

（B）JOG 和 COM

（C）RUN 和 COM

（D）RET 和 COM

135. 可编程控制器的输入端可与（　　）直接连接。

（A）扩展口 　　（B）按钮触头 　　（C）编程口 　　（D）电源

136. 可编程控制器的系统程序中，用来诊断机器故障的程序是（　　）。

（A）解释程序 　　（B）诊断程序 　　（C）检测程序 　　（D）管理程序

137. 用户程序存储器包括程序区和数据区，其中数据区用来存放（　　）。

（A）器件的状态

（B）数值

（C）用户编程的程序

（D）用户数据

138. 变频器是利用（　　）的通断特性，将固定频率的电源变换为另一频率的交流电的控制装置。

（A）电力电子器件

（B）低压电气元件

（C）开关器件

（D）交流电动机

139. （　　）不是根据变频器的性能、控制方式和用途分类的变频器。

（A）通用型

（B）矢量型

（C）多功能高性能型

（D）控制型

140. 通用变频器主电路中的（　　）串接在整流桥和滤波电容器之间。

（A）整流电路 　　（B）限流电路 　　（C）滤波电路 　　（D）制动电路

141. FR-E700 系列是三菱（　　）变频器。

（A）多功能高性能

（B）风机水泵专用型

（C）小型多功能

（D）简易通用型

142. （　　）是变频器对电动机进行恒功率控制和恒转矩控制的分界线，应按电动机的额定频率设定。

（A）基本频率 　　（B）最高频率 　　（C）最低频率 　　（D）上限频率

143. 变频器在基频以下调速时，调频时须同时调节（　　），以保持电磁转矩基本不变。

（A）定子电源电压

（B）定子电源电流

（C）转子阻抗

（D）转子电流

144. 根据下图所示的电动机丫-△减压启动梯形图，下列指令正确的是（　　）。

（A）OUT Y003　　　（B）OUT T0 K30　　（C）ORI Y000　　　（D）OR T0

145. 在强酸强碱场所时不能选用（　　）的磁性开关。

（A）PP、PVDF 材质　　　　　　　（B）金属材质

（C）多层纸质　　　　　　　　　　（D）晶体材质

146. 带有指示灯的有触点磁性开关，当电流超过最大电流时，（　　）会损坏。

（A）感应头　　　　（B）继电器　　　　（C）光电晶体管　　（D）发光二极管

147. 增量式光电编码器主要由光源、码盘、检测光栅、光电检测器件和（　　）组成。

（A）转换电路　　　（B）发光二极管　　（C）运算放大器　　（D）镇流器

148. 增量式光电编码器由于采用固定脉冲信号，因此旋转角度的起始位置（　　）。

（A）是出厂时设定的　　　　　　　（B）可以任意设定

（C）使用前设定后不能变　　　　　（D）固定在码盘上

149. （　　）是增量式光电编码器的优点。

（A）原理构造简单　　　　　　　　（B）易于实现小型化

（C）抗干扰能力强　　　　　　　　（D）以上都是

150. 增量式光电编码器常见输出方式有（　　）。

（A）推拉输出　　　　　　　　　　（B）电流输出

（C）发射极开关输出　　　　　　　（D）以上都是

151. 增量型光电编码器接地线的截面积不小于（　　），输出线彼此不要搭线，避免损坏输出电路。

（A）0.75mm^2　　（B）1mm^2　　　（C）1.5mm^2　　（D）0.5mm^2

152. 一般速度继电器的转轴转速在 130r/min 左右，其触点即能（　　），在 100r/min 时触头即能（　　）。

（A）接通、断开　　（B）断开、断开　　（C）接通、接通　　（D）断开、接通

153. 用于高速检测、分辨透明与半透明物体时，应选用（　　）光电开关。

（A）槽式　　　　　（B）镜面反射式　　（C）对射式　　　　（D）漫反射式

154. 当被测物体有光泽时，应将发射器与被检测物体安装成（　　）的夹角，使其光轴不垂直于被检测物体，防止误动作。

（A）5°~10°　　　　（B）10°~15°　　　（C）10°~20°　　　（D）20°~30°

155. （　　）接近开关接收到的反射信号会产生多普勒频移，可以识别出有无物体接近。

（A）热释电式　　　（B）电容式　　　　（C）光电式　　　　（D）超声波式

156. （　　）接近开关是目前最常见的接近开关类型，具有良好的防潮防腐性能。

（A）高频振荡电感型　　　　　　　（B）电容型

（C）超声波型　　　　　　　　　　（D）霍尔式

157. 当检测体为导磁金属材料时，若检测灵敏度要求不高，则可以选择（　　）接近开关。

215

（A）高频振荡型 （B）电容型 （C）霍尔型 （D）超声波型

158. 接近开关使用距离应设定在额定距离的（ ）以内，以免受温度和电压的影响，降低其灵敏度。

（A）1/2 （B）2/3 （C）1/3 （D）3/4

159. （ ）固有频率高，触头通断动作时间一般仅有 1~3ms，比一般电磁式继电器快 3~10 倍。

（A）接近开关 （B）光电开关 （C）热敏开关 （D）磁性开关

160. 磁性开关的工作原理是当（ ）靠近磁性开关时，两个簧片被磁化，簧片触头感应出极性相反的磁极，异性磁极相互吸引。

（A）簧片 （B）玻璃管 （C）永久磁铁 （D）磁极

二、判断题（第 161~200 题。请将判断结果填入括号中，正确的填"√"，错误的填"×"。每题 0.5 分，共 20 分）

161. （ ）在逻辑代数中，1+1+1=3。

162. （ ）数字万用表在测量电阻之前要调零。

163. （ ）电气控制电路中指示灯的颜色与对应功能的按钮颜色一般是相同的。

164. （ ）压力继电器与压力传感器没有区别。

165. （ ）直流电动机转速不正常的故障原因主要有励磁回路电阻过大等。

166. （ ）绕线转子异步电动机转子串电阻起动电路中，一般用电位器作起动电阻。

167. （ ）三相异步电动机能耗制动时定子绕组中通入单相交流电。

168. （ ）三相异步电动机反接制动时定子绕组中通入单相交流电。

169. （ ）M7130 型平面磨床控制电路中导线截面最粗的是连接电磁吸盘 YH 的导线。

170. （ ）M7130 型平面磨床控制电路中的欠电流继电器 KA 的作用是防止在切削过程中，当电磁吸盘突然断电或者欠电压故障时，由于电磁吸盘吸力消失或减小而导致工件飞出发生事故。

171. （ ）职业纪律中包括群众纪律。

172. （ ）不管是工作日还是休息日，穿工作服是一种受鼓励的良好着装习惯。

173. （ ）载流直导体在磁场中所受力方向，可以通过左手定则来判断。

174. （ ）三相交流电源是由频率、有效值、相位都相同的三个单相交流电源按一定方式组合起来的。

175. （ ）反馈放大电路由基本放大电路和反馈电路两部分组成。

176. （ ）兆欧表俗称摇表，是用于测量各种电气设备绝缘电阻的仪表。

177. （ ）雷击是一种自然灾害，具有很大的破坏性。

178. （ ）普通螺纹的牙型角是 55°，英制螺纹的牙型角是 60°。

179. （ ）差动放大电路能放大差模信号。

180. （　　） RC 选频振荡电路适合 100kHz 以下的低频电路。

181. （　　） 交流电动机变频调速是利用交流电动机的同步转速随频率变化的特性。

182. （　　） 若变频器用于电动机的调速时，要使电动机的额定电流小于变频器的连续额定电流，并留有一定裕量。

183. （　　） 变频器应牢固安装在控制柜的金属板上，尽量避免与电动机、触摸屏紧靠。

184. （　　） 西普 STR-C 系列软启动器具有 RS-485 接口，可以通过计算机集成监控多台电动机的运行状态及操作。

185. （　　） 软启动器的日常维护一定要由设备管理部门人员进行操作。

186. （　　） 高频振荡电感式接近开关工作时，将电源接通，由电感线圈、电容及晶体管组成的高频振荡器随即起振，产生一个感应磁场。

187. （　　） 用手拉拽接近开关引线会损坏接近开关，安装时最好在引线距开关 150mm 处用线卡固定牢固。

188. （　　） 增量式光电编码器的码盘与电动机同轴，电动机旋转时，码盘与电动机同速旋转。

189. （　　） 增量式光电编码器工作时每圈输出的脉冲数越少，分辨率越高。

190. （　　） 增量式光电编码器配线时，应采用屏蔽电缆，以免受到感应造成误动作而损坏。

191. （　　） C6150 型车床快速移动电动机的正反转控制电路具有接触器互锁功能。

192. （　　） Z3040 型摇臂钻床中立柱和主轴箱的夹紧和松开是同时进行控制的，这时电磁阀处于通电状态。

193. （　　） PLC 将输入信息采入内部，执行用户程序的逻辑功能，最后达到控制要求。

194. （　　） 当 PLC 处于停止状态时，仍然执行一个循环扫描工作过程，即自判断、通信操作、输入处理、程序执行和输出处理。

195. （　　） PLC 的继电器输出既可控制交流负载又可控制直流负载。

196. （　　） 各种类型 PLC 的编程软件都是通用的。

197. （　　） 在"写入"程序时，PLC 可以在运行状态，程序须在 RAM 内存保护关断的情况下写出，然后进行校验。

198. （　　） 可编程控制器的输出端可直接驱动大容量电磁铁、电磁阀、电动机等大负载。

199. （　　） PLC 的交流输出线与直流输出线必须用同一根电缆，输出线应尽量远离高压线和动力线，可以并行。

200. （　　） PLC 的系统程序可以完成系统诊断、命令解释、功能子程序调用管理、逻辑运算等功能。

附录 B   电工技能等级认定四级技能考核样卷

一、带能耗制动的双重互锁正反转控制电路的安装与调试

① 本题分值：30 分

② 考核时间：90min

③ 考核形式：试卷答题+实操

④ 设备设施准备：

序号	名称	规格	单位	数量	备注
1	电力拖动考核设备	自定	台	10	不得采用仿真，要有真实现象动作，电压要求为人体安全电压，电气元件为工业级的
2	导线	自定		500	采用插接式导线
3	万用表	自定	个	10	
4	螺丝刀	自定	把	10	
5	验电器	自定	支	10	

说明：

1. 考场需将设备设施提前准备并摆放好。

2. 考场在实施考核时，必须保证考生的考核设备是没有标记的。如果有标记，考评员必须马上将考生更换到其他设备上。

3. 考评员在每次考核完后，应叫该考生把已接好的电路拔掉，将工具、导线恢复原位。

二、C6150 型车床电气控制电路故障的检查、分析及排除

① 本题分值：20 分

② 考核时间：60min

③ 考核形式：试卷答题+实操

④ 设备设施准备：

序号	名称	规格	单位	数量	备注
1	机床控制电路考核设备	自定	个	10	不得采用仿真，要有真实现象动作，电压要求为人体安全电压，电气元件为工业级的
2	故障盒	自定	个	10	配备锁头
3	万用表	自定	个	10	
4	螺丝刀	自定	把	10	
5	验电器	自定	支	10	

说明：

1. 机床控制电路板主电路设置 3 个故障点，控制电路设置 7 个故障点，共 10 个故障点。

2. 考场在实施考核时，必须保证考生的电气控制电路原理图是没有故障点且没有标记的。如果有标记，考评员必须马上更换图纸。

3. 考评员在每考核 2~3 名考生后，故障点应该重新设置。故障点设置 1 个排除 1 个。

4. 附参考电气原理图（见本书图 3-8、图 3-9）。

三、PLC 控制两台三相异步电动机实现顺序起动逆序停止控制电路的改造

① 本题分值：30 分

② 考核时间：60min

③ 考核形式：试卷答题+实操

④ 设备设施准备：

序号	名称	规格	单位	数量	备注
1	PLC 考核设备	自定	台	10	不得采用仿真，要有真实现象动作，电压要求为人体安全电压，电气元件为工业级的
2	导线	自定	条	500	采用插接式导线
3	万用表	自定	个	10	
4	螺丝刀	自定	把	10	
5	验电器	自定	支	10	

说明：

1. 考场需将设备设施提前准备并摆放好。

2. 考场在实施考核时，必须保证考生的考核设备是没有标记的。如果有标记，考评员必须马上将考生更换到其他设备上。

3. 考评员在每次考核完后，应叫该考生把已接好的电路拔掉，将工具、导线恢复原位。

四、LM317 三端可调稳压电路的焊接与调试

① 本题分值：20 分

② 考核时间：60min

③ 考核形式：试卷答题+实操

④ 设备设施准备：LM317 三端稳压集成电路图（见下图）

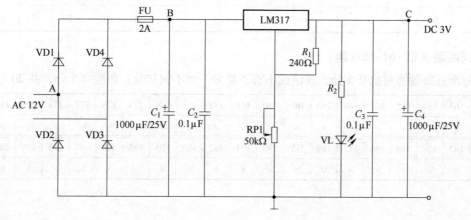

附录 C　电工技能等级认定四级理论知识试卷样卷参考答案

一、单选题（第 1~160 题）

评分标准：每题答对给 0.5 分，答错或不答不给分，也不倒扣分；每题 0.5 分，共 80 分。

1	2	3	4	5	6	7	8	9	10	11	12	13	14	15	16
A	A	D	B	B	B	B	A	A	A	D	A	A	B	A	D

17	18	19	20	21	22	23	24	25	26	27	28	29	30	31	32
C	B	A	D	A	C	B	D	B	D	C	B	C	D	D	C

33	34	35	36	37	38	39	40	41	42	43	44	45	46	47	48
A	A	B	C	A	B	D	B	A	C	C	D	A	D	C	A

49	50	51	52	53	54	55	56	57	58	59	60	61	62	63	64
A	B	A	D	D	C	B	B	C	C	C	D	B	A	B	A

65	66	67	68	69	70	71	72	73	74	75	76	77	78	79	80
D	A	D	D	C	A	D	A	B	B	B	D	D	B	A	A

81	82	83	84	85	86	87	88	89	90	91	92	93	94	95	96
B	B	B	A	D	D	B	B	B	D	A	A	C	B	A	C

97	98	99	100	101	102	103	104	105	106	107	108	109	110	111	112
B	B	C	D	D	A	B	B	A	C	A	B	D	D	D	D

113	114	115	116	117	118	119	120	121	122	123	124	125	126	127	128
A	A	C	D	B	A	C	B	B	B	C	B	C	D	C	C

129	130	131	132	133	134	135	136	137	138	139	140	141	142	143	144
C	B	A	C	D	C	B	B	D	A	D	B	C	A	A	B

145	146	147	148	149	150	151	152	153	154	155	156	157	158	159	160
B	D	A	B	D	A	C	A	A	C	D	A	C	B	D	C

二、判断题（第 161~200 题）

评分标准：每题答对给 0.5 分，答错或不答不给分，也不倒扣分；每题 0.5 分，共 20 分。

161	162	163	164	165	166	167	168	169	170	171	172	173	174	175	176	177	178	179	180
×	×	√	×	√	×	×	×	×	√	√	×	√	×	√	√	√	×	√	×

181	182	183	184	185	186	187	188	189	190	191	192	193	194	195	196	197	198	199	200
√	√	×	√	×	×	×	√	×	√	×	√	×	√	×	×	×	×	×	√

参考文献 / REFERENCES

[1] 王建，雷云涛. 维修电工职业技能鉴定考核试题库：初级、中级 [M]. 北京：机械工业出版社，2016.

[2] 黄丽卿. 高级维修电工取证培训教程 [M]. 北京：机械工业出版社，2008.

[3] 赵贤毅. 维修电工：中级 [M]. 北京：中国劳动社会保障出版社，2014.

[4] 张金华. 电子技术基础与技能 [M]. 2版. 北京：高等教育出版社，2014.

[5] 钟肇新，范建东，冯太合. 可编程控制器原理及应用 [M]. 4版. 广州：华南理工大学出版社，2008.

[6] 仲葆文. 维修电工：中级 [M]. 2版. 北京：中国劳动社会保障出版社，2012.

扫 码 获 取
电工中级试题库+此码仅限激活一次